新這樣裝潢省大錢

超過 1,000 張圖解！！
新建材實測、新工法趨勢，讓你裝潢費省一半！

姥姥　著

網友齊力按讚！

ani：
分享門片再利用的方法實在令我受益良多。再次跟您謝謝 :)

Choe.H：
有關廚房的設計，妳考慮得好仔細喔…:p，我都只看好不好看，沒想這麼多。

WayJ：
在這裡獲得了很多不一樣的概念和資訊!!非常謝謝你好文章總是一篇又一篇，都快為這個網誌在我的最愛裡面新增一個資料夾了!!

Josh:
您的網站對我正在處理裝修新家提供了很多關鍵性的作用與影響，謝謝您。

Ray:
我曾裝潢吃虧過，還是要提醒網友們做足功課，不然是你自己讓這些不肖的裝潢商有機可乘，也枉費姥姥這麼用心的出書做網站來為大家服務，祝福大家有個美好的家。

Chitransposon：
難怪我看了三十幾間房子，格局絕大數都是怪怪的。謝謝姥姥的解說，解了我心中一大疑惑。

雪：
木工報價我們一毛都沒殺，也不是挑最便宜的，但住了七個月後，大櫃子的門板整個變形，合不起來，若是早點看到姥姥的文章就好了。

IDA:
開了電腦馬上連過來這兒！謝謝姥姥介紹如此實用的國外網站，免去我在 Pinterest 大海迷失的可能，希望做完所有功課後裝修可以順順利利。

Vincent Chang ：
自從買了姥姥的書後，每天都在看，我從事室內設計，之前是沿用前東家所教的手法，才發現那些幾乎都是偷吃步。謝謝妳讓我不再犯錯，也讓業主對自己更滿意，讓自己更完善。

Rosa Yang ：
喜歡姥姥這裡，就是因為大家都是真誠分享，意見中肯，傾囊相授。感謝各位陌生有心人。

ariel ：
在這裡學到很多木頭與裝修的知識，很實用，謝謝你幫助我完成築家夢。

ㄚ子：
最近買了新房子，想把最大的空間給我們最常用的書房，但設計師們與長輩們都覺得很怪，沒人這麼做。在姥姥這看到核心區的觀念，深表贊同。

耳東罐頭：
姥姥把一般人的問題當成自己的來研究，然後解決，真是太欽佩你啦!!

金排球：
市面上有關裝修工法的書，應屬您的書是最有體系且淺顯易懂，也是讓大眾可以有效學習吸收的好書，小弟我看了兩次了，只能說天降甘霖回味無窮啊。看了您的辛苦整理，只能說真是菩薩心腸，有個美美的家真是很多人的夢想，但要如何達到呢？只有讓裝修這件事有制度、收費合理、透明，才是正道。

阿德：
姥姥指出一個業界不能說的祕密，用愈貴的材料，成本反而增加，特別是報價者認為萬一損料控制不好，反而需要付出更高的材料成本，所以進口品的報價通常會高很多，但用國產通俗的產品就比較沒有這個問題，反而經濟實惠。

不 負 如 來 不 負 卿

「我目前在老家務農，沒有一天不想到妳。雖然和妳相處的日子很短暫，但這是我至今為止的人生中最美好的時光。曉子，希望你可以幸福，這是我發自內心的唯一心願。期望你能遇到一個理想的對象。」

這是東野圭吾《解憂雜貨店》裡的一封信，是浪矢爺爺寫給當年要私奔的情人。曉子在 3 年前因父親的阻撓，沒有出現在車站，還被迫寫了封信，希望浪矢忘了她。

後來，曉子終身未嫁。浪矢變成回答問題、為人解憂的好爺爺。

會寫這一段，是每年書店年度排行中，總會看到東野圭吾的作品，《解憂雜貨店》是本很好看的書，很推薦大家買來看。而姥姥在這裡也要謝謝大家，《這樣裝潢省大錢》是 6 年前寫的，這 6 年來，這本書每年都在家居設計類書籍的排行榜前三名，真的是非常非常謝謝大家支持（姥姥一鞠躬）！

然而 6 年時間不算短，不論是我自己或家居界，變化都蠻大的。所以出版社通知我要改版時，我就想把一些新的趨勢加進去。

「好啊，那看姥姥何時可改好，因為只是改版，預計 3 個月後出版，可以嗎？」出版社韓總親切地詢問著。

「沒問題，3 個月可好。」姥姥在一年前如此堅定地回答著。

各位看官有看到重點嗎？我整個大拖延了 9 個月時間，這個事件又再度證明張無忌的媽說的是對的，是人間真理無誤。

但面對拿著屠龍刀的韓總與拿著倚天劍的穎主編，我也得解釋一下。姥姥本來以為新趨勢不過就 10 來頁，大概 1 萬多字就能解決了。但沒想到，我太天真了，這建材界是新人輩出啊，後浪一個比一個強，這不介紹行嗎？

地板界的塑膠地板大進化，出了個新物種 SPC 地板，超耐磨木地板則進入百家爭鳴的平價時代，但塗料界也沒閒著，無縫地板來勢洶洶，每家都能不拆磁磚直鋪，省工又省錢，那到底選誰好？

牆體界也是，當年只介紹 4 種輕隔間，隨後石膏磚牆冒出頭了，多孔紅磚也像賭神發哥一樣慢動作出場，這不介紹行嗎？

再來跟大家最密切的系統家具，當年分析了局勢，這幾年，因為我開始做媒合平台，近距離觀戰後，看到許多網友的實作案例，知道更多消費爭議可能會發生的原因和細節，如此關於系統家具施工時要注意的梗，這不介紹不就太對不起大家？

還有，一定要改寫的是：估價單。姥姥先跟大家說抱歉，當年功力太淺太幼稚，現在看過

的估價單更多了後，有些見山不是山的感觸，那要不要改？當然也是要的。

對了，提到平台，這件事要提醒大家，姥姥不再是姥姥了。不只是增加了 12 公斤，也是因為 3 年前，我轉型創立了媒合平台。既然不再是純寫文章的姥姥，大家就要仔細審視我寫的內容，請千萬不要隨意就相信我。不過我仍很希望自己的文章能帶給大家另個角度的思考，改寫文章時也不時會想起一句話：不負如來不負卿。

那是我在 2013 年寫《這樣裝潢省大錢》的介紹文，引用了六世達賴倉央嘉措的詩：

曾慮多情損梵行，入山又恐別傾城

世間安得雙全法，不負如來不負卿

身為達賴的他，曾拒絕受戒要求還俗，但當然是不行的，他是活佛轉生的啊！20 歲初頭的他，只好一到晚上就遛出去會情人，但他可還真是坦蕩蕩，把自己的情，全寫進詩歌裡。姥姥好生佩服他。完全不管世人怎樣看他，只看自己能不能「不負如來不負卿」。

我呢？能做到不負業者也不負讀者嗎？

這問題似乎跟是否愛我到天荒地老一樣，永遠不會有答案，我的想法跟 6 年前一樣沒變：「只要寫的是最接近的事實就好」。

姥姥不是曉子，也不是浪矢，這幾年的轉型也傷痕累累，但每回能寫點文字，就是我最大的快樂。我真的很謝謝大家，我知道你們正為自家裝修而努力著，真心期望你們每一位最後都能找到理想的對象，完成自家的改造。

這本書改寫能完成，也要謝謝一路上幫忙的設計師、師傅、廠商與各達人們，謝謝出版社韓總與編輯穎小姐，謝謝你們把刀放下，更要謝謝幫我分憂解勞的家人。

謝謝你們大家。

姥姥

關 於 裝 潢 ， 姥 姥 堅 持 想 說 的 是 ………

「我寫小說的理由，追根究柢只有一個。就是讓個人靈魂的尊嚴浮上來，在那裡打上一道光，不讓我們的靈魂被體制套牢、貶低。我這樣相信，藉著寫生與死的故事，寫愛的故事，繼續嘗試讓人哭泣、使人畏怯，引人發笑，讓每個靈魂不可替代的珍貴性明確化，這是小說家的工作。因此我們每天認真地創作各種虛構的故事。」——村上春樹

我怎麼算也沒算到自己可以靠寫書而活在世上。當然我沒村上的功力可以寫小說，但我可以寫點關於裝潢的文章。

第一本書《這樣裝潢不後悔》寫的是工法，希望能減少裝潢糾紛。承蒙大家不棄，很多工班師傅說，許多屋主都是拿著這本書在工地比手畫腳。大家都了解裝潢工法後，我又開始寫另一個專欄【30坪100萬】（就是此書的前身），寫的是如何省錢裝潢。

工法是沒人寫，所以我想寫；但省錢，市面上一堆人寫，我仍想寫，原因是想談談「裝潢的意義」。

大家有沒有想過：為什麼省錢裝潢的書一拖拉庫，裡頭的實例堆起來可繞台灣一圈，但照本複製，最後拿到的估價單還是要兩倍的錢？

真是對不起大家，這是我們媒體的錯。8成以上「30坪不到百萬」的全屋改造報導都是動過手腳的。新聞報導為吸引人看，最快的方法就是在標題上取巧。

有次在我網站上討論到標題是「北歐風30萬搞定」的案子，結果屋主跳出來解釋，報導中營造北歐風的家具都不包括在那30萬裡面，她家也沒有動到廚房衛浴冷氣天花板，都是沿用舊屋主留下來的。所以若把家具家電改格局

全算進去的話，總共要花80多萬元（足足是30萬的2.5倍了！）。

另一個是鄉村風設計案例，29坪含家具、設備等裝潢共150萬元。我陪朋友跟設計師估價，後來一聊才知那是新屋，有動到木地板，但其他什麼都沒動，也根本沒包括「設備」，更新廚櫃花的12萬是只換格子窗門片的錢，廚櫃桶身三機都沒換。那個案子其實是新屋29坪花了150萬，根本不是老屋。

這樣大家看懂了嗎？

根據我自己的採訪經驗，當寄出「徵求100萬改造全屋」的Email後，也有設計師是自動將裝潢費打個8折來應徵的，反正也不看估價單，更不會核對細項，能免費上報總比自己花錢買廣告好。也有設計師求好心切，在受訪時，再開台卡車帶一堆東西來布置（桌椅都有喔），讓照片拍起來更美，但當然，這些都不含在百萬預算內。

我先跟大家說一個殘酷的事實：30坪老屋的基礎裝修工程，就是拆除、水電、泥作防水、鋁門窗等，再加陽春版天花板、廚房與浴室更新，就已超過70萬（還是工班報價），若要再加木作櫃、電視牆、床頭板、冷氣、窗簾，以及最佳女主角：家具，沒個150萬還真做不起來。

不過以上數字是用傳統的裝潢思維算出來的。我深信，當我們改變思維後就能改變花錢的方式。

請你從頭思考：為什麼要裝潢？我想最原始的渴望應該是想要一個溫暖的家，一個可以吃飯睡覺、儲放生活所需物品、與所愛的人開開心心住在一起的家。

所以裝潢的意義在哪？答案很明確了，除了提供前面三種基本功能，不就該花更多心力在

構思格局、培養家人互動？而不是這裡要做天花板、那要做櫃子、這要用拋光石英磚，不該是這種蒙著頭、一味無知的「加法裝潢」。

不過許多從事設計業的人都不太懂「減法美學」的精義，而且有做工程才有錢賺，有的屋主還不肯付設計費，若不做工程，請問設計師或工班靠什麼活？再加上大多數人只會照傳統做法裝潢，若拿掉了天花板、拿掉了線板、燈具、木作電視牆，問他們「還可以怎麼做？」大概都只會回答：「這個不做不行啦，沒人這樣的，不好看！」

這些原則真的是這樣嗎？不做不行嗎？若就是不想做，有其他的方式可取代嗎？會不會省錢省到最後，會讓家變得很沒氣質？還有到底哪些是得要優先去做，才能讓家住得更舒適，能增加家人的互動、讓小孩不會生了跟沒生一樣？這本書想寫的就是這些。

所以，省錢裝潢會寫到的範圍很廣，從格局到建材，從規劃到寫估價單，都會涉獵。因為不想花錢卻又要求品味，從來就是門大學問，要懂得多，才能真的省到錢。

另外先聲明，書中引用的設計師個案，有些整體預算不但超過 100 萬，甚至會達 300 萬之多。沒辦法，通常是 A 咖設計師才有那份自信去採用減法美學，他們值得學習的概念很多。其實我原本寫這專欄是給沒預算的人看的，但後來發現超過 300 萬的案子亂花錢的更多。我想，原本估價 500 萬的案子，最後若能減少為 300 萬，也是省很多啊！

再來，我寫文章只是想找出「最接近事實的真相」。各位繼續看下去會發現，很多文章都在寫破解「迷思」。實在是網路上似是而非的資訊太多，有的是不懂裝懂的鄉民之言，但更多是業者的行銷說法或拿錢辦事的寫手廣告文。行銷本無錯，但應該是在正確資訊上做公平的競爭，而不是用錯誤的說法抹黑對手，再誤導消費者。

在追尋答案的路上，或許我的文字看起來會像是針對某些業者，也請大家別誤會，我跟他們並沒有仇，但姥姥究竟是視茫茫、耳背又齒牙動搖的老人家，筆下難免有疏失或引用錯誤資料，也很歡迎到我網站上討論，我會備酒招待大家。

另外，已成宗教儀式的老梗又要搬出來講一次：即使分析了很多裝潢工法，請不要把我當成專家，專家是那些與我對談的人。也有些網友會誤認為我是正義使者，其實正義兩個字真的與我無關。我個人品性低下、抽菸喝酒、飆車、開音樂吵死人、一肚子算計、動不動就要流氓。

姥姥最看不慣就是岳不群那種人，但不代表我就是令狐沖。我只是一枚在家居界晃蕩久了一點的歐巴桑而已。

我知道現在能買間房子實在不容易，上班族夫妻還要養小孩，手上實在沒什麼錢做裝潢，但又不想放棄對家的夢想。姥姥希望這本書能幫上大家一點忙，像村上說的，在裝潢路上打上一道光，讓每個人保留靈魂的尊嚴，而不被體制套牢、貶低。

此書的完成要感謝的人比上一本書的範圍又更大了，我全列於後頁，謝謝台灣這群無私的師傅、設計師、業者以及眾多網友朋友的幫忙；謝謝編輯穎小姐與美編 Nana 小姐幫我把雜亂不堪的文字變成美麗優雅的書頁，更謝謝家人對我再度拋夫棄子的無限包容。

真的，謝謝你們大家。

姥姥

CONTENTS

242　Chapter 2 ｜ 要做什麼？
──做好 5 件事，讓錢花對地方

354　# Chapter 3 ｜ 網友熱議
——惱人的裝潢大小問題

哇，沒錢了，到底要先做什麼？

當你全身只剩下 50 元可吃飯時，你會去買什麼？大部分的人應會去買個便當吧，但有個女生就決定去買杯咖啡，寧願餓著肚子，只求待在咖啡館裡寫小說。這女生實在不是普通的人類，後來事實也證明她的確不是普通人，她叫 JK 羅琳，《哈利波特》的作者。

錢怎麼花？背後顯現的是一個人的價值觀。常有網友問我，若預算有限，到底那些裝潢要先做？我個人有 4 大原則：

第一：住得舒適比美觀重要。
第二：觸覺與視覺一樣重要。
第三：做得少比做得多重要。
第四：好看。

順著這些原則做下來，會與常見的省錢裝潢不太一樣——一般認為，荷包扁扁就不要動格局，但考慮改變格局，卻是姥姥的第一步。我先說明一下，不管先做什麼，都沒有好壞之分，這只是大家的價值觀不同。

格局是「長住久安」的關鍵

為什麼教省錢裝潢的書籍，多建議「不要動格局」？好，一個 30 坪的家，只想花 100 萬，要裝修到像雜誌上美美的風格。但水電加上天地壁等基礎工程就花掉 8 成了，還要花錢砌牆做櫃子，最後就只有一個空白的空間交給屋主。

但偏偏許多屋主就是想看到裝潢後有個燈光美氣氛佳的三房兩廳，留白的空間只會換來白眼而已。有的設計師在白眼看多了後，只好建議錢少的人不動格局為佳。

不過，我採訪過諸多裝潢案例，常會聽到屋主抱怨類似問題：夏天要長時間開空調，不然屋子悶熱到不行；櫃子很多很好收納，但客廳變得好小好壓迫；甚至有媽媽半開玩笑說，可能是小孩房設計得太好了，她的小孩都很少出來跟家人互動，一回到家就往房裡跑。

說真的，跟上百位屋主聊過後，**一個家最後讓人感動的，往往不是風格，而是住得舒不舒適。**

你看，這又回到人最原始的渴望，但我們就是常常會遺忘。就像工作太忙碌，常會遺忘工作的初衷是為了更舒適的生活，忙到最後，生活早被搞到一團糟。如何能住得舒適？這就成了姥姥認為最重要的部分。

姥姥的 3 大順位：先做與不做

我把預算分配成 3 大部分：

★★★★★第一順位：通風、採光、隔熱、格局動線、水電。

若你家原本的格局就很好，那恭喜你，省下一大筆錢，若不是，我會建議你鐵下心，該動的格局先動吧！怎麼做，我後面會請專家教大家。這些基礎工程的確會花很多錢在看不到的地方，但別擔心，以我自己的經驗來說，通風、採光改善後，住起來真的舒服許多，我家客廳的冷氣也就從此「失業」了！

除了格局，同樣在第一順位的另一個重點就是水電。這部分應沒什麼異議吧，安全第一，而且水電要切溝鑿孔，現場灰塵會很多很多，所以趁家具都沒進場前，先做起來。

★★★★第二順位：有急切性的空間或工程：廚房、衛浴、地板、鋁門窗、冷氣，若原本的無法使用，優先做。

廢話！爛掉、壞掉、不能用的當然要先做——是是，鄉民們罵的是！大家想知道的，是「在可用與不可用之間的曖昧狀態」下，到底什麼要先做吧？OK，那就讓姥姥一個一個聊。

（1）廚房、衛浴：若兩者都在「還可忍受」的程度內，我覺得優先處理衛浴，因為衛浴必須動到泥作，工程複雜度高於廚房，廚房可以乾式施工，只換廚具就好，等日後有錢時再來翻修。但若廚房要動到地板的，那一樣得先做。

基本上，要掌握一個原則：有動到泥作的都建議優先做。因為泥作會用到水，工地有水就會又亂又髒，而且等乾燥要一個月以上。若是人生坎坷一點的屋主，還會遇到颱風或天天下雨，那就要無語問蒼天等到兩個月，連社區管理費都平白多花個幾千元，划不來。所以一次施工時做好，不用再經二次傷害。

（2）地板、油漆：必須將家具清空的工程優先做，不然，搬進搬出真的很麻煩！我自己家在重新裝潢時，遇到的第一件苦惱事就是舊家具放哪裡好？還有我們一家三口要住哪？

我有許多朋友在裝潢期間去住旅館，包月住，一天 2 千，一個月 6 萬。說實在的，對我而言實在太貴了！但若要短期租屋，也很難找到願意只租一兩個月給你的菩薩房東。後來是我家對面鄰居剛好也要搬家，房子要賣，我們就先租兩個月，房東也剛好利用這段時間找人來看房子。這真是姥姥好狗運，但並不是每個人都能遇到這麼好康的事。話說回來，就算是只有 10 公尺不到的鄰居家，我打死都不願意再搬一次家具，實在太麻煩了，中間的辛酸，相信搬過家的人都知道。

所以，**我以過來人的血淚建議，需要將家具搬出去才能進行的工程，一定要一次做到好！**像地板與油漆兩大項目正是屬於這一類。現在的油漆工程多是用噴漆，一樣，能做就先做吧，畢竟做家具保護也是頗累人的！

（3）鋁門窗：若窗體老舊有漏水，就優

先做；若沒漏水，只是窗體老舊，你看它不順眼，那也可以延後處理。以前我總以為鋁門窗工程因要填縫，一定會動到泥作，所以優先順序必須擺在前面；但後來發現有乾式施工法，此法不需動到泥作，不過安裝費會比較高一點。乾式施工法有個前提：是原本的窗體牆壁不能有漏水，若有，或者你的預算還有餘裕，就可以在第一次施工時先做起來。

（4）冷氣：先看能不能改善房子的通風與隔熱，若無法改善，就還是得先裝冷氣；如果預算有限，建議先裝臥室，以免熱到受不了，影響睡眠品質。

此外，冷氣管線要不要走很長的線路？若線要拉很遠、要做木作包樑，也最好先裝，或至少把管線道先留好。

為什麼要先觀察通風狀況？以我家為例，通風隔熱改善後，客廳的冷氣就沒開過了，現在一直後悔當初太衝動先買了冷氣，不然那筆錢都可以買張好椅子加上義大利名燈了！所以若可以從改善通風先著手，建議住個一年，若還是熱到受不了，再來裝冷氣。

★★★第三順位：就是姥姥認為可以不做、或少做的工程。（請見〈Chapter 1 不做什麼？〉）

（1）天花板與不必要的照明：能省就省，但若評估後真的因各種狀況要做天花板，就趁第一次裝潢時做好。

（2）木作櫃或系統櫃。

（3）電視牆以任何木皮裝飾牆。

（4）床頭板、窗簾、門片等。

100 萬可以做哪些事？

講件令人沮喪的事：若以上基礎工程，從拆除到衛浴等工程都想做（冷氣、鋁門窗先不算），找工班施作，大約 100 萬有找，但找設計師？鐵定超過 100 萬元啊！以下我用 30 坪的房子為例子，算給大家看：

工程	費用
全室拆除	約 7 ～ 12 萬，粗估 10 萬
水電	約 12 ～ 15 萬，粗估 15 萬
衛浴	一整間配備凱撒牌的基本款 2 坪衛浴 7 ～ 12 萬，兩間暫算 15 萬
廚房	基本款廚櫃 7 呎長加三機，約 8 ～ 12 萬，粗估 8 萬
地板	材料 1 坪 4,000 元，扣除衛浴後，全室粗估 10 萬
鋁門窗	基本款，全室約 8 ～ 20 萬，粗估 12 萬
油漆	7 ～ 10 萬，粗估 8 萬
隔間牆	50m^2，輕鋼架最基本款，約 5 萬元
小計	**83 ～ 110 萬元**

註：先不計入冷氣費用。

你看，還沒算到木作哦，就超過 80 萬了。所以普天下的裝潢書都不敢建議你動格局，畢竟可以省點拆除、油漆與隔間牆的費用，又可擠出個十幾萬元，就可以拿去做木作。

於是，許多人在預算很緊時多半會妥協，直接跳過通風、採光與格局的工程；再加上有些設計師會一直鼓吹你多做木

作（通常木作會佔到預算的 5 成以上），一般人若沒有強大的定力與明確主張，很難不同意把錢貢獻給木作，反而選擇犧牲格局與採光。

所以姥姥最前面才會寫**「建議你鐵下心，該動的格局先動」**。通風與採光都是長期居住後才會逐漸浮現的優點，我無法叫你一定要相信我，但以我採訪過的上百位屋主而言，他們能開心居住的空間，都必然具備這個條件。

我希望大家相信上百人的經驗。

姥姥後續章節寫的，就是請專家教大家，如何省下工程費去改善格局，而且「仍有個好看的家」，我可沒有放棄對美的要求喔！

列預算的訣竅：
挑出高 CP 值的工程

如何花錢花在刀口上，確實是門大學問。我能理解，沒錢做裝潢，真的是比小說《百年孤寂》六代家族都消失在世上更悲慘的事，但「天將降大任於斯人也，必先苦其心志，勞其筋骨」，好吧，就把如何「省得有品味」當成上天的考驗好了。

什麼工程才算是刀口？嗯，先定義一下，是指多花一點錢就換回較好品質的高 CP 值工程。

我個人覺得有兩大項：**一是水電，尤其是電路的部分**，往往多花個 5,000 元，你家的電源品質就能從經濟艙變成商務艙，當然是 CP 值很高的工程。不像大理石工程，花 6 位數的錢只換來冷冰冰又俗到不行的電視牆而已。**二是地板與家具等等會與你肌膚有接觸的項目**，也就是觸感比虛假的視覺更重要。

大部分的人在設計居家時，想的都是視覺性的，往往會忽略觸覺這一塊。但我覺得觸覺才是生活中重要的元素。

住得舒適，除了通風採光以外，也要能讓人放鬆，而放鬆，我覺得就要靠觸感去達成，當你感到溫暖時，生理與心理就很自然地放鬆了。

姥姥我很喜歡一位日本建築師中村好文，他在《住宅讀本》（左岸文化出版）一書中曾說：「一棟好的住宅必須花時間用觸摸的方式，才能體會它的好處。像家具、扶手、拉門、地板等身體接觸到的地方，必須是讓人舒適的材質。」他覺得，一個小屋只要有良好的觸感，就等於是滿足了一切的需求。

所以，那種老死不相往來的天花板、三五年才動一次的儲藏室櫃子、照明、電視牆、玄關牆等，就不必列太多預算。

把錢花在會和你有身體接觸的工程吧，尤其是地板與家具，不但與你有互動，也是決定空間好看與否的視覺焦點，這兩項配得好，你家就成功了 8 成！

若是你家沒什麼基礎工程如水電、泥作等要做，又或者是新屋，我甚至會建議，家具更要佔 5 成以上的預算！

裝潢亂花錢，多做多後悔！

接下來我想再談的是姥姥的中心原則：**做得少比做得多重要。**

當你很猶豫，不知某項工程到底要做或不做時，這條原則就很好用啦，答案是「不做、不做、不做」！我知道我知道，很多人會擔心日後後悔「當初為何沒做」，現在要找木工師傅來釘個小櫃子還沒人要理你，但我想說的是，後悔當初做那麼多的人也很多，以我個人經驗，慶幸沒做的比後悔少做的例子多。

為什麼？主因是人會變老，初老症狀的第 101 條就是，想法永遠會不一

家具是會與肌膚直接接觸的項目，更是決定風格的靈魂。其實只要省點木作費、花點錢買好燈、好家具，可以讓居家質感升級很多！（集集設計提供）

樣，甚至是光譜兩端的極大差異。以前覺得金城武帥到不行，現在則覺得不夠 Man。

舉個跟家有關的例子好了，姥姥家在做第二次裝潢改造時，個人當時很希望有個臥榻，就是在窗底下做個可坐可躺、下方還可收納的一排矮櫃。忘了是誰說的，女人是幻想型的動物，真的。我看著有做臥榻的照片，開始幻想在窗畔眺望著廣大的景色，一邊喝著咖啡，一邊看著小書，這才是真悠閒，真享受啊！

但後來也是因預算不夠，考慮了很久還是就捨棄臥榻的美好點子。裝潢後第一年，覺得小可惜；第二年、第三年就漸漸發現，「好險，當初沒做真是英明！」為什麼有這麼大的轉變？因為眾多屋主都跟我說：「其實我一個月只去窗下坐個下午而已，有時忙起來好幾個月才想到去坐一次。」

Pourquoi？ Why? 豆係ㄅㄟ？

「因為坐起來不是那麼好坐，還是正常椅子舒服，而且每天回到家早已天黑，累得半死誰有空去那邊坐著發呆啊？」

如果這臥榻與我光顧社區公設泳池是同樣的頻率，也就是一個月平均用一次不到，那幹麼要花幾萬元呢？再來，我家有陽台了，要看 view，我搬張椅子去陽台咖啡廳就好了，臥榻不是多此一舉嗎？

但人很奇怪，一定要老了才能看破一些事，當年，對臥榻還真是鬼迷心竅。所以若有疑慮或猶豫的，就先不要做了吧！

裝潢預算順序表

★★★★★　第一順位
需要家具全搬出去的工程與泥作工程，都要先做：

- 改格局：給自己一個通風採光好的家吧！
- 拆除：依據通風採光、動線順暢的需求，該動的格局就先動，該拆的牆先拆。
- 水電：安全第一，甚至應多花點錢，請專業水電畫迴路單線圖。
- 地板：不先做的話，日後要搬家具，會很麻煩；但不怕麻煩的也可日後等手頭寬裕點再進行。
- 廚房與衛浴更新：若地板不換，廚具也還可以用，晚點換也是行的；衛浴要動到泥作，要先做。
- 天花板：我是建議可不必做，但真的想做的人，就必須先做。
- 天花板的照明：可以做，但不必裝太多盞燈。
- 隔間牆 ：會有切割地板的問題，所以建議先做；但也可後加，如輕鋼架工法可以乾式施工，不會有太多的粉塵，可以不急著做。
- 油漆：因要做家具保護，先做。
- 樓梯樓層板：挑高屋的必做要件。

★★★★　第二順位
不會受家具或其他工序影響的項目，若沒預算了，這部分可後加，
但還有預算的人以一次做好為佳：

- 櫃子：系統家具都可後加，也可先採用完全不用木作的櫃子做法。
- 層板：可自己 DIY。
- 鋁門窗 ：可後加乾式施工法 ，但價格較高；若能第一次就做，會較好。
- 冷氣：若改善了通風隔熱，不一定要裝，但若一定要裝，像是臥室就先裝吧，管線可請木作一起包。

★★★　第三順位
不急迫或甚至可考慮不做的：

- 天花板。
- 不必要的照明，如間接照明。
- 隔間牆：但要能接受沒有隔音的世界。
- 窗簾：沒有隱私考量的，可以先不做。
- 牆面的木皮裝飾。
- 床頭板。
- 電視牆裝飾。

Chapter

1

不做什麼？

——讓小資族省百萬的建材與工法

30 坪的老屋，可不可以在 100 萬以內全部翻修又有品味？「很難耶！」大部分設計師朋友都這麼跟我說，當問 10 個人有 11 個都這麼說時，我相信那就是接近事實的真相。不過，難道就這樣閉著眼睛、把心一橫，把辛苦賺來的百萬大洋砸下去嗎？如果直線到不了一個地方，可不可以用曲線到達？又如果，Ａ計劃無法讓妳與情人分手，那我們一定會再想還有沒有Ｂ計劃吧！

對，如果多數人走的那條路行不通，那我們就來找較少人走的路！

這個章節要寫的是「可以不做什麼」，許多裝潢費用破表，是因為想要的太多，但其實很多工項都是可以捨去不做的，例如天花板、電視櫃、間接燈光……若不做這些工程會遇到什麼工法問題？只要往下翻，你會看到答案。

但若有些工項你就是不做睡不著，沒錢也要卯起來做，姥姥我這個人也知「從善如流」這四個字怎麼寫，請專家們出列，教大家如何用省錢的工法，並剖析各種建材的優缺點，找出 CP 值最高的材料。

是，我們是沒什麼錢，但仍能窮得有品味。

Part 1

不做天花板

讓空間豁然開朗的減法美學

Ceiling

姥姥自己的家 10 年前自力裝潢時，我與工班的對談就是：這裡
要做玄關櫃、這裡做衣櫃、電視牆、天花板、地板……我那有如
恐龍腦大小的腦袋能想到的就是「要做什麼」。若不做什麼，一
定是我預算不夠了。

10 年來，若不是燈不亮了，我從未察覺客廳有做天花板，也從
未感受到有做天花板的客廳與沒做天花板的臥室有什麼不同？

那，我為什麼要多花一筆錢做天花板？

 沒做天花板可省下多少錢？

一般平鋪天花板 1 坪約 3,000 ～ 4,000 元，
造型天花板約 5,000 ～ 7,000 元，30 坪房子可省下：
30 坪 X3,000 元 / 坪 =9 萬元

本書所列價格因會浮動，僅供參考，請以小院網站公告價為準。

（小院提供／洪博東設計）

Part 1 / 1 無壓力的垂直空間
讓心自由呼吸

姥姥點評　我們這些沒什麼錢的小老百姓，買的已經是小房子了，卻常常花大錢把空間弄得更小！「一定要釘天花板」的迷思，就是活生生的例子。

「為什麼你家沒有做天花板？」
「因為想盡最大可能讓空間寬闊。」
設計師王鎮在設計自己的家時，沒有做天花板。我個人好欣賞這樣的設計師，他們清楚認知自己對待空間的原則。

面對各項工程，我們先不談錢的部分，只剖析每項工程背後的「最原始的渴望」是什麼？以天花板而言，通常是為了美觀！因為要遮蔽醜醜的管線，尤其是消防管線，或者想呈現不同造型的天花板。

但這個選擇同時也讓空間「變小」，這是不可避免的。

好看 vs. 寬敞，你選哪一邊

在「好看」跟「寬敞」之間，我們要站在哪一邊？王鎮點出了他們的選擇：空間感。寬敞是很重要的原則，卻很少人著墨於此。能住在寬敞開闊的空間真的很舒適，我們這些沒什麼錢的小老百

到底做不做？

	做天花板	不做天花板
管線	可遮燈具電線、消防管線、冷氣管線	管線會被看到
造型	可有圓型、弧型、任何創意或怪怪的造型	除了裸露水泥層與不裸露水泥層外，沒有特別的造型，但可上漆
嵌燈	可藏在天花板內	整個燈具會外露，有的燈座無法覆蓋出線口，會無法平貼天花板
費用	費用較高，包括做天花板、油漆，與嵌燈的錢	整體費用較低，省下做天花板的費用，與嵌燈開孔費，但明管走法工資可能較暗管高
空間感	屋高要降低 10 公分以上，空間會變小	能維持原空間的空曠感
隔熱	內有空氣層，可減緩屋頂傳下來的熱能，也可內放隔熱材來加強隔熱	沒有隔熱

不釘天花板，讓屋主抬頭呼吸的空間更寬闊！（小院提供／型牛的家）

姓，買的已經是小房子了，卻常常再花錢裝潢把空間弄得更小！

好，空間大不大，一翻兩瞪眼，屋高280cm與屋高260cm，要空間感，應該就會選280cm。但偏偏最後9成的設計案都做了天花板，Why？或許也跟10年前的姥姥一樣，是的，當初我連想都沒想過還可以「不做天花板」。工班沒問我：「你要不要做天花板」，而是「你的天花板要有造型，還是平鋪」？我只能在後者的範圍選擇。

另外一個原因，是以為有天花板才好看。但「好不好看」是後天教育出來的。後天是什麼意思，就是指這觀點是你不斷被「洗腦」，「認定」有天花板才好看、才像個完整的設計案。

但做天花板真的比較好看嗎？不做天花板就比較難看嗎？

明管，也有美麗的線條

美國知名圖庫網站 Pinterest 內，有許多設計案都沒做天花板，管線全走明管，不只燈具，連開關插座都走明管，且全都走得超漂亮的。

你看，這沒做天花板的家也比我們有做天花板的家好看吧。因為一個空間的呈現絕對是整體性的感受。設計師的價值也在此：可以幫我們在「什麼不要做」的情形下，塑造出空間的品味。

能從「減法」裝潢中創造個性，真是件很不簡單的事。

所以不管要不要做天花板，都不成為影響整體風格好不好看的關鍵。你可以自己再想想，要選擇做，或選擇不做。不過，不做天花板會遇到非常務實的問題，如燈具怎麼走線？消防管線怎麼辦？這些技法接下來要一一跟大家分享。

Part 1/2 不做天花板要解決的問題
管線的美化

燈具電線走在天花板水泥牆內，外觀更簡潔。（集集設計提供）

　　若不想做天花板，你會碰到管線該怎麼走才漂亮的問題：包括燈具電線、消防管線與冷氣管線。

燈具管線怎麼走？

1. 沿用舊管，走水泥牆或樓板內：

　　若不想動刀動槍動到打除，可直接沿用舊管。建商基本會留天花板中間的主燈出線口，但只能做主燈或吸頂燈，有的人會覺得造型有點單調。也可利用主燈的出線口，設計成走明管，或參考後文所提「省錢移燈法」。

2. 走明管：

　　集集設計的王鎮設計師表示，明管牽線要把握好「設計感」，管線走的方向以橫直交錯為佳，排列出來的幾何圖形，能讓空間有不同的況味。

　　另一位設計師Kevin提供的建議則是：「一要走得整齊；二要漆上與天花板同樣的顏色，因為明管在光線裡會產生陰影，管線太多又漆不同色時，會過於複雜。」

　　水電李師傅則提醒，明管在走直角彎曲時，同一迴路的電線若超過4個彎，會造成電線很難抽換，就得加出線盒。我看到某國的法規，2個彎以上就要加出

明管，應該這樣走

❶ 狹長型空間要把握住平行原則，可拉長視線，延伸空間感。（小院提供／洪博東設計）

❷ 明線走橫直路線，不要太複雜的線條，就很好看。記得電線外要套管，出線口的地方要加出線盒。（集集設計提供）

❸ 3 條迴路的 90 度轉彎加對稱設計，變成壁面的最佳裝飾。（硬是設計提供）

❹ 管線走ㄇ字型搭配棕色天花。

❺ 明管可延角落走，就更不明顯了。（集集設計提供）

線盒，也曾有人討論過分支是否就要加出線盒，這些要不要加，我覺得由師傅決定即可，因為線是他們在拉，可以抽換線就好。

但是，燈具電線出線口的地方就一定要加出線盒，可保護電線。至於燈具的類型，軌道燈或任何吸頂燈都可以，也有人用吊燈。

3. 省錢移燈法

在老屋改造移燈時，若想再省點錢，也可不必重新鑿孔切線槽，而是直接從原有線路出孔位置拉出明線，搭配吊鉤固定環，讓電線垂掛到新燈源位置，視覺上不會雜亂，反而能創造特色。

不只是改造老屋，如果在裝潢期間，還沒辦法決定家具和吊燈確切定位，可先

注意!!

天花板電線採用明管，會有幾種情形：1. 只有天花板燈具做明管；2. 燈具與開關之間都採明管；3. 燈具、開關、插座迴路都明管。因為不同的選擇，收邊方式會有不同，屋主要與設計施工方要先溝通好。但不管哪一種，最好出明管管線配置圖，因為太多爭議就在「水電師傅想走的樣子與屋主想的不一樣」，有出圖有保庇。

明管怎麼走要先跟師傅討論好，不然可能會設計成八爪魚的樣子。（網友提供）

小院基地的吊燈也是運用省錢移燈法，沒做天花板也不必再重新鑿溝。（小院提供／順司攝影）

請水電師傅在牆面上緣預留線路出孔處，待買到喜歡的吊燈、確定掛在哪裡時，就能採用省錢移燈法，牽至指定位置。

吊燈很適合這種做法，但記得出線口處要加出線孔蓋板，會比較好看。1 個燈具出線口的費用，水電師傅的報價約 500 ～ 900 元左右。

採用此法時要注意，吊燈或壁燈的燈具不能太重，因電線固定點多是用塑膠製固定環，承重力較不足，若較重的燈具要用鋼製環替代。硬是設計吳透設計師表示，鋼製環又稱「不鏽鋼 O 形環」，可去螺絲材料行或五金材料行買，除了看起來有質感，它的載重力也比較強，可搭配稍有重量的吊燈，而且價位平實，一個才幾十元而已。

鎖固定環時也要注意，若是水泥天花樓板可以直接鑽孔鎖上，但若是矽酸鈣板天花板，一般五金是無法鎖上去的，得找到後方結構角料的地方（可敲一下聽聲音找出位置），才能鎖固定環；不然就得在做天花板時，在矽酸鈣板內再加層 6 分夾板，才能鎖上固定環。

消防管線怎麼漆？

比較麻煩的是消防管線，若不打算包覆管線，可以怎麼做呢？設計師們說，把消防管線當成是展示品就對了。只要上個漆，一樣很好看。目前我個人覺得最好看的，是漆成與天花板一樣的白色。不過，要漆成什麼顏色也很自由，也有漆成黑色的。

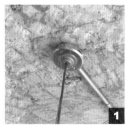

❶ 出線孔蓋板，有圓形、方形款式。❷ 牽明線會用到的固定環掛勾，塑膠的承重力較低，不能掛太重的吊燈。❸ 稍有重量的吊燈要改用不鏽鋼環，看起來也較有質感。（吳透提供）

若天花板沒有留出線口，只有底下的插座或出線口該怎麼辦？姥姥在採訪米蘭家居展時，剛好看到了解決方法，是利用長長的電線與固定環，就變出非常有設計感的吊燈。

看到沒？消防管線漆白漆後，就很有個性。（網友 Min-Chen Sun 提供）

冷氣管線怎麼藏？

要對付冷氣管線有幾種方法：

1. 跟著牆壁走，包假樑：

最傳統的做法就是走在牆壁與天花板交接的角落，或是走樑下或樑側邊，再用木作板整個包起來。包樑時要注意，要整支一起包，不然日後在異材質交接處容易有裂縫。

若沒有真的樑，師傅也會用木心板或矽酸鈣板包假樑。大家都希望假樑愈小愈好，但木工師傅提醒，也不能小到擠壓到管線。

2. 完全不藏：

若你覺得冷氣管線也不難看，恭喜你，心胸寬廣能納百川的人就能再省下一筆錢。不必用木作包冷氣管線，但記得冷

有看到冷氣管線嗎？若你覺得這冷氣管線也不醜，那又可省下一筆包假樑的錢。甚至冷氣機體只要管線收乾淨，也不難看。（集集設計提供）

媒管外頭要包覆保溫材，且管線仍要固定好，走橫或直的線條。因為保溫材都是白色的，壁面及天花板也要同一色系，就不會讓冷氣管線太明顯。

3. 做側板就好 ：

　這是 PMK 設計師 Kevin 教的方法，相當不錯。傳統整根樑包起來的話，可能會包得會太大、太占空間。設計師

Kevin 的「精瘦美包樑法」是這樣做的：先用角料釘在樑上，冷氣管線就走在裡頭，外層再包層木心板即可。精：只包一面的樑，不必包覆三面，可省下木心板與角料的錢；瘦：厚度僅 6 公分；美：從下面看上去，樑像有道細長切溝，視覺上會有纖細感。

■精瘦美包樑法

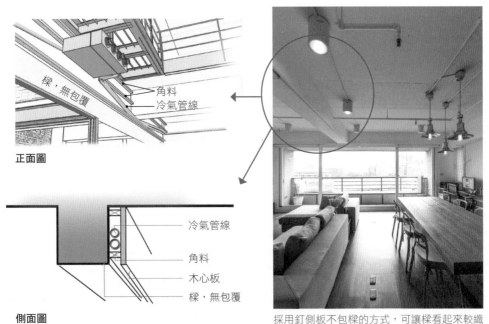

正面圖

樑，無包覆
角料
冷氣管線

側面圖

冷氣管線
角料
木心板
樑，無包覆

（PMK 設計 Kevin 繪製）

採用釘側板不包樑的方式，可讓樑看起來較纖細。（PMK 設計 Kevin 提供）

重點筆記：

1. 燈具電線可走明管，走橫走直就好，線條乾淨就好看。

2. 消防管線不必移，漆上與天花板相同的色調，便是一種 Style。

3. 冷氣管線可包假樑或做側板不包樑的處理，其實裸露也行，不難看的。

Part 1 / 3 省錢的替代方案（一）
輕鋼架天花板

姥姥點評

輕鋼架工法的最大優點就是便宜，且施工快，耐腐力好，也不像木角料有蟲害。但麻煩的是，板材與牆之間的油漆容易開裂。還好，工法上有得救。

雖然我大力推廣「不要做天花板」，但設計這件事青菜蘿蔔各有所好。有位朋友手上沒預算又看不慣屋頂沒穿衣服的樣子，問我有沒有什麼工法，可以比設計師報價 1 坪 3,000 元的木作天花板更便宜好用？

姥姥剛好有位朋友 LKK，他家用的是「輕鋼架天花板」，1 坪 1,800 元，用了兩年多，平整度良好，「沒什麼問題啊！」這是他的結論。

輕鋼架天花板的骨架，是熱浸鍍鋅鋼架，一般地區使用 20～30 年沒問題。鍍鋅鋼架雖然不怕生鏽，但怕蝕，臨海地區就不太適用。

什麼是輕鋼架天花板？與常見的木作天花板有何不同？簡單的說，輕鋼架是指天花板的「支撐結構」是用鋼架，木作則是用木製角料；另一個不同處是，輕鋼架是用「螺絲」鎖上板材，木作則是釘槍打釘固定。當然，按照慣例，姥姥還是會做個表，紙上 PK 一番。

輕鋼架工法的最大優點就是便宜，而且價格相對透明化。透明化的意思就是 8 成店家定價都差不多，而且會公開在網站上。輕鋼架施工快，耐腐力也很好，又不怕蛀蟲，不像木角料有蟲害問題，這點也大大勝出。

但最大的問題是，輕鋼架廠商通常不願做居家場。因為居家場隔間多，輕鋼架工程較難做，坪數又少，不少廠商接 50 坪以下的工資得提高，這一提高，其實跟木作工程就沒差太多了。另外木作師傅還能做許多封板或瑣碎工程，且工程細緻度高，兩者皆有優缺點。

■輕鋼架與木作比一比：

	輕鋼架	木作
報價（每坪）	石膏板材：1,800～2,600元	2,600～3,800元 較貴
使用期限	一般地區20至30年	20至30年
施工時間	快，15坪一個上午即完工 勝	較耗時，15坪要花兩天以上
支撐結構	熱浸鍍鋅鋼板製成的支架	木製角料與吊筋
固定板材方式	螺絲	打釘＋白膠
角料耐腐力	較佳 勝	較差，但也很耐用
蟲害	無，蟲咬不動鋼材	有，因蟲蟲與人一樣都愛低甲醛木料
缺點	地震時，銜接處油漆易裂，但可靠工法解決；部分案例會出現機器共振產生噪音，以及潮濕處板料可能會變形	地震時，銜接處油漆易裂
板材	9mm石膏板或6mm矽酸鈣板	6mm矽酸鈣板
伸縮縫	石膏板可不留縫，矽酸鈣板則需要	要留縫給矽酸鈣板，不然裂給你看
平整度	與板材有關，石膏板表面為紙，表面平整度會與油漆工法有關	視矽酸鈣板品牌而定，平整度有差，亦與油漆工法有關
嵌燈	位置要算好，避開支架	同左 勝
造型	可以做圓形弧形，但太複雜的雕花或變化仍須木作	可以做任意造型，尤其是複雜的圖形

註1：矽酸鈣板的價格為採用台製品牌日通，俗稱的「台灣麗仕」。
註2：價格不含油漆批土與隔音棉；詳細價格請見小院網站。
（資料來源：各工程公司或設計師）

其實暗架輕鋼架天花板的外觀與一般木作天花板無異，也可做間接燈光。板橋大遠百即是採用輕鋼架天花板，有興趣者可到此觀察。

網友會問，既然輕鋼架又不是近幾年才出的新建材，為什麼較少人採用呢？嗯，我也想知道。設計師或工頭也會上網路找資料，跟你說一堆「做了可能會有的問題」，最後你就不知到底要不要選便宜的方案。

但網路上查到的往往「要害」跟「陷害」是混在一起，所以姥姥做了些調查，也問了幾位師傅及設計師，來看一下一般人對輕鋼架工法的質疑或迷思。

迷思 1 輕鋼架適合商業空間或辦公室，不適合居家？

正確答案：現在許多居家設計還是跟商業空間學習。

輕鋼架中的明架工法常用於商業空間，但商業空間的做法不代表全是粗糙的工法，這觀念一定要改，在國外甚至連明架天花板也常用於住家。輕鋼架天花板有分明架與暗架，暗架即很適合住家採用。

迷思 2 輕鋼架會生鏽？

正確答案：熱浸鍍鋅就是一種防鏽的處理。

網路上也有人提出輕鋼架會生鏽。輕鋼架的骨架為熱浸鍍鋅鋼卷製成，姥姥

又去問了中華民國熱浸鍍鋅學會 (註)，祕書長何芳元表示：「熱浸鍍鋅就是一種防鏽的處理，這是目前各先進國家使用最廣泛、也最有效的防蝕方法。鍍鋅後的鋼材是不容易鏽的，一般 0.8mm 厚的鋼架，使用年限可到 20 至 30 年。」

不過，也提醒大家，螺絲也要經防鏽處理，不然這個小地方仍有生鏽的可能。**另外在現場施工時，要減少鋼架的切邊與鑽新孔、焊接等，因為斷面沒有鋅的保護，就易生鏽。**但這種鏽也不嚴重，若非超過年限，天花板要垮下來也不容易。

鋅這種元素不怕鏽，但卻會怕蝕。所以在空氣中鹽分高的地區，耐用期較短，可能只剩十多年。空氣中腐蝕性物質較多的地方，包括臨海區、溫泉區，或許就要考慮耐久性的問題。

迷思 3 以石膏板為材料，缺點是容易破，一撞就會凹陷？

正確答案：這個迷思與輕鋼架工法無關，而是與材料有關，到下一篇再來細談。

註：對熱浸鍍鋅會生鏽有興趣的人，可以上中華民國熱浸鍍鋅學會官網好好研究一下。http://www.galtw.org.tw/info.htm

輕鋼架常見的問題：
裂縫、噪音、格狀痕跡

以上的流言不用在意，但是輕鋼架的確有些後遺症，大多是因為工法不佳造成，以下3點大家可以參考看看。不過多位師傅與設計師表示，若工法正確，發生率是可以有效減少的。

1. 天花板容易在地震後產生裂痕，尤其是板材與牆銜接處。

先說明一下，這裂痕是指油漆裂痕，不是結構體喔！因網路上的說法不盡然可信，姥姥找到3位朋友或網友，家裡是用輕鋼架天花板，使用期約2～3年，經歷過最大3級震度的地震，但他們都說，天花板沒有裂，目前沒問題！

我再向設計師及師傅詢問，的確有找到一個案子，板材與牆面間在地震後產生裂縫。

理論上，同一種工程卻是有的有裂縫、有的沒有，就應該是施工工法的問題。還好，達人們都說上述的例子有救：**要在板材與牆面間留縫1～1.5cm，以矽利康封邊，或灌入彈性泥；此外，板材不能鎖在靠牆的第一根支架上，而是要鎖在第二根支柱上，如此即可減少裂縫的發生。**

話說回來，木作天花板也同樣會有裂縫的問題嗎？是的，一樣會有。若是地震搖得太厲害，無論是木作或輕鋼架都會裂。

不過幾位設計師都認為，小坪數如15坪內的施作面積，在正確工法下，輕鋼

這是屋齡10年出頭的房子，輕鋼架做的天花板，表層隱約會浮現鋼架的格狀。

在板材與牆壁、樑柱銜接處有裂痕，是輕鋼架最常見的問題。但多半只是表層油漆開裂，並不影響結構。右圖可看出部分地方裂成T字紋。

架是沒什麼問題的，產生裂痕的機率低，但總的來說仍略高於木作天花板。

2. 會有共振噪音的問題。

若是裝在浴室，通常會加裝排風扇，啟動時易造成輕鋼架骨架產生共振的噪音。客廳若加吊扇，也容易發生共振問題。

根據網友Chunchun的經驗，他家抽風機會造成共振的噪音。不過，並不是每個工地都有此問題，另兩位網友Hana與Sunny家就沒出現共振，姥姥也親自跑去安陽防火建材公司去看，那裡的風扇也沒有噪音。所以若不是每家都會有的問題，是的，你猜對了，就代表應是工法

造成的。

聯大室內裝修負責人陳敏豪說明，會產生共振，首先要先確認抽風機或吊扇機器本身有沒有裝好。從位置來看，**機器設備不要裝在輕鋼架骨架上**，可減少共振，像吊扇可直接安裝在水泥 RC 樓板上。不然，就得在天花板板材後方加一塊 6 分厚夾板，增強吊掛承重力道，四周鋼架再加吊筋補強。

接下來，不管是排風扇或吊風扇，機器本身都有標準的安裝方式，許多噪音是因為機器本身沒安裝好。以下幾點可檢查一下：（1）葉片是否鎖緊。（2）附送的防震海棉或塑膠墊片等物是否確實安裝。（3）剛安裝好時，可從低速測試到高速，看看機器本身可否順暢運轉。（4）檢查輕鋼架的螺絲有沒有鎖緊。以上確實做好後，應可減少共振的問題。

3. 若油漆沒確實做好，易出現板料縫的印子。

這個是姥姥我自己走訪多個輕鋼架天花板的案場後發現的。屋齡 3 年內的比較不會出現，但 7 年以上的就有兩個案場有同樣的問題：在板料銜接的地方，天花板表面會比較凸、比較不平整，看起來表層會有類似隱形的格狀。詢問專家後，認為這現象是油漆批土不均造成的，且應該要上兩次膠泥未上好，又沒等乾就進行下一工序，才會造成印子。若工法正確，就不太會有這個問題，但大部分做輕鋼架工班都求快，很難做到細緻的工法。

這樣施工才 OK
輕鋼架天花板注意事項

我們再來看看正確工法怎麼做。其中工法細節只要用心即可做好，但根據工程的經驗，因為輕鋼架系統與木作系統是截然不同的兩種領域，油漆的方式也有點不同。一般油漆工習慣木作與矽酸鈣板的漆法，不太懂輕鋼架加石膏板的手法，常會抱怨說：「這個怎麼沒留縫？」（姥姥 OS：石膏板是可以不留縫的），中間因為誤解的糾紛多，所以建議油漆也可直接包給輕鋼架的工程公司做。這樣還有個好處，若日後天花板有問題，反正都是同一家公司做的，就沒法推卸責任了。

1 施作前要放樣，用紅線標示高度；施作完成後，再用儀器量一下平整度。

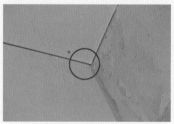

2 板材與牆壁間要留縫 1 公分，以矽利康封邊。這個做法就可減少地震造成的開裂，尤其是板材與樑柱銜接處。

（此系列照片部分由環球石膏板與鴻亨企業提供）

鎖這支

3 **板材不能鎖在與牆壁相接的槽鋼上**，這是最常見的錯誤。而應在槽鋼旁再加一根支架，將板材鎖在支架上。槽鋼就是固定在牆壁上的支架，地震時會跟著牆搖，若板材鎖在槽鋼上，就易被拉扯而造成裂痕。

4 板材的接縫要「交錯」，也就是行話的「交丁」做法，不能讓接縫一條線下去。封板完成後，再用雷射水平儀檢視水平是否平整，必須無隆起且無波浪狀。

5 記得要留維修孔，尤其是裡頭有走冷氣管線時。

6 待天花板完全乾燥後，才能上漆。

7 油漆要特別注意！油漆也很重要，因為關乎表面的平整度，以及未來會不會開裂，正確工法如下：

7-1 以 AB 膠將石膏板接縫處填滿，以批刀抹平。待 AB 膠完全乾透，塗上第一層膠泥，寬約 10cm。

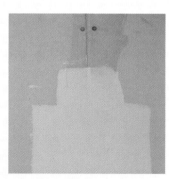

7-2 待第一層接縫膠泥完全乾後，塗上第二層膠泥，寬約 20cm。要塗兩層喔。待膠泥完全乾，若表面不夠平整，以細砂紙磨平。

7-3 螺釘孔處都要塗兩層接縫膠泥，待完全乾透，以細砂紙磨平，接著才上漆。

這些地方要注意！！！

1 吊筋數量要足：一般暗架會用厚 0.6mm 的輕鋼架支架，將骨架固定在屋頂水泥樓板的螺旋吊桿則是厚 6mm 以上（圖❶），或 12 號鐵線吊筋（圖❷），都要經防鏽處理。鴻亨劉年康專員表示，通常明架天花板＋60X60cm 板材會選用鐵線吊筋，暗架天花板＋3X6 尺板材選用螺旋吊桿。原則上，螺旋吊桿縱向最大距離不能超過 120cm（圖❸），橫向為 90cm（約 3 尺）一個。一般 1 坪面積內約有 3、4 支。鐵線吊筋則是橫直向 120cm1 支。

2 螺絲的間距不得大於 1 尺（30cm），還有螺絲要用自攻螺絲，長度要夠，封板後，能穿透輕鋼架 9mm 以上，也要經防鏽處理。

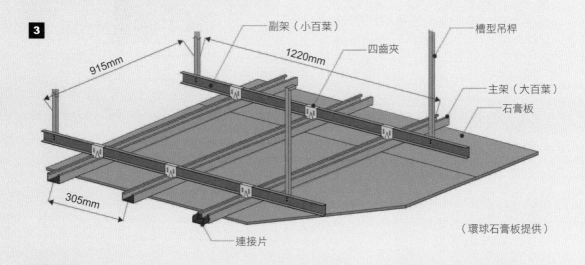

915mm
1220mm
305mm

副架（小百葉）
四齒夾
槽型吊桿
主架（大百葉）
石膏板
連接片

（環球石膏板提供）

重點筆記：

1. 輕鋼架天花板較木作天花板便宜，施工快、無蟲害，但板材與牆之間易出現裂痕。
2. 施工時注意板材間接縫要錯開，不能一線到底。與牆之間要留縫，用矽利康收邊。油漆則要上兩層膠泥，完全乾燥後才進行下一道工序。
3. 槽型吊桿，橫向每 120cm 即要 1 支。

（本文諮詢達人：聯大室內裝修負責人陳敏豪、環球石膏板建材部協理張錦澤、鴻亨企業專員劉年康、資深建築人施擎正、昇陽建設工務經理李識君、安陽防火建材負責人賴俊吉）

省錢的替代方案（二）

Part 1
4

石膏板 vs. 矽酸鈣板

姥姥點評
天花板並不是會跟人親密接觸的硬體，當手頭錢有點緊時，我認為此部分不必投入太多預算。石膏板的價格相對便宜，若要當天花板材，可選防霉力與強度較佳的防潮石膏板。

　　雖然《料理東西軍》這節目已經停播很久了，但把明太子義大利麵 PK 北京炸醬麵，這種形體近似、內在不同的比拚非常有趣，尤其最後主持人那句「兜幾」（どっち，哪一個的意思），實在讓人深深懷念。

　　輕鋼架工法介紹完，接下來我們在板材上也會碰到這「兜幾」的問題，輕鋼架常見的板材為石膏板與矽酸鈣板。其實，這兩種板材各有優缺點，只要先釐清觀念，不論選什麼都好，因為台製的石膏板或矽酸鈣板連工帶料的價差 1 坪才 200 元，30 坪約 6,000 元，以裝潢費來看佔比很少，不必太傷神。

　　先說明，以下介紹石膏板的內容較多，矽酸鈣板是拿來當對照組用，但各位別以為我寫得多，就代表石膏板較好，不是的，兩者各有優缺點。姥姥吐血 3 升製成一個萬里長城表格，在本文稍後會好好向各位報告研究心得。

石膏板的單價便宜又耐用，在歐美日等國是居家常見的天花板與壁板建材。台北的 W Hotel 也是用石膏板當天花板與壁材。（台北 W Hotel 提供）

板橋大遠百的天花板材，即是採用石膏板。

石膏板隔音隔熱，造型變化多

石膏板加輕鋼架的工法，1 坪連工帶料 1,800 元起。「便宜」是讓姥姥看上眼的最大原因。 我們拿同樣耐燃一級（CNS 14705 測試）的 9mm 石膏板與 6mm 矽酸鈣板來比，石膏板在隔音隔熱的表現都比矽酸鈣板好，還可以直接做成圓型、弧型或任何造型的天花板，不像矽酸鈣板還要先用夾板做造型。

這樣看起來，石膏板也不錯啊，那為什麼這種在歐美日等國市佔達 8 成以上的室內防火材，在台灣卻很少用於住家設計？反而是在辦公室、工廠等商業空間玩得不亦樂乎？

有問題就問，姥姥我一向很愛做市調；問過一圈設計師建築師與網友後，我又去問了學界業界，最後還去找了 CNS（不是豬肉檢驗的 CAS 也不是美國的 CSI 啦，雖然感覺都有點像。CNS 是指我們國家的經濟部標準檢驗局）。

建材一門，果然學問深似海，害姥姥陣亡了一億個腦細胞。

先解釋一下。網路常見將石膏板與矽酸鈣板的實驗數據拿來比一比，但石膏板與矽酸鈣板在 CNS 中根本就是不同的檢測項目，石膏板是 CNS4458，矽酸鈣板是 CNS13777，像抗彎強度與彎曲破壞載重是不同項目，數據不能「直接」拿來比的。

那怎麼辦呢？如何比較才意義？為了找出真正可比較的數字，姥姥跟成大教授電話熱線溝通，又打擾了 CNS 科長幾

環球水泥在台北的辦公室，電梯門廳與公司接待區的天花板全是石膏板，大家也可以去現場看看。（地址：台北市南京東路二段 125 號 10 樓。02-25077801）

個時辰，再與環球水泥建材部張協理在會議室白板上拿著麥克筆，算過來又算過去，終於，有了比較明確的數字。

好，流言終結者的時間又到了！讓我們先列出網路上關於石膏板的 3 大常見迷思：

> **迷思 1**　石膏板密度低，一撞就會破。

✓ 正確答案：密度低是事實沒錯，但我相信撞牆還有可能，誰沒事會吃飽撐著去撞天花板呢？

不過，施工中石膏板的邊角處易破，若破損面積大一點，會影響到表層平整度。

問題並不難解決，在油漆進場時，可以請油漆師傅先幫你檢視一下。這有兩個好處，一是幫你看有沒有破洞不平整處，若有，趁油漆前可以趕快再換一片；二是若油漆師傅說一切 ok，日後驗收時，

萬一發現天花板有凹洞，責任就得由油漆師傅來承擔。

迷思 2 無法掛重物。

✓ 正確答案：後方加夾板即可掛重物。

完全沒處理過的的石膏板的確無法掛重物（不過，這點矽酸鈣板也是一樣的），破解之法是只要在板材後方加一塊6分厚的夾板強化，即可掛燈或吊扇，當然，如同上一篇教的，要記得在鋼架四周加吊筋強化支撐。

迷思 3 石膏板易在板材之間，或板材與牆之間開裂。

✓ 正確答案：上一篇已經有很詳細的解說，有很多種方法可以解決，就不再贅述。

談防潮力

上面三點比較簡單，很容易破解，下面關於防潮力與強度就比較複雜了，來看一下我在交叉比對與詢問下的結果。

許多人都說石膏板防潮力較差，在潮濕環境下日久易變形。石膏板的確遇水就會軟化變形，這也是石膏板能夠被拿來做造型天花板的原因，只要用水噴濕或泡水即可塑形。但一旦乾燥後，石膏板就會固型，得再度加濕到一定程度才會再變形。

姥姥找了多位專家及網友求證到底會不會變形。家裡使用石膏板達18年的網友Sophie與使用10年的李先生，都說沒有發生變形；但也有設計師說，做過數十場商空裝潢，的確看過部分石膏板會下垂變形。

姥姥又去調了兩種板材的CNS數據來看。一般判別防潮力，是指吸水率或吸

❶各式石膏板，包括強化型、裝飾板、管道專用、壓花系列與貼皮系列，針對各式不同的狀況使用。
❷這是10年屋齡的石膏板天花板，我個人認為表面還算平整，雖然有出現輕鋼架的格狀樣子（這與上漆方式有關），但石膏板材本身並沒有變形。

❸❹左為石膏板，右為矽酸鈣板。矽酸鈣板密度高，邊角較不易破碎。

石膏板的測試報告，15mm 厚的強化石膏板吸水厚度膨脹率為 0.08%。（環球石膏板提供）

■兩種板材的吸水力比一比

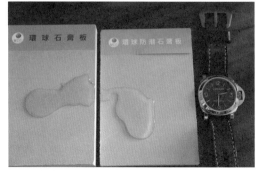

1 左邊為石膏板，右邊為防潮石膏板。在正面倒水。半小時後，水分仍未滲入板材。（但側面還是會吸水的）

2 矽酸鈣板倒水，5 分鐘不到，水分就完全滲進去了。

水長度變化率較低，這一看嚇了一跳：

矽酸鈣板吸水長度變化率是 0.15 % 以下，石膏板竟是 0.08%（上圖）。當然石膏板這數據是有前提的，一是送檢的是厚度 15mm 的強化石膏板，二是業者自行送 SGS 檢驗的，CNS4458 並沒有做這個項目。但畢竟是 SGS 做出來的，多多少少也有參考價值。

若照網路上寫的：「吸水長度變化率越小，就代表不易因受潮而變形。」那石膏板數字還比矽酸鈣板小啊！

網路上另一說法是吸水率越小的較不容易變形。這也不對，因為在姥姥自測的實驗中，矽酸鈣板的吸水力明顯大於石膏板。

但大部分人都說矽酸鈣板的防潮能力優於石膏板。

所以姥姥又去細問了一輪設計界與學界，發現有人說防潮與否是指變形程度，但有人則是指「發霉」。你看，怪不得寫論文之前都要先定義名詞，不然的確容易發生「一國兩制，兩邊互表」的情形。

後來我大概花了七天七夜與各學者、官方建材研究者與業界研發部門專員討論，最後姥姥綜合出來最大公約數如下：

「吸水長度變化率」指的是吸水後板材長度的變化，以此數字來看，石膏板濕脹率比矽酸鈣板低，石膏板較穩定。就因石膏板濕脹乾縮率低，因此板材間可以不留縫，但矽酸鈣板就要留縫給板材脹縮。

但一般說的變形是垂直面的變化，這與吸水長度變化無關。用作天花板材時，石膏板與矽酸鈣板都會發生下陷或四角翹起的情形，但石膏板比矽酸鈣板機率高。因為石膏板受潮後強度會變弱，若在長期潮濕又不通風的環境中，時間久了受重力影響，就會有中間下垂變形的問題。

但若是通風乾燥的環境就不太會發生變形。因為石膏板與矽酸鈣板一樣，都會吸水氣，但也會吐水氣。只要通風，板材就能回復到原本的含水率，以乾燥時的強度來看，並不易變形。

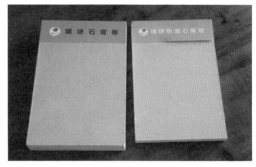

防潮型石膏板，適合用在浴室或廚房或是較潮濕的地方。

姥姥的裝潢進修所

調節濕氣？聽聽就好

網路上也可看到「石膏板與矽酸鈣板可調節濕氣」的說法。因為這兩種板材在外頭濕度大時會吸水氣，乾燥時會吐水氣。但是在台灣，天花板或壁材外頭都會再上漆，只要批土上漆後毛細孔就會被堵住，再加上濕氣是含在流動的空氣中，除非不開窗，很難只靠板材去調節濕度。所以這點聽聽就好。

防潮型石膏板更穩定

姥姥又問到幾位建商的經驗，以昇陽建設的經驗來說，在當壁材時，石膏板並不易變形，但是較容易發霉。若是住在環境潮濕或天無三日晴的地區，以及像浴室、廚房等長期濕氣重的空間，水氣是有可能滲入石膏板，久了就會發霉。

還好天無絕人之路，這問題也有辦法解決。石膏板的技術也是不斷進化的，如今推出經防水處理的防潮石膏板。環球水泥建材部張錦澤協理表示，防潮石膏板物理性質更穩定，強度也較好，可解決下陷或受潮的問題。價格當然會貴一點，連工帶料是1坪1,900～2,100起，但看到沒有，依然比採用台製的矽酸鈣板（1坪2,000～2,600元）便宜！

所以，若你住在長年風和日麗、不特別潮濕的地區，就可以選用一般石膏板；若是要用在浴室、或住在較潮濕的地方，抑或真的很擔心變形，則可選矽酸鈣板或防潮石膏板。

談耐震度

　　也有人拿板材的「抗彎強度」來比較何者比較耐震，其實也不能這樣比。我綜合整理網路文章後，把耐震分為兩種說法，一是指接縫處開裂，這跟工法有關，上一篇已說過了，不能把工法不好就怪到板材身上；另一個則是指板材本身開裂。

　　但一樣東西耐不耐震不能只看強度，要綜合來看，包括密度、抗拉、抗彎及抗壓強度等，甚至工法怎麼做，都會有影響。像布跟石頭誰比較耐震呢？布料不容易裂，但布不能蓋房子，石頭可以。**若以兩種板材的特性來看，地震四級以下的，兩者都沒問題的。但若真的要比抗彎強度，是矽酸鈣板較強。**

**姥姥的
裝潢進修所**

抗彎強度、隔熱、隔音，各有所長

　　抗彎強度：矽酸鈣板是測抗彎強度 Rf 沒錯，但石膏板是測彎曲破壞載重 P，兩者算法不同，不能直接相比的。不過，經過公式換算後就可以相比了：

Rf=3PxI/2bxf2(平方)

Rf……材料抗彎強度，kgf/cm2；

P……材料受彎破壞時的最大荷載，彎曲破壞載重 kgf；

　I……試件兩支點的跨距 cm(35)

　　　b……試件寬度，cm(30)

　f……試件厚度，cm(0.9)

　　石膏板在乾燥時的抗彎強度就可算出為79.3，潮濕時為48.4；矽酸鈣板是130。矽酸鈣板的抗彎強度優於石膏板。

平整度與油漆工法有關

　　關於石膏板，網路上也有人說它表面較不平整。石膏板的結構體材料為石膏，但表層會貼層紙。有的設計師表示，石膏板因有這層紙，久了易「浮浮的」，表面會不太平整。業者回應，表面不平整其實跟油漆的工法很有關係，石膏板在改進接縫導角的設計與上漆工法後，並不會不平整。

　　我想，聽別人講不如自己看，為了平不平整或會不會下陷的問題，姥姥我又跑了好幾個地方。其中一個居家案是 10年以上屋齡的石膏板天花板，平整度我覺得還可以；另外板橋的大遠百百貨，天花板也是用石膏板做的，我也不覺得不平整。

　　其實，談到平整度的表現，姥姥個人

　　隔熱：熱傳導率的數字愈低，隔熱效果愈好。CNS 提供的石板熱阻與矽板熱傳導率同樣在經過換算後，也可一比。

　　熱傳導率 kcal / m.h.℃＝厚度 m ／熱阻 (m2.h.℃ /kcal)

　　9mm 石板的熱阻是 0.05 m2.h.℃ /kcal 以上，換算成熱傳導率約 0.18 以下，矽板要求 0.21以下。所以，石膏板的隔熱效果較矽酸鈣板好。

　　隔音：至於隔音就好玩了，常看到板材業者提供可隔掉 40db（分貝）以上的數據。但成大教授表示，板材的隔音效果要看「整體組件」，不能單看板材。若天花板的輕鋼架工法、裡頭的隔音棉品質等沒做好，是沒有隔音效果的。姥姥算出兩種板材的面密度，從面密度來看，是石膏板好一點；但實際的隔音效果仍需以整體論。

有人嫌說石膏板平整度不佳，但就姥姥照片拍到的例子，表面看來比我家的矽酸鈣板天花板還平整。其實，板材外都要再批土上漆，表面平不平滑、有沒有幼咪咪，油漆師傅的手藝更重要。

的看法是除了看油漆師傅的手藝（批土批得好，就可以很平整啦），也要看每個人的龜毛程度。

當我們手上預算較少，用的是較便宜的板材，這時除了看品質，還要參考 CP 值，也就是說付出的價格是否創造出最大的表現價值。

像天花板並不是跟我們日常「親密接觸」的部分，你應該平日很少會抬頭看著天花板出神或拿放大鏡爬上去檢視吧？這部分就不必花太多預算，品質「能接受就好」。

眼見為憑，以下幾個公共空間，多是用一般石膏板來做天花板與隔間牆，大家可以去看看歷經風霜歲月與眾人踩躪後，你到底能不能接受那些石膏板如今的狀態：台北新光三越天母店、南西店及 A9 館，南崁台茂購物中心，全台福容大飯店，全台錢櫃與好樂迪，高雄夢時代，嘿！看來可以讓你吃喝玩樂血拼、順道考察建材的地方還真不少呢！

矽酸鈣板

國產品 CP 值高！

選石膏板做板材有個好處，就是不用在品牌上傷腦筋，台灣一家獨大，叫環球石膏板。但矽酸鈣板的選擇就多了，國產與進口、有聽過與沒聽過的品牌就超過 10 種。

常有網友問，到底選日產還是國產好？姥姥的回答是，若預算有限時，選國產品 CP 值最高，國浦、日通的板子，業界口碑都不錯。

無可諱言，純就品質比較，日本的矽酸鈣板不管是麗仕或 A&AM 淺野，都比國產的好。但重點是：**並沒有差很多**。同樣密度 0.8FK 的板子，以日本麗仕與國產南亞相比，吸水長度變化率：日製約 0.08%，國產約 0.12% 以下，只差 0.04 個百分點；而熱傳導率，兩者都是 0.15 以下。

差別較大的項目有二，一是抗彎強度：日製約 120 以上，國產約 100 以上；二是表面平整度。日製的不管正面反面都光滑平整，國產的表面質感就差多了。但價格差多少呢？日本麗仕 3×6 尺 6mm 一片約 300 多元，國產品約 200 多元，料差 100 元，1 坪就差 200 元，30 坪差 6,000 而已，看起來不多，但這僅是材料費而已。

■ 日本與國產 0.8FK 矽酸鈣板比較

品牌	日本麗仕	國產南亞
密度 g/cm3	0.8　勝	0.8
吸水長度變化率	0.08%	0.12%以下
熱傳導率 W/MK	0.15	0.15
抗彎強度 kgf/ cm^2	120 以上　勝	102 以上
價格（3×6 尺）	1 片 300 元左右	200 元左右　較划算
連工帶料（1 坪）	3,800 元	3,000 元

* 註：也有師傅報價日本麗仕連工帶料 2,800 元，國產 2,500 元。

　　一般設計公司報價，如用國產品、平鋪施工，1 坪是 3,000 元；但用日本麗仕時，1 坪就要 3,800 元以上。對，你沒看錯，料 1 坪差 200 元，但工資 1 坪會差 800 元（但也有只差 300 的），30 坪就差 2.4 萬。油漆的費用則一樣，1 坪約 1,000 元。

　　奇妙的是，日製品既然平整度較好，油漆師傅都說批土擦一道就夠平整漂亮；擦國產的板子，有時批土 2 道還不夠平，要批到 3 道。那為什麼使用更省工的板材，工資卻不降反升？請先不要怪師傅或設計師亂開價，因為你必須回頭問問自己有沒有在其他項目亂殺價或不付設計費（不然設計師是讓你養嗎？）。

　　其實這部分的行情是有彈性的，姥姥也看過工班用日本麗仕的板材 1 坪報價不到 3,000 元，建議大家跟設計師或工班誠心誠意地談，我相信有機會拿到好價格。

　　整體而論，我仍認為天花板並不是值得投資大錢的裝潢項目，如果選日產板，不如拿差價去買張丹麥名椅了。天天坐在好椅子上，總比花在天天摸也摸不到的天花板好吧！

重點筆記：

1. 當天花板材，選防潮石膏板的 CP 值較高。

2. 若要掛吊扇或吊燈，矽酸鈣板與石膏板後頭都要記得加 6 分夾板，並加強四周吊筋的數量。

3. 石膏板便宜、可做造型天花板，但抗彎強度較弱；矽酸鈣板強度佳，不易受潮發霉，但價格較高。

■ 石膏板與矽酸鈣板的超級比一比

	石膏板	矽酸鈣板
外觀特色	上下面表層貼覆綠色的紙，側面可看到白色石膏底材	多是白色基材，有的品牌會正面與反面的粗細不同
材料價格	一般規格 9mm，120 ～ 150 元 防潮板 140 ～ 160 元　**便宜**	台製 200 ～ 250 元
連工帶料	**輕鋼架工法** **1.** 石膏板 1 坪 1,800 ～ 2,600 元 **2.** 防潮石膏板 1 坪再加 100 ～ 200 元	**輕鋼架工法** 矽酸鈣板 1 坪 1,800 ～ 2,000 元 **木作工法** 1 坪 3,000 ～ 3,500 元左右
原料	以石膏為主要芯材，並以石膏板專用原紙被覆	石灰質原料（含水泥），矽酸質原料，有機纖維，無機纖維（不含石綿）等混合材料
測試方法	CNS4458，以 9mm 為例	CNS13777，以 1.0FK、6mm 為例
密度	$0.7 \sim 0.8 g/cm^3$	$0.9 \sim 1.2 g/cm^3$
含水率	3% 以下	3% 以下
全吸水率	指整個泡水 24 小時後的吸水率，10% 以下 表面吸水量 2g　**較小**	40% 以上，吸水率較大 CNS 未規定此項目
吸水長度變化率	強化板 15mm 厚測出 0.08% CNS 未規定此項目	0.15 以下（實測約為 0.12% 以下）
防霉	較差	較佳　**勝**
抗彎強度	彎曲破壞載重數字 乾燥時 36.7KGF 以上 濕潤時 22.4KGF 換算後抗彎強度是 79.3、48.4	130kgf/cm2 以上　**勝**
隔音	單位面積質量一般約 6.3 ～ 7.2 kg/m2，CNS 範圍值為 5.7 ～ 8.6	無 CNS 數據，從密度推算 6 左右　**視整體組件而定**
熱傳導率	隔熱較佳，CNS 提供熱阻為 0.05m2.h.℃ /kcal 以上，換算成熱傳導率約 0.18 以下，數字愈低愈好　**勝**	0.21 kcal / m.h.℃以下
伸縮率	板材間可不留縫	會濕脹乾縮，要留縫
石棉	不含	不含
塑形	容易，可直接做造型天花板	不能直接做圓弧型等造型

註 1：石膏板是以 3X6 尺 9mm 厚國產品計價；矽酸鈣板以 3X6 尺厚 6mm 國產品計價。

註 2：價格不含油漆批土與隔音棉。

（資料來源：CNS、環球水泥、南亞）

Part 1 / 5　天花板番外篇
淺談隔音問題

姥姥點評　靠裝潢做的天花板隔音工程，多半只能降低樓上傳來的電視音量，但對於拖椅子搬桌子這種砰砰磅磅的噪音，可能一點用都沒有。

　　很多網友一看姥姥寫到天花板，立刻就問：「我們樓上那家子好吵，既然都要施工了，如何趁機做好隔音呢？」嗯，這問題要先問：你清楚要隔什麼「音」嗎？

　　隔音和漏水一樣，若是想改善自家內的問題，都還有可能，但若是要改善到「別人」家或別人的行為，就會變得很複雜。偏偏天花板的噪音通常就是屬於後者。

　　環球石膏板建材部協理張錦澤表示，天花板噪音分兩種。樓上傳來的通常是「衝擊音」，如硬物掉到地板、拖動椅子、樓上小孩在比誰跳得高、或有東西掉下來砸到地面等；而人說話、電視等的聲音稱「空氣音」。**比較能靠天花板去改善的，只有空氣音。**

　　要隔離衝擊音，在做樓地板時就要處理。例如設計成中空樓板，不然很難單靠天花板改善，即使把天花板加厚、塞隔音棉，效果仍有限。而且聲音也會從樓地板傳到牆壁，再傳到你家。再加上

天花板與牆之間可能有縫，要達到百分百隔音很難，還不如去買副耳塞比較快。

隔音用岩棉品質差異大

　　在有限預算內的隔音做法，多半是在天花板內放吸音岩棉。但問題來了唷：**當板材只放一層，不管是矽酸鈣板或石膏板，大家半斤八兩——都無法保證良好的隔音效果。**甚至有專家認為，壓根不必多花吸音棉的錢，因為那就像把錢扔進許願池裡，花心安的！

　　以岩棉當吸音材，一般會用 60K 的密度，但現在台灣裝潢市場採用的岩棉幾乎都是大陸製，品質良莠不齊，同樣號稱 60K 的密度，常會出現高達 10 ～ 30％的誤差，也就是密度根本不夠，即使是工班師傅或設計師等專業人士，也很難現場測得出來密度到底是多少，如此又怎能保證隔音效果有多棒？

　　「那有沒有再好一點的隔音做法？」永不放棄的姥姥又問了多位經驗豐富的

，施工業者，以下綜合整理業界的建議：

1. 聯大室內裝修與安陽防火建材的老闆建議用 15mm 厚的實心礦纖板，再加玻璃棉或岩棉。搭配輕鋼架工法的話，1 坪連工帶料約 2,600 ～ 3,000 元。

2. 環球石膏板公司與學者們則建議放雙層板材。如雙層 15mm+9mm 的石膏板，或 9mm 石膏板 +6mm 矽酸鈣板，或在單層的石膏板或矽酸鈣板之後，加上礦纖板（最好是日本製的），再加 60K 岩棉或密度 24K 的玻璃棉，如此效果會好許多。但是姥姥告訴你，實務上採用雙層天花板的案子很少，一來是很貴，1 坪約 5,000 ～ 7,000 元，二來是很重，施工工法複雜很多。

最慘的是，以上方法都不能保證一定「隔到音」，因為若天花板或隔間牆施工不佳，在銜接處有縫隙，你仍然會聽到低頻的噪音。

30 年老公寓，隔音難解

但如果你有錢，1 坪有 1 萬元以上的預算，或許有 9 成的機率可補救，可用很好也很貴的隔音材，再加音響室的工法。不過，仍有 1 成機率會聽到噪音，因為這跟個人聽覺靈敏度有關。凡是聽覺太好的人，或天生對低頻音超靈敏，有對莫札特的耳朵，那不管做什麼措施，你都會聽到聲音。

倘若你家屋齡很老，例如是 30 年以上的公寓，樓地板厚度只有 12cm，就不必額外浪費這些錢了，因為整個建物的結構已是最佳「傳聲筒」，成大建築系賴榮平教授說，後天做任何努力都成果有限。

監造過建築隔音工程的設計師孫銘德也給了良心建議，手上沒預算的人，「真的不用想太多。沒有到位的隔音工程，有做跟沒做差不了太多，降幾個 dB 而已。」

所以姥姥的結論是：做隔音，沒錢真的不必想太多；有錢，就參考上述板材的混搭作法，雖然無法保證百分百功效，但畢竟對聽覺極度敏感的人而言，少一分聲音就是多一分舒爽！

這樣做，改善樓上流水聲

一般大樓樓上的浴室排污管，會走在樓下的浴室天花板內（例如 10 樓的排污管就會藏在 9 樓的天花板內），若覺得水管的流水聲很吵，設計師林逸凡建議，可以打開天花板，用吸音棉包住水管，再在天花板內塞進吸音棉，可減少噪音。環球石膏板建材部協理張錦澤也補充，排污管路可用兩個 45 度角的彎頭取代一個 90 度角彎頭，也能降低排水噪音。

諮詢達人：成大建築系教授賴榮平、環球石膏板建材部協理張錦澤、昇陽建設工務經理李識君、安陽防火建材負責人賴俊吉、設計師孫銘德

Part 2 不做**過多**照明

以光影變化增添空間趣味

Illuminator

要寫燈光照明這個章節時，不知為何看到一個畫面：一個小孩，在船上彈著鋼琴，琴聲很美，但船長跟他講不能在半夜彈琴，他回了一句：Fuck the rule ！

此畫面出自改編自同名小說的電影《海上鋼琴師》。

Fuck the rule，非常反骨的一句話。或許在 10 歲時，我們會有這樣的想法，但 20 歲、30 歲、40 歲後，我們早已被磨成 Follow the rule，甚至也不想管這 rule 是在規定什麼或怎麼來的，反正別人都這麼做，我們就跟著做吧！

照明這件事，正是一般人墨守成規、最懶得動腦的工程項目，「不就是燈嗎？能省到哪裡去？」其實裝燈看似瑣碎、無足輕重，卻是最容易花冤枉錢的工程。

$ ▦ 小氣裝燈法可省下多少錢？

一般 3 房 2 廳，客餐廳加 3 房以 24 坪計——
天花板費用：平鋪 1 坪約 3,000 元，24 坪 X3,000=7.2 萬元；
嵌燈連工帶料費用：約 25 顆 x1,200 元＝ 3 萬元
間接照明：木作燈箱 1 尺 400 元，24 坪約 100 尺 x400 元＝ 4 萬元
間照燈管：Led T5 約 20 支 x500 元＝ 1 萬元。
7.2 萬 +3 萬 +4 萬 +1 萬 =15.2 萬元
若改成小氣重點裝燈法，只需：
餐廳、客廳、玄關：4 盞立燈＋ 4 盞桌燈
房間：4 盞床頭燈 +2 盞立燈
小孩房：2 盞壁燈＋ 1 盞桌燈
以 IKEA 的價格為例，立燈 2,000 元；桌壁燈 1,000 元
6×2,000 元＋ 11×1,000 元 =2.3 萬元
可省多少？ 15.2 萬 -2.3 萬＝ 12.9 萬元

本書所列價格僅供參考，實際售價請以小院網站公告價為準。

Part 2/1

光從哪裡來？
燈，不一定要裝在天花板

姥姥點評　規劃燈具時，一般人多半想都沒想，先裝再說，就怕自家不夠亮。但許多人裝了一堆嵌燈、間接燈光與主燈後，一年卻開沒幾次，甚至根本沒開過，那幹嘛要裝？

　　常有網友留言問我：客廳要用幾盞嵌燈才夠亮？燈泡到底要幾瓦才夠亮？可見大家最擔心的就是不夠亮，但又不懂照明的層次分配，搞不清楚每個空間的照明需求，只想著先裝再說。於是客廳天花板裝 8 到 10 盞嵌燈，再加 1 盞 3 段式變化的主燈，接著旁邊來一圈間接照明；走道每 1 公尺 1 盞嵌燈；臥室天花板 6 盞嵌燈，再加 2 盞床頭燈，若是兼書房使用，則再加閱讀桌燈。

　　但你家真的需要那麼多燈嗎？

　　姥姥自己家以前的客廳就是嵌燈加主燈都有，但每天晚上會開的就只有那 4 盞嵌燈，其他間接照明、主燈都在旁邊納涼，當初花好幾萬裝的燈，根本沒怎麼用到。

　　什麼程度叫夠亮，這是根本問題，也是非常主觀的問題。在台灣，大家都習慣「像白天一樣的夜晚」，所以裝一堆燈。但到底什麼是足夠的照明？這是我想探討的。但也先提醒一點，本文所闡述的照明觀念，是姥姥自己多年的「觀察」，並不是非此不可的真理。我提供的是另一種思維，若你仍想裝一百多盞燈，就是喜歡永晝的世界，我也不會阻攔你。

釐清你家的照明需求

　　姥姥開始探究「照明的真諦」，源自一位法國畫家 Caufman。她家客廳沒有主燈、沒有吸頂燈，天花板上完全沒有燈，只有桌燈立燈等燈具。到了晚上，房子果然幽幽暗暗的，但她跟我說：「這就是晚上啊，不暗怎麼是晚上呢？」

　　嗯，不暗怎麼叫晚上，這種想法在台灣真的很少見。

　　後來我又去問了不少外國朋友，有的

一堆燈的設計，但說實在的，看不出美在哪裡。

住美國、有的在丹麥、有的在西班牙，除了問他們花多少錢裝潢，第二問必定是：你家裝多少燈？這些外國朋友中，多數人客廳只裝主燈或嵌燈，不會二者兼備，餐廳則是餐吊燈，很少裝間接燈光，但會有很多活動式的燈具。我採訪過一位做銀器的丹麥工匠，他家客餐廳就有十幾盞燈，桌燈、立燈、吊燈與一堆小燈，因為「看起來很溫暖」。燈具對他來說，不是照明，而是療癒用品。

當然，並不是外國的月亮就比較圓、外國人的品味就一定高，我只是要跟大家說，**這世上也有人對燈的看法是這樣：第一，晚上不必然要亮得跟白天一樣；第二，照明也可以不必靠天花板燈。**

此設計案的客餐廳，天花板嵌燈再加主燈再加間接燈，足足用了 30 幾盞燈！這樣「氣派」的規劃不只浪費錢也浪費電。

關於第二點我心裡本來也有點懷疑：照明真的可以不靠天花板燈嗎？這樣活得下去嗎？不會看不見嗎？會不會認錯老公、打錯小孩？反正就是心裡一堆 OS，於是，我在自家起居室做了實驗。

為了避免我自己（或家人）不小心就會不知不覺地開主燈，我先把主燈給喀擦了，然後立馬搬進兩盞立燈，開始實驗只由這兩盞燈擔負起空間的主要照明任務。

就在我家主燈逝世兩周年後，我對燈光的看法也大大改變。**原來，沒有主要照明、沒有從頭頂正上方灑下的燈光，空間依然可以靠別的燈光給它亮、亮、亮。**不過從天花板灑下的燈光比較均勻，若沒有天花板燈，只用立燈或桌燈等打出來的燈光，在房間角落處就真的會比較陰暗。這種明暗分明的 Fu 與有主燈時的 Fu 完全不同，光影明顯，整個空間比較有氣氛。

沒有天花板燈，也能用桌燈、立燈，創造出像這樣的層次燈光。

活動式燈光配置的優缺點

若你能接受將照明全權交由移動式燈具負責，你家就可什麼天花板的燈都不做，省下不少錢。

「全由桌燈立燈打出的燈光會不會不夠亮？」我一開始也有這樣的疑慮，但實驗結果是，3 坪大的空間兩盞立燈的亮度就夠了：一個是 700 流明 10 瓦的 GE LED 燈，一個是 25 瓦 1875 流明的飛利浦省電燈泡。大部分時間是只開那盞 700 流明的燈，就可以看清楚家具擺設在哪裡，超省電。高流明的燈是看電視時才開。我想應該是立燈或桌燈距離我們活動的空間較近，所以少少的燈就可以提供足夠的亮度。

不過每個人感官不同，究竟要放幾盞燈才夠，就看你自己習慣的暗度為何。要注意的是，燈具材質與照明方式都會影響亮度。燈罩的角度會讓光可照射的範圍不同，有 360 度透光的燈罩，也有只透光一半的（閱讀燈就多屬這種）。我的經驗是，若要負責主要照明的，最好選上下左右 360 度都透光的燈具，會覺得比較亮，光能佈滿的空間最大。

燈也有許多照法，不只是一般常見的往下直接照明，也可以反轉燈罩，將光打在牆上或天花板上，這種燈光有點類似間接照明，燈光較柔和，每盞燈因燈罩或燈泡設計不同，出來的燈光效果也不太一樣，大家可以自己試試看。

姥姥家的燈光實驗

姥姥家的起居室類似一般人所認知的客廳，約 3 坪大。目前沒有天花板主燈，全靠可移動式的立燈與桌燈，以下為各式燈泡與照明方式的實驗，因攝影收光效果與實際空間的亮度會有差異，為減少誤差，此系列照片全是在同一固定點拍攝，焦距為 5.1mm，光圈 5.6、快門 1/2，ISO200。另要說明，亮度以光通量「流明（lm）」表示，而非傳統認知的瓦數，後文會有詳述。

燈源：單盞
10W LED MR16

只有一盞小小的杯燈，將燈光往牆上打，室內的確很暗。為了讓大家看到燈光的亮度差異，我在地上放了幾本書，此照中幾乎都看不清楚。

燈源：單盞
25W 1875 流明省電燈泡

左側角落這盞燈泡有 1875 流明，一盞燈就差不多讓室內的大擺設都可看得清，走路不致撞到。但是角落處較暗，像放在禪床底下的書仍看不清楚。

燈源：雙盞
右：10W LED MR16
左：25W 1875 流明省電燈泡

再開一盞右側角落的燈，3 坪大的空間就幾乎都可輕鬆看到。禪床下角落的書也看得到了。

註：更多不需用到天花板燈的美麗居家案例，可上小院網站查詢。

清潔用燈仍有必要

若選擇室內的常開燈是偏暗的設計，也請記得留盞清潔用燈（至少有一盞流明比較高的），姥姥在設計小院基地的照明時，在廚房與浴室會刻意分氛圍燈（小嵌燈）與清潔燈。

在臥室也最好留個「捕蚊燈」，就是既有提供氣氛用的小嵌燈，也有想大開殺戒時，讓蚊子無處可躲的夠亮燈光。

一按就亮的開關式插座

不過活動式燈具會有個麻煩的地方：無法立刻點亮全室。天花板燈具是開關一按，燈就亮了；放了兩盞立燈，我只能一盞一盞開。兩盞還好，但若放到 10 盞，我想開燈就會變成一種可以消耗卡路里的運動，對有些人來說，可能有點吃力。

還好，水電師傅陳泉銘教了我一招，可以設計「牆上有控制開關的插座」，再把燈具插在這個插座上，就可以像天花板燈一樣，「一按就亮」。

這種插座跟一般天花板燈的設計原理是一樣的，把插座的電源線與牆上開關相連，開關一按，插座就會通電，因立燈的電源線插在插座上，就能點亮燈具。通常一個插座工資約 600 ～ 900 元，再加個開關也是一個 600 ～ 900 元左右。

燈源：雙盞
右：18W 1080 流明 PL 燈泡
左：25W 1875 流明省電燈泡

我把右側的 LED 杯燈換成螢光燈系的 PL 燈泡。因為 LED 屬直射光，螢光燈屬散射光。右側的地上沒有特別亮的光圈了，整體光源比較均勻，光照範圍也更大，禪床下的書更清楚。

燈源：3 盞
右：18W 1080 流明 PL 燈泡
左：25W 1875 流明省電燈泡
中：8W LED 桌燈燈泡

再加進 1 盞桌燈，放在第三個角落。才 3 盞燈，整個空間就跟白天差不多亮了！但這種明亮的 Fu 與天花板燈不同，我都是採用投射型燈具，因燈罩的關係，在燈具的上方會微暗；若採用散射型的立燈，空間的光線會更均勻。

重點筆記：

1. 夜晚不必然得亮得跟白天一樣，燈不必裝那麼多。

2. 不靠天花板燈，只用立燈或桌燈等移動式燈具，空間也可以很亮。

3. 根據實驗與姥姥能接受的暗度，3 坪大空間在 2000 流明就夠亮了（1 盞立燈），看電視不會傷眼，也可看到家具擺設在何處。

4. 不同燈泡與燈具造型與材質，會影響亮度。

花了錢，有點後悔……

CASE

（網友 Nico 提供）

裝間接燈光，3 年從來沒開過

苦主：網友 Nico

我很後悔，當初會做間接燈光，是設計師說燈光會比較漂亮。但已住 3 年多，除了不小心開錯外，從來沒想過要開間接照明。（姥姥 OS：這種不封邊的間照天花板比較貴，照明亮度也不如燈箱式間接照明，還會積塵。）

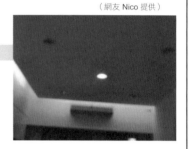

為什麼光是少裝燈，就可省下 10 萬？

前面告訴你「小氣裝燈法可以省 10 萬」，詳細數字是怎麼算的呢？我們就拿第 51 頁照片那個裝一堆燈的設計案為例，總面積約 30 坪，但先扣掉廚房衛浴，因為這兩處會有排污管，還是得裝個天花板遮一下。剩下客餐廳加上 3 房約 24 坪，天花板做法是平鋪天花板加嵌燈，底下再一圈間接照明。

（A）對照組：傳統天花板燈的做法

天花板：7.2 萬

嵌燈：客廳 8 顆、餐廳 5 顆、3 房各 4 顆，共 25 顆，1 組 LED 燈泡加筒燈燈具與挖孔費約 1,200 元，25 顆為 3 萬元；

間接照明：木作燈箱 1 尺 400 元，此設計案是每個空間都做四面牆，每個空間平均算 20 尺，客餐廳加 3 房，5 個空間共 100 尺；因此木作燈箱就需 100 尺 ×400 元 = 4 萬元。日光燈 T5 28W 20 支，每支算 500 元，共需 20×500 = 1 萬。

若全做，共需：

7.2 萬＋3 萬＋4 萬＋1 萬＝ 15.2 萬元

（B）實驗組：不做天花板，也不做天花板燈

照明費用會依活動式燈具數量與品牌而定，從 2 萬～10 幾萬都可能。以姥姥能接受的暗度為例，來試算一下用燈量：

客廳兼起居室：2 盞立燈＋2 盞桌燈
餐廳兼書房：2 盞立燈、1 盞桌燈
玄關：1 盞壁燈
房間：2 盞床頭燈，1 盞更衣處立燈（要算兩房，則共桌燈 4 盞，立燈 2 盞）
小孩房：2 盞壁燈，1 盞桌燈
以上共立燈 6 盞，桌壁燈 9 盞

若都是買 IKEA 的，立燈 1 盞算 2,000 元，桌燈壁燈 1 盞算 1,000 元，

6 盞 ×2,000 元＋ 11 盞 ×1,000 元 =2.3 萬元

A 組 15.2 萬 - B 組 2.3 萬 = 12.9 萬元

能省下 10 萬算多吧！姥姥想說的是，不如拿這筆錢的「一部分」去買一兩件殺手級的逸品名燈，像桌燈就可買無論你怎麼拉它，都可以隨拉隨停的義大利 Artemide 的 Tizio，還可指定 LED 燈泡款；或者去買義大利名牌 FLOS 的招牌燈 Arco，還有在 007 電影有出現的丹麥名牌 Louis Poulse 的 PH 系列。知名創意人包益民家裡就沒有裝天花板燈，但買了那位法國設計界的老頑童 Philippe Starck 好幾盞經典設計燈。你看，一盞設計好看的名燈，就能讓別人到你家時，對你刮目相看。別以為名師的燈太遙遠，只要不做天花板燈，這錢就有囉！

Part 2 照明的基本原理
找到適合你的「暗度」

姥姥 點評

若你能接受晚上就可以是暗暗的觀念，恭喜，你已修成獨孤九劍的心法！但還得先了解三件事，一是找到適合自己的暗度，二是照明的基本原理，三是燈泡的性質，如此才能設計出省錢又符合實際需求的照明系統。

　　我家成員有 3 人，在實驗燈光的過程中，兒子小蹄最隨和，開 1 盞燈或 2 盞燈，他都 OK，只要看得到電視就好；我則是越來越懶得開天花板燈，喜歡用立燈桌燈照亮空間，喜歡有光影的 fu；老公就剛好跟我相反，一直處心積慮地想把起居室被我喀擦掉的主燈再裝回去。

　　嗯，每個人的感官靈敏度都不同，像我聽不出 MP3 與 CD 原曲差在哪裡，但就是有那種超人耳朵聽得出來。所以，每個人對「最低亮度」的需求也不同。

　　現在就只要找出你自己能接受的暗，是到何種程度。

能輕鬆視物，就是最低需求

　　最基本的照明需求，就是讓我們看到東西。例如可以一進門就看到前面的走道在哪，不會摔跤；接著看到玄關櫃在哪，好把口袋裡的皮夾與手上的鑰匙放在櫃上；然後，要看到客廳的沙發，走向沙發，好攤在裡頭，當個沙發馬鈴薯。為了變成馬鈴薯，我還得看到電視遙控器在哪。

　　所以，**只要你能「輕鬆地」看到以上東西，不會在家摔倒，那就是你家照明的最低亮度需求。**

　　為什麼要加上「輕鬆地」呢？因為看得到分不費力地看、有點用力地看、很用力地看。若不能輕鬆自在地看，眼睛就容易疲勞，會累會澀，也就是一般說的「傷眼」。

　　根據國泰醫院眼科醫師梁怡珈說明，只要能不用力視物，對眼睛來講就是最自然的狀態。這是很重要的原則。若你看久了（在半小時內）發現眼睛會累，光源可能就有問題（自己玩 FB 或 CS 一坐就 2 小時以上的不算喔），不是過暗就是過亮。

　　每個人眼睛不同，4 坪客廳你會需要幾盞嵌燈，才能輕鬆地看得到家中的物品呢？不要想像，就從你現在住的客廳試驗起，8 盞、6 盞、4 盞，2 盞，乃至全不開，看自己能不能接受。

　　不過依據我個人經驗，**熟悉暗，需要時間。**

　　當我從光亮如白晝的夜晚，慢慢習慣

當沒有天花板燈時，空間的明暗會差較大，一開始可能會覺得暗，要一段時間適應。（豐澤園提供）

走向真正像夜晚的世界時，也會有適應問題。眼睛會感到吃力，腎上腺素自動上升，行動都特別小心，身體沒辦法完全放鬆、會有點沒安全感。這種「非典型暗夜不適應症」會視個人狀況不同，我大概兩個星期之後眼睛與身體都適應得很好，不但悠遊其中，還能無聊到對暗夜與光影心醉不已。

只是，不做天花板燈最常遇到一個問題：同一家人對「暗度」的感受程度多半各不相同。許多網友會到我這哭訴與老公之間的爭執。說實在的，為裝潢吵架真的很不值，裝潢最多撐 20 年，老公

老婆可是要睡在你旁邊一輩子的。喜歡暗的，當然優先禮讓。另外，家有小孩的，也要特別注意亮度足夠與否，建議善用重點燈光（此點稍後詳述）。

區分主要照明與重點照明

接下來介紹照明配置的原則。燈光與家具有幾種相對位置：第一，天花板掛盞主燈或放幾盞嵌燈，燈光從上方灑下；第二，不要上方來的燈光，從旁邊可不可以？當然也可以，所以也可以不要主燈，而由立燈、桌燈、壁燈等共同來幫忙，讓我們看到物品在哪。

從不同的光源，可以概略把照明分成主要照明與重點照明兩大部分。主要照明，負責的是大空間；重點照明，負責局部的小地方。

注意!!

以下這些朋友，
你們家不適合暗暗的……

姥姥提出「讓晚上回歸晚上」的看法，只是發現許多人家裡的燈都「裝太多」，不過，家裡光線的需求還是得取決家庭成員的年齡、健康與生活習慣：

1. 家裡有老人家、小寶寶，或眼力不好的人。
2. 有「暗黑恐懼症」的人。你就是喜歡白晝，家裡非亮不可，這也很好。
3. 常在晚上打掃家裡的人。呵，這是「巴西之吻」的主唱提出的，的確，若是習慣晚上掃地，家裡太暗會看不清楚髒東西在哪；但到底要多亮，就看個人了。

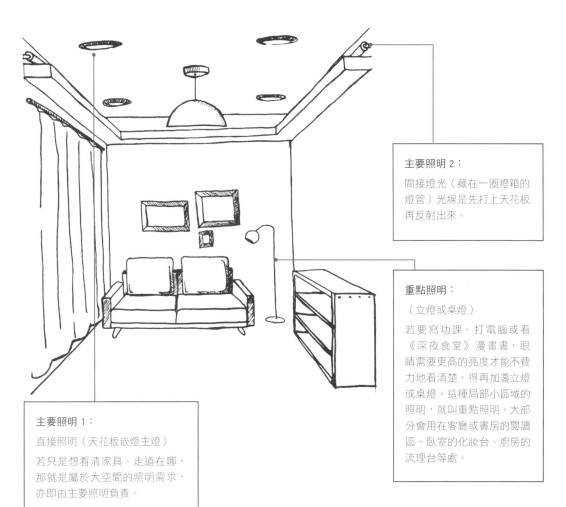

主要照明 2：

間接燈光（藏在一圈燈箱的燈管）光線是先打上天花板再反射出來。

重點照明：

（立燈或桌燈）

若要寫功課、打電腦或看《深夜食堂》漫畫書，眼睛需要更高的亮度才能不費力地看清楚，得再加盞立燈或桌燈。這種局部小區域的照明，就叫重點照明。大部分會用在客廳或書房的閱讀區、臥室的化妝台、廚房的流理台等處。

主要照明 1：

直接照明（天花板嵌燈主燈）

若只是想看清家具、走道在哪，那就是屬於大空間的照明需求，亦即由主要照明負責。

姥姥的 ✎ 裝潢進修所

角落太暗，要加重點照明，不是天花板燈

「請問角落處（或流理台）還是會暗暗的，到底天花板嵌燈要加多少盞才能解決亮度不足的問題啊？」不少網友在姥姥的臉書上都提出類似的問題。

許多人老想用天花板燈的主要照明，去彌補重點照明，這是沒有經濟效益的行為。因為天花板燈是從上往下照，是讓你看大空間的，看家具在哪，不是讓你看書上的字。

因此要在角落看書者，可以補一個立燈或桌燈，都比加 3 盞天花板燈好。

幾盞燈才夠亮？來看 CNS 怎麼說

一個空間要多亮才好呢？分享一下姥姥自己與其他人的經驗：同是 3 坪左右的臥室，我家起居室是 1 盞立燈 25W1,800 流明的燈泡即可。

另一個會員 L 說她只要 1 盞 12W 的燈泡就夠了，我原本覺得不可思議，但後來請她把燈帶來基地，我就懂了，因為她只要求「看到空間就好」，燈光高度不高，相當於 1 盞壁燈的概念。會員 C 則是臥室需要 1 盞 56W5,000 流明的飛碟吸頂燈。

每個人對亮度的要求都不太一樣，個人覺得是「你覺得夠亮就好。」

但如果還是要有個數據當依歸，在此附上姥姥整理過的國家標準 CNS12112 的住宅標準照度表，供大家參考。基本上，住家內只要看得到家具放在哪裡即可，不必太執著於數字，但若是商業空間或學校、醫院、辦公室，就得照標準來做了。

從下一頁的 CNS 照度表中，可看到很多項目都有 # 符號：可用局部照明取代，也就是重點照明。那「照度」是什麼？大家買燈泡時常見的單位是「光通量流明」，到底要用幾盞燈？照明工程學會提出一種流明換算法：

照度 lux= 總流明 lm 數 × 照明率 U × 維護係數 M/m² （平方公尺）

1. 照度與面積有關：

要以一個房間整個流明數與房間平面面積來算，維護係數一般取 0.8，燈具照明率（若不查表）取平均 0.6，以面積 4×6 米的客廳來說，照度標準為 30～75，取 50，天花板燈總流明 X，總照度為：

X×0.8×0.6÷4×6 米＝ 50

X 即為 2,500 流明以上即可，大概就是兩盞 1,200 流明的燈泡，或 4 盞 700 流明的燈。不過換算出來只是大概值，還是要看現場空間的燈泡流明數與「你自己感受是太暗或太亮」，若不想傷腦筋，也可下載手機的「照度計」APP，但 APP 不是很準就是了。

❶ 淺色系空間的反射光較多，感覺較亮。❷ 木色系的反射較少，較不亮。

2. 燈具照明率 U 與反射率、燈的距離有關

燈具照明率又跟其他因素相關，包括燈具本身投射出的有效光是多少，以及環境的反射率為多少，還有燈泡與桌面（工作枱面）的距離等等，但這部分就留待有興趣的知識控再去研究囉。

一般燈具的反射效能與離燈的距離比較好掌控，但環境因素往往容易被忽視。

在小院基地裝燈時，我們發現相同瓦數的燈具，在講座區與玄關的「感受」亮度差很多，不只我，其他同事、會員是也都有同樣的感覺，但廠商確定燈管的流明都一樣的，後來換了燈管也一樣。

為什麼呢？因為講座區剛好都是木桌、木地板（較深的顏色），玄關區卻是偏白灰色系水泥牆，兩個區域光線的反射度不同，這個也是配燈時要注意的。一般白色牆白色天花板的反射率會較佳。

■ CNS 住宅標準照度表

地點	活動性質	照度 Lux
起居間	手工藝 #　縫紉 #	750～2000
	閱讀 #　化妝 #　電話 #	300～750
	團聚 #　娛樂 #註1	150～300
	全般註2	30～50
書房	寫作 #　閱讀 #	500～750
	全般	50～100
兒童作業室	寫作 # 閱讀 #	500～750
	遊玩 #	150～300
	全般	75～150
客廳	桌面 # 沙發 #	150～300
	全般	30～75
臥房	看書 #　化妝 #	300～750
	全般	10～30
	深夜	1～2
廚房餐廳	餐桌 # 調理 # 洗水槽 #	200～500
	全般	50～100
浴室更衣室	修驗 # 化妝 # 洗臉 #	200～500
	全般	75～150
洗手間	全般	50～100
	深夜	1～2
走廊樓梯	全般	30～75
	深夜	1～2
玄關內	鏡子 #	300～750
	裝飾 #	150～300
	全般	75～150
玄關外	門牌門鈴信箱 #	30～75
	走道 #	5～10

註1：# 符號代表可用局部照明取代該照度。
註2：全般，指可作局部性提高照明的設備，使空間富變化性。
註3：趣味性閱讀也算娛樂。

Part 2/3 小氣裝燈法
天花板燈減半，預算也減半

姥姥點評

我不推薦做嵌燈再加間接照明的做法，浪費電、積灰塵，再加上開燈會讓室內熱度增加，夏天會讓人想開冷氣。不環保不健康就算了，這種天花板1坪要4,000元以上，沒錢的人千萬別湊熱鬧。這篇就來教大家保有主燈功能又能省錢的方法。

知道自己能接受的「暗度」，也了解照明配置原則後，就可延伸出幾種「小氣」裝燈法。若無法做到完全不做天花板燈，別擔心，還有幾種做法可省錢，就是只做主燈、只做嵌燈，或只做間接照明。各優缺點請對照表格。

到底做不做？

	只裝主燈	只裝間接燈光	只裝嵌燈	只裝筒燈	只裝軌道燈	都不做
天花板	不做或做都可以	做一圈燈箱	要做	不做或做都可	不做或做都可	不做
光源投射方式	光往四周直接散射	光往上打，靠反射光照明，較柔和	光往下打，直接投射	光往下打，直接投射	光可調角度，往下或往牆壁打	利用立燈桌燈等活動式燈具
均勻度	不均勻，中間亮，角落暗	比較均勻，但角落仍有點暗	可均勻，從天花板平均灑下光源	可均勻，從天花板平均灑下光源	均勻度要看打燈的角度	不均勻，有燈處亮，無燈處暗
燈具造型	天花板燈具造型很多，可搭配出個性居家	看不到燈管	只有圓形或方型	只有圓形或方型	投射燈造型類似	裝飾性最強，各式造型皆有，可搭配出層次感燈光
機動性	不能移位，但可跟著搬家	不能移位，燈具通常不會帶著走	同左	同左	可有限制的移位	最高，燈都可移位，搬家還可帶走
招塵指數	★★	★★★★	平封天花板不易招塵	平封天花板不易招塵	★★	★★（活動式燈會招塵）
硬體省錢指數	不做天花板的，能省下的費用最多，天花板少裝燈或不裝燈者，就能再省下燈具與開孔的費用。					

無法接受燈具管線裸露的人，可以只裝主燈，不做天花板，也可省很多。而且主燈的燈具造型多元，可以塑造空間的個性。不過主燈式的照明，角落處會較暗就是了。

想藏冷氣管線的，則可選做間接照明，讓管線走在燈箱裡；無法接受不做天花板的，就可以選嵌燈式的天花板，但嵌燈少做幾盞就是了。

常有網友會問，「到底是做嵌燈還是做間接照明好？」網路上也有許多達人會做比較，但最常見的迷思，就是認為間接照明的光線比較均勻。其實這是錯的。

剛好以上所提的照明方式我家都有，以燈光均勻度來看，嵌燈表現比較好，可照到角落，光線能均勻分配在空間中。同瓦數的燈，直接投射的嵌燈燈光也會比較亮，但直視時會比較刺眼。

間接燈因為燈光是先投射到牆上再反射出來，光線會比較柔和，不刺眼，但光線會被燈箱擋到，無法照到角落，所以角落會較暗。

這兩種都是主要照明，沒有誰比較好或不好，可視需求功能來選擇。接下來再來看兩種工法要注意的事。

燈箱式間接照明：要注意尺寸

燈箱式間接照明比一般做平底天花板便宜很多。其實也可以不必做4面牆，像我家只做兩面牆就夠了，費用折半，可以省更多。

但間接照明有個大缺點：會積灰塵。這問題是大是小很難說，姥姥我是十幾年都「視而不見」，我不動它、它不理我，灰塵似乎多半好好地待在燈箱裡，沒有造成我與家人的困擾。但朋友Y就不一樣了，她就是對間照的灰塵看不過

間接照明 **沒有** 比較均勻

姥姥剛好遇到一個很愛做燈光的設計案，可以實驗一下各種照明的均勻度。嵌燈的光比較均勻，不像間接照明在角落處會比較暗。從亮度來看，間接照明或嵌燈兩個擇一就夠了，不需要兩者都裝。另從圖2和圖3的比較，也可看出燈箱下的小嵌燈有開沒開幾乎沒有差別，徒然浪費電。

1 只開嵌燈。

2 開間接燈光。

3 以上燈都開。

去，覺得小孩的氣喘都是它造成的。

若真的很在乎積塵者，也可嘗試用壁燈。壁燈其實也算是間接照明，但燈罩積塵面積小很多，也比木作燈箱好清理（若真的不嫌麻煩要清的話），又可以少掉做燈箱的木作費用，是個更省錢的選擇。只是壁燈通常是用燈泡，光照範圍沒有日光燈管大。

施工時要注意燈箱的尺寸，姥姥整理數位設計師的實作經驗，重點整理於下：

1. 燈箱深度約 25 ～ 30cm，燈具到側牆的距離 15 ～ 20cm 左右，太近折射出來的光太少，太遠也不好。

2. 燈具到屋頂水泥牆的距離，則是 20 ～ 25cm，太近折射出來的光會太少。

3. 間接燈光的燈具可用 LED 支架燈的 T5/T8，目前 LED 支架燈已不像傳統有斷光的問題，可無縫串接。

天花板燈泡：活得久就好

天花板嵌燈的設計，能均勻分散燈光，但也會因燈泡種類的不同而亮度有差，目前多採 LED 燈泡或省電燈泡。

螺旋式的省電燈泡是螢光燈系，屬於散射的燈光，單價便宜，要注意燈管的粗細會影響到光效，選 T2 的燈管，光效最高。

LED 為直射光，光有照到的地方亮很多，空間的明暗差別較大，燈光可以從天花板打到地板上，在地板上形成光圈（這是散射型燈泡做不到的效果），一般說「燈光美、氣氛佳」，就是這種直

若擔心燈箱積塵太多，也可選壁燈來當間接燈明。

■間接燈的燈箱做法

❶先用角料做出骨架。❷釘上板材的矽酸鈣板，骨架放入燈管即完工。（環球石膏板提供）

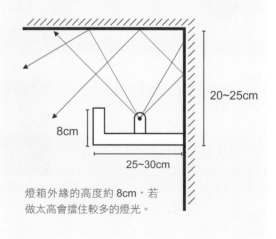

20~25cm

8cm

25~30cm

燈箱外緣的高度約 8cm，若做太高會擋住較多的燈光。

射燈光所營造出來的。

但天花板燈要更換較麻煩，姥姥建議選用「可以活很久」的燈泡。以使用壽命來看，LED 燈泡可達 1 萬小時以上，省電燈泡多是 3,000 小時以上，還是選 LED 較佳。

LED 稱霸天下

LED 在居家常用的嵌燈有兩種型式：一種是燈具與燈泡分家的分離式，也叫筒燈；另一種就是二合一的整組式，有的會設計成像晶片型的 LED，而不是燈泡，常見的就是小嵌燈、盒燈等。

1. 整組式嵌燈

以光效來看，5 年前介紹 LED 燈具時，燈泡型的光效比整組式高出許多，但 LED 技術真的進展很快，當年小嵌燈光效還不到 50，現在可達 80 以上，跟燈泡款差不多了（80 ～ 90），但有的品牌

如飛利浦、歐斯朗，燈泡型與 T5 LED 的光效可超過 90，表現仍較好。

從亮度來看，小嵌燈就是營造氣氛用的，沒什麼照明用途；若要較亮的，仍要流明高的筒燈、投射燈或盒燈（若不介意造型，T5 也可以）。

若燈泡壞了，分離式可以只換燈泡就好，整組式的缺點是要整組換，且與天花板相接，換燈接線會比較費勁。網友陳小姐就說：「嵌燈如果是做在天花板

天花板燈具種類也很多，有吊燈、嵌燈、方框燈等。（北 3 設計公司提供）

 花了錢，有點後悔……
CASE

忘了驗收，雜牌燈泡到我家

苦主：姥姥

燈泡小雖小，也不值幾個錢，但還是會被黑。連自認已經屬於挑剔鬼等級的姥姥，也曾經被詐！裝潢完後才一年左右，天花板燈泡竟然就不亮了！怪了，大廠牌歐司朗的品質不是很好嗎？結果我打開燈罩一看，是個我不認識它、它也不認識我的雜牌燈泡。哇咧！一時太相信師傅，燈泡送來時我沒驗收，你看，就出包了！後來打電話給水電師傅，他還告訴我說，那白牌燈泡已停產了。

姥姥家的天花板嵌燈原本指名要用歐司朗燈泡，結果換燈泡時，發現是個我聽都沒聽過的白牌燈泡。

■ 天花板 LED 嵌燈的種類

燈具	筒燈（分離式）	筒燈/投射燈（整組式）	嵌燈（整組式）	盒燈	T5
燈泡種類	LED 燈泡或省電燈泡	LED AR111 或 MR16，燈珠或 COB	LED MR16，燈珠或 COB	LED AR111 或 MR16，燈珠或 COB	LED 支架燈
單換燈泡	可	不可	不可	不可	可
尺寸	直徑 15~20 公分，又分直插型與橫插型	直徑 10~15 公分，也有更大尺寸投射燈	直徑 7.4~9.5 公分	單個方盒嵌入孔 10~16公分，還有 2～4 盒可選	用尺計算，2~4 尺
瓦數	看燈泡而定，大多 10~25W	9~35W，還可更大	3~15W	9~50W，還可更大	14~28W
開孔師傅	水電	水電	水電	木作	木作

註：LED 光效現多在 80～90，視各品牌而定，燈泡型與 T5 的光效，有的品牌如飛利浦、歐斯朗可超過 90。

內，更換就必須拿一字螺絲起子劊邊框，我自認技術不好沒耐心，讓我來劊，肯定天花板被我劊花掉。」

　　但整組式的優點是直徑小，好看，光束也較強，能營造更強烈的明暗感。

　　依造型來分，又有圓形 MR16 小嵌燈與方形盒燈，兩者瓦數與尺寸差很多，一般是依區域不同做不同配置。像臥室、電視櫃前就常用小嵌燈，但 MR16 瓦數小，亮度不夠時就需要 AR111 出場，有

方型盒燈依造型分為有邊框（左）和無邊框（右），無邊框的天花板開孔要很精確。

MR16 小杯燈的光束較強，可形成美麗的光影。

的是用盒燈的形式，有單盒或 2 ～ 4 盒，適合客廳玄關使用。

選 MR16 燈泡時要注意光照的角度。飛利浦照明事業部資深產品行銷經理彭筱嵐表示，MR16 屬於投射燈，是種中央集中的光源，角度從 15 ～ 120 度都有。

角度在 20 度以下的，多是用來突顯物品或某物的質感，如畫作或展示櫃內的東西。這種燈的明暗效果明顯，打在地板上可見一圈圈的光圈，是營造氣氛的高手。

角度 40 ～ 60 度的 MR16 照射的範圍較廣，適合拿來當客廳或臥室的直接照明。

2. 分離式燈具

分離式的筒燈又分直插式與橫插式。直插式厚度較深，約 15 公分；橫插式燈具較薄，約 10 公分，天花板厚度可少個 5 公分、底下空間就可更大一點，不無小

補。但橫插式燈泡會讓橫躺的 LED 一半的燈光浪費掉，若同樣的瓦數，直插會比較亮。這時可選用全周光的 LED 燈泡，照射角度多露出 1/4，多少又補回一點亮度。

3.T5 的 LED

2012 年寫燈泡比較時，螢光燈派的 T5 光效可達 90 幾，那時的 LED 還差很遠，但現在 LED 款趕上來了，像飛利浦就也有 90 光效的產品。另外 LED 燈可以即開即亮，既沒有電子安定器的閃爍問題，也沒有汞的危險，而且壽命長達 2 萬小

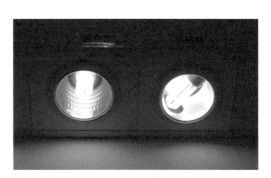

分離式筒燈燈具，有分直插與橫插式。直插高度約 15 公分以上，橫插高度約 10 公分，可減少天花板厚度。若覺得燈泡刺眼，可選有外罩的燈具。

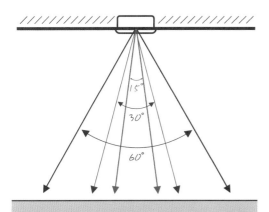

MR16的杯燈有分光照角度，20度以下者光束強，適合用來強調照射的物品；若是當空間照明，應選角度大一點的，如60度。

右為全周光的 LED 燈泡，光照的角度較大，角落處就較亮，適合用在橫插式的嵌燈燈具。

時，所以現在市面上幾乎是 LED 款 T5 的天下，螢光燈派可說是被滅門了。

T5 與 LED 燈泡型相比，T5 的光散角度大，同樣瓦數會覺得空間更亮。因此若不是想營造氣氛，而是用嵌燈當主要照明，像書房，姥姥倒是建議嵌燈改成 T5 燈管。

不過特力屋等大賣場賣的 T5 支架燈的造型較傳統，許多人覺得土。可以參考尤噠唯建築師的做法，將 T5 嵌入天花板內，線條簡單俐落、有設計感。不過姥姥也看過有像火車鐵軌般死板板的橫式排列，所以整體造型好不好看，真的得看設計師的功力高下了。

4. 軌道燈

軌道燈也是常見的設計。它可以不做天花板，也可以做天花板。軌道燈是一個出線口但可一次點亮多盞燈，在開孔費上可省一點，燈光還可調整角度（有的 LED 嵌燈也可以），但燈具價格高低差很多。

軌道燈的缺點是一次開就多盞齊亮，所以雖省下開孔費，但電費不一定會省多少。

軌道燈具可概分成 E27 頭可換燈泡型，以及 LED 整組型兩大類。

E27 頭可選用省電燈泡或 LED 燈泡，但可換燈泡的燈罩尺寸會較大，有些人會無法接受。

市場上最多的仍是 LED 整組型投射燈，燈源有 MR16 或 AR111，MR16 能定點照射，強調物品的質感，也能配置出空間明暗氛圍，是目前的主流。

T5 燈管也可嵌入天花板中，但開口比例要抓得好，才漂亮。（尤噠唯建築師提供）

軌道燈可以調整光線的角度，燈具可挑散射型的省電燈泡或集中光束的投射燈。（集集設計提供）

選購教戰守則

哪一種燈泡最超值？

知道各種燈泡的不同特性後，選購時還有哪些重點呢？來看一下。

1. 省不省電：看光效（發光效率）。但每家品牌的外包裝標示都不同，若沒有，就看光通量（單位為流明）÷ 瓦數W（也有人寫額定功率）。數字越高越好。

2. 亮不亮：看流明。若沒有列流明，也可以用瓦數 × 光效，算出光通量。數字越高越好。一般人會以為亮度要看瓦數，瓦數其實是用電量，雖然同種燈泡瓦數越高者越亮，但若問省電燈泡 23W 與 LED 12W 哪一個亮？大家就搞不清楚了。正確要看的是「光通量」，光通量是光在你眼裡可看到的光能，越高就越亮。

3. 光衰時數：LED 與其他燈泡不同在使用壽命無法以燈死為判斷，燈光是慢慢變暗，一般以光衰到 70％光源的時間為標準，用小時當單位，LED 嵌燈類大多破萬。

4. 尺寸：有的燈具燈罩較短，要注意燈泡長度與寬度，以免買回家後裝不進去。嵌燈開孔越小，瓦數限制就會越多；例如開孔 7.5 公分的，瓦數只能到 7W，9.5 公分有到 12W，但技術問題或許幾年後就能改善。

5. 燈頭型式：也有人稱燈座型式，有分 E27、E14 等不同規格。

6. 色溫選黃燈對健康較好：英國學者 Thapan 的研究指出，若晚上照的燈光色溫越高，會影響褪黑激素分泌，進而引發疾病。研究顯示，若在晚上還是照跟白天一樣的藍白光，身體會以為還在早上，有些該分泌的激素就不分泌了，情緒上就易受影響。因此建議，晚上需要低色溫值約 2,700 ～ 3,500K 的燈光，也就是黃光或自然光（廚房、浴室例外），對情緒與健康都好。

而同瓦數之下，黃光會比較暗，在小院基地有盞吊燈，用了黃光 1,000 流明，但還是覺得暗，最後加到 1,300 流明才比較能接受。所以需要亮度的地方，如果採用黃光，燈具的數量就得增加，不然就需要提高色溫，用 4,000K 的燈泡。

❶ 選購燈泡時記得多花 10 秒鐘看一下發光效率、流明值。

❷ 燈泡的燈頭也有各式不同尺寸，例如圖中的 E12、E14 等，選購前要注意燈具的規格，不然買回家會裝不上去。

7. 演色性：也稱 CRI 值（color rendering index）。是這樣的，在燈泡下看到的顏色與自然陽光下看到的，會有差別。演色性就是這差別的量值，數字越高代表越接近真實顏色。LED 早年演色性很差，但目前按照標準，至少要 75 以上，也有很厲害的可超過 90，但我覺得居家不太需要高演色性，我們不會在家買藝術品或買衣服吧，一般 80 以上就 OK 了。

8. 防水能力：浴室用防潮燈或戶外用防水燈，要多看 IP 值。IP 值為國際防護等級認證（International Protection Marking, IEC 60529），也被叫做「防水等級」、「防塵等級」等。IP 後方有兩位數，第一個數字為防塵，第二個數字為防水（1～9 等級），IP65 以上為戶外防水、淋浴間濕區的防水等級，一般 IP44 可用於浴室乾區。

重點筆記：

1. 只裝主燈：燈具造型多，可塑造個性空間，省去天花板費用，但角落處較暗。
2. 間接燈光＋T5 燈管：光線柔和，但不均勻，角落也會較暗。若擔心燈箱積塵者，可改壁燈。
3. 天花板 LED 燈泡：光線均均，燈泡的壽命也長，可減少更換的麻煩。

這樣施工才 OK
裝設嵌燈的注意重點

1. 開孔施作是水電或木作

　　圓形嵌燈的天花板出線口是由水電師傅開孔，方形盒燈多半由木作師傅開孔，主要是開孔的機器不同。但不管哪一位師傅都得先確認燈具尺寸，燈具最好在開孔前就買好，尤其是盒燈中的無邊框盒燈，就能精準地合好燈具尺寸，安裝後會比較漂亮。

2. 尺寸，也包括厚度

　　要跟師傅說明的，不是燈具本身的尺寸，而是因嵌燈的嵌入孔會小一點，所以要看的是「嵌入開孔的大小」，還有厚度，才知道天花板至少要幾公分厚。

3. 燈具的位置會不會打到天花板角料：

　　這個還蠻常發生的，最好在天花板施作前，先跟師傅在「地板」放樣嵌燈的位置，討論角料的下法。若真的挖到角料，要再補支角料做加強。

4. 要記得留維修孔。

Part 2 / 4 居家 7 大空間
照明配置重點

姥姥 點評　我覺得 CP 值最高、可以改變空間的兩大奇兵，一是油漆，另一個就是燈光，其中重點照明也比主要照明重要。在歐美電影中，就常看到桌燈立燈壁燈多於天花板嵌燈，因為重點式照明還能溫暖人心，這是天花板式的主要照明無法做到的。

一般裝潢設計時多半只考慮到硬體式的主要照明，也就是天花板燈，幾乎沒有規劃「活動式燈具」的重點照明配置，為什麼？我想大部分的設計者並不重視燈光這塊。但燈光卻是營造氣氛的最佳工具。

當我們預算有限時，這種不太花錢的燈光就要好好利用，你家的空間就能很有 Fu。

不是燈少就會近視

客廳的燈光設計要先看生活習慣，會不會在空間裡看電視或看書？若沒有，那就可選不做天花板燈或做間接照明就好。但若有的話，仍建議做天花板嵌燈，因為背景光分布較均勻，視力負擔較小。對還在發展視力的小孩也較好，他們看電視或上網時眼睛會比較輕鬆。

但也不要以為多幾盞燈，小孩就不會近視。這是一般常見的迷思。國泰醫院眼科醫師梁怡珈表示，其實視力發展中，燈光亮度的影響不大，只要小孩能輕鬆看東西即可，太亮的照明反而沒有必要。

小孩子的視力發展約到 8 歲定型，近視的主因，是長時間近距離視物造成的，而非不夠亮。

客廳電視牆：不要反差太大

梁怡珈醫師也補充，看電視的背景光柔和均勻就好，亮度最好和電視差不多，可稍暗一點，但不要反差太大，不然眼睛較易疲勞。

很多設計會在電視牆前配置嵌燈，特力屋照明達人宋得郎也提醒，嵌燈的燈泡不要選光束很強的 MR16 型，因為 MR16 屬直射光，太強的光束易造成炫光。可採用 T5 或照射角度大 30 ～ 60 度或加濾光片的 LED 燈泡，都是較柔和的光源。

要注意若選大角度 120 度的 LED 燈光，廣鈦專員表示，雖是均勻度較好，但 LED 光線射程不遠，當屋高 280 公分以上，光線就無法達到腰部或桌面，會造成下半部空間較暗。

若沒有小孩，或小孩已過了隨意亂跑亂撞不受控制的階段，也可像我嘗試完

全不要主要照明，只靠立燈來看電視，也是 OK 的。數量至少要 2 盞，若覺得暗可以再增加。**這 2 盞燈的位置最好是在對角線**，光照的範圍最大，其中 1 盞要放電視附近，讓電視光源與背景光不要差太大，燈罩也可往牆壁打，光會比較柔和。

常會窩在主人椅上看書的人，可在椅旁加盞立燈。或者選盞投射燈，照在你個人喜歡的物品上，如植栽、魚缸、畫作，都可在夜晚帶來更多的溫暖。小型的桌燈除了放茶几上，放在展示櫃內或是某個精心布置的角落，也是不錯的。

書房：嵌燈比較優

書房的天花板最好用嵌燈，而不要間接照明。因為間接照明的燈光雖然柔和，卻不均勻，角落處會暗暗的，而通常書桌是放在角落，背景光若太暗，造成與桌燈光差太大，眼睛反而容易累。

另外還要注意天花板燈的位置，若是無法調整角度，不要在書桌的正上方，以免光線經過手，產生陰影擋到書寫。右撇子的人，天花板的燈光應設在書桌左後方。

玄關：善用感應式燈

玄關燈可以做天花板燈或壁燈，但最好是那種大門一開就自動亮的感應燈，這樣一開門就可看到溫暖的家，不用在黑暗中摸索開關在哪裡。若是用桌燈當玄關燈，也可設計開關式的插座，也會有同樣的效果。

不過感應式燈具最好選可設定時間與

電視附近要提供足夠亮度的背景光源，不能光差太大，不然眼睛容易累。（尤噠唯設計提供）

一開門，有盞小燈等你回家的感覺，真的蠻好的。（集集設計提供）

感應範圍的，以免稍一接近燈就亮，反而易造成困擾。或者可留一個開關控制「開不開感應」，太煩時可關掉它。

臥房：讓照明功能單純化

要先看臥房的格局與功能。若是兼書房，則天花板最好做嵌燈，讓空間能充滿均勻的光線，對視力才好。但睡覺與看書，本來就是照度需求完全相反的地方，所以嵌燈的做法可以偏向在書桌以及要照鏡子的地方，不必一定要均勻分布在四角。

床頭燈不必死板板地放 2 盞桌燈，用吊燈與立燈也可營造不同的氛圍。

臥室的天花板燈也可裝小嵌燈，會有美麗的光影。
（PMK 設計 Kevin 提供）

除了國中以上的小孩房間，其他臥室姥姥都建議功能性要降到最低，只要睡覺就好。睡前不要上網也不要看電視，因為閃動的螢幕會刺激大腦視覺區，你反而會睡不好。若真的想上網或看電視、看書，那就都在客廳做就好。

為什麼？研究發現，若床就只有睡覺，我們人類會培養出一種類似「條件反射」的習性。翻譯成白話就是一躺在床上，你就會想睡覺。這樣睡眠品質會比買 20 萬一張的床墊還好。

另一個原因，當然就是省錢啦！臥室除了睡覺，最多就是加個換衣功能（沒有單獨的更衣室），那只做間接燈光就好。間照的光線較柔和，費用也少，卻能提供空間的照明。

一般間照都習慣沿四面牆「做一圈」，但這其實是浪費的做法。我家剛好因為牆面的限制只能做兩面。照我的實驗，我家臥房約 4 坪大，做兩面間照，每面牆用 2 支 4 尺 28W 的 T5 燈管（其中一面間照要設計在衣櫃旁），已足夠看清楚今天要穿什麼衣服。其實我個人是能接受 2,500 流明的 T5 燈管即可，但不是每個人都習慣我的暗度，大家可以自己再試試亮度。

臥室燈光記得要雙切開關

臥室通常會設計雙切開關，就是進門處一個，床頭附近一個，這兩個開關都控制同盞主燈。但也可選用搖控款的主燈，這樣就能再省下雙切開關的費用。

因為是臥室，間接照明燈箱下方再加 LED 的小嵌燈也很棒。這種杯燈可以營造很美的光影，氣氛會很好。

若有更衣室，則可以完全不做天花板燈。只靠桌燈或壁燈，真的更有氣氛，燈光甚至可視同情趣用品，再放上爵士女伶 Chantal Chamberland 低沉迷離的歌聲，這世上的一切不愉快都會消失在夜裡。

這就是燈光很神奇的地方，它不僅溫暖，也能療癒人心。

不管你家臥室要不要做天花板燈，都建議留個精緻的桌燈，不一定要放床頭，放在房裡的某個角落也很好。夫妻一起生活個十幾年，當老公或老婆變成鹹魚時，善用燈光營造氣氛，簡直有春暖花再開的效果。

不過臥室若要留夜燈的話，梁怡珈醫師提醒，使用夜燈要注意不要照到臉部，眼睛只要感到光，人體的褪黑激素就會減少分泌，會增加罹癌的機率。所以若要用到夜燈，擺放位置要低一點，不要照到臉部。

廚房與衛浴：要夠亮！

家裡其他的格局都可以暗暗的，但廚房與衛浴還是亮亮的好。衛浴是為了防滑倒；廚房則是為了避免切菜切到手或洗菜看不見蟲。

廚房主要照明不必太多，以我家長 280cm、寬 160cm 的一字型廚房來看，4 尺的 T5 燈管 1 支就 OK 了。但關鍵是，在流理台、水槽與炒菜區上方要再加重點照明，這些地方的燈光才是廚房必要的，因為近距離的照射才有效。

我家廚房之前是天花板裝了 4 支燈，但我還是覺得洗碗時不夠亮；後來，加裝烘碗機，機身底部有附燈光，天啊，碗筷與刀下的蔬果肉類都變得超清楚的。所以不必花太多錢做廚房天花板的照明，而是要注意重點照明，可在上櫃的底部加裝燈具即可。

其他空間：省錢為先

餐廳：餐桌區 9 成會設計吊燈，看你能接受此區的「暗度」為多少，再決定要不要裝天花板嵌燈。一般吊燈亮度夠了之後，就可以不裝嵌燈。不過，像我家是常常會變換家具位置的，今天餐桌在東牆，明天就可能到西牆去了，所以若你也像姥姥一樣，興趣是搬家具，那最好捨去做固定式的吊燈，改用立燈，機動性較強。

走道：到底要不要隔一米就一盞小燈呢？我個人是覺得要看格局。若走道可以向客廳借光，像我家，客廳往廚房有個開放式走道，當年裝潢時不懂，就在天花板上裝了兩盞 12W 的投射燈，但這 10 年來，我家從未單獨開過這兩盞燈，因為靠客廳或廚房餐廳的光源就夠用了。但若是走道是獨立式的或很長，無法借光，我建議不要做天花板，就直接裝吸頂燈或是壁燈，也可省下一點錢。

櫃子：現在很流行在底部或層板下裝

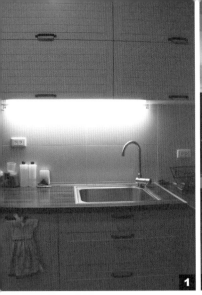

❶廚房應在流理台及水槽上方加燈，而不是一直增加天花板燈，這樣才不會裝了一堆燈，仍覺得不夠亮。❷浴室的照明也可不靠天花板燈，而是加強在浴鏡與浴缸四周的燈光。（台北 W hotel 提供）

LED 燈條，的確是可以讓櫃體看起來較輕盈也有質感，但若考慮預算，CP 值並不高，手頭錢已經不多的人，不必把錢花在這。這種櫃子的燈只是裝飾氣氛用的，有的會當小夜燈，但裝 1 盞燈就要 500，你又不只裝 1 盞，櫃子底下至少兩盞，就要 1,000 元了，若每個層板都要有，或整條櫃子兩側裝一排的，預算可能就要好幾千或上萬。沒錢還要花錢，別傻了！

吊燈的造型多樣，是營造空間氛圍的好幫手，但若你也像姥姥一樣，興趣是搬家具，那最好還是放棄做固定式的吊燈。（尤噠唯設計提供）

移動式吊燈改造

這招不錯，將吊燈附上軌道，可以移動。（網友 Gloria Wang 提供）

這是網友 Gloria Wang 家的設計，她老公的 idea，超棒的。將吊燈線直接與軌道燈燈頭接上，這樣吊燈就變成移動式的了。但網友酷企鵝回報，中間有些小零件要加裝，且特力屋都沒賣，要專門賣燈具的店家才有，軌道燈改造需要四個物件：一軌道條；二搖桿頭／電源頭；三小軌盒；四線擋。（更詳細的改造法，因版面有限，歡迎上小院官網查詢）

Part
3

不做**地板**

有限預算打造獨特的空間基底

Floor

不做天花板、少做天花板燈光,那接下來還可以「不做」什麼
呢?來,我們不做地板。咳咳,不是指「沒有」地板,沒有地板
怎麼成,姥姥指的是可以不做表面那層地材,不貼地磚或木地
板,就是做最原始的水泥地板就好──什麼?你又一臉為難不能
接受了?好吧,不那麼前衛刺激的替代方案也有,地板要選擇溫
馨路數也可以,姥姥在本篇也會介紹其他既省錢、又能讓你的腳
踩踏上去感覺好舒適的地板做法。

$🖩 **不做地板可省下多少錢?**

以 30 坪空間為例,

重鋪瓷磚地板:一般連工帶料約 4,500 元/坪,30 坪為 13.5 萬
(含 60X60cm 國產拋光石英磚、水泥粗胚打底、大理石式貼磚
工資與 1 坪 2,000 元等級的瓷磚費用)

水泥粉光地板:基本做法連工帶料約 2,000 元/坪,30 坪為 6
萬(含粗胚打底加粉光層,再加透明漆,不含特殊防護工程)

可省多少?
13.5-6=7.5 萬

塑膠地板:連工帶料每坪約 1,200 ～ 3,600 元。抓中間價位約
2,000 元/坪,30 坪為 6 萬。

可省多少?
13.5-6=7.5 萬

本書所列價格僅供參考,實際售價請以小院網站公告價為準。

Part 3 / 1
水泥粉光與無縫塗料地板
由上帝挑染的天然紋路

姥姥點評 我個人頗喜歡水泥粉光地板呈現的感覺，灰色調中黑白色自然暈染，這是泥作師傅再刻意做也做不出來的自然紋路。重點是價格便宜，1坪上透明漆的水泥地板約 2,000～3,000 元。

因為日本建築師安藤忠雄的關係，台灣這幾年興起清水模熱。簡單而言，清水模建築就是水泥基底的鋼筋混凝土建築。不過，平平都是水泥，一般室內裝潢水泥粉光的用料與工法，與真正的清水模建築差個十萬八千里遠。但現在大部分屋主或設計師都喜歡把水泥粉光工法就叫清水模，我想也無所謂，大家高興就好。

水泥粉光地板可以用在任何地點，客廳餐廳臥室書房廚房，連浴室也行（不過有些工法要注意），壁面亦可應用。重點是價格便宜，1坪上透明漆的水泥地板約 2,000～3,000 元，價格會依表層是否打磨等不同處理方式而有所差異。

我個人頗喜歡水泥粉光地板呈現的感覺，灰色調中有黑有白，還有泥作師傅想刻意做都做不出來的自然紋路，那種層次變化，是磁磚、石英磚或木地板都不可能有的。

有看金庸的讀者應該知道，因為練功的關係，姥姥以前是每30年要閉關一次，

到現代就演變成每年都要閉關一次。前陣子閉關住的房子，剛好是水泥地板，睡覺與洗澡的地方也都是水泥地，沒有上透明漆，也沒有上 Epoxy 塗料，有的地方連粉光層都沒做。閉關期的兩個星期中不能講話，也不能與別人交流，我閒著沒事就赤腳走路，修行兼考察。

如同重低音般
層疊堆砌的灰階空間

與木地板相比，水泥粉光地的觸感會比較冷（但沒有磁磚冷），也比較硬，沒有粉光處會刺刺的，但有粉光的地面就還 OK，整體觸感我個人還算喜歡。不過若長一點的時間接觸，赤腳仍會不太舒服（不好意思，姥姥在家喜歡打赤腳，所以對地板的測試方法會有點怪，平日在家穿鞋的人可不必理會此點）。

要不要接受這種地板，除了價格以外，重要的是你得喜歡灰黑色的調調。可以參考一下本晴設計連浩延的設計案，用水泥粉光的地壁面搭出灰階調的空間，

客廳餐廳廚房，都可用水泥粉光抹上一片冷列。（本晴設計提供）

你能接受嗎？不要以為看起來像未完工般的工地哦，這種水泥粉光地板可是許多文創人在自宅採用的做法，包括廣告界導演、出版界知名主編、演藝界知名主持人、樂團歌手，而且每每從採訪中，姥姥都能感受到他們認為這種風格比拋光石英磚「有品」多了。

不過，滿室單一灰階色調的確會感覺偏冷，若還是喜歡繽紛一點的色調，也可多用木頭或色彩來調和混搭，為空間帶來些暖度。

水泥地板的 5 大特點

被包裝成很有人文品味的水泥粉光地板也有許多特點（也有人認為是缺點）：

1. 日久一定會裂。這個大特色是一般人較容易忽略的，有的屋主還以為是偷工減料，其實不是，這是水泥的特性，不必經過地震，自然而然就會裂給你看。

不過，水泥易裂，8 成的原因是工法未貫徹，因水泥砂配比比例不對，攪拌不夠均勻，或打底層的結合面施工不好，才會造成水泥裂。樂土成大昶閎公司郭

文毅博士也補充，水泥必須噴水養護、等乾 28 天以上，才能達到預設的強度。但在台灣做裝潢，10 個案子有 10 個都在趕工狀態，造成水泥強度不夠，也是造成日後易裂的原因。

2. 日久一定會起砂。水泥砂表層會一點一點的掉砂，這現象叫「起砂」。

3. 日久一定會變色。設計師連浩延解釋，水泥會跟原本存在的物質起化學反應，幾年後局部就會出現變黃。

4. 紋路無法複製。水泥是少數幾種不受人類控制的建材之一，水泥與砂雖是照比例調出來的，但每次呈現的紋路都不一樣。換句話說，你看他現在長得像「大仁哥」，但在你家卻可能變成「劉的華」。有的會多點白色，有的會多點黑色。雖然無法複製同樣的紋路出來，但從另一個角度來看，這也代表你家有獨一無二的地板。

5. 表層不能要求太細緻，也不會太平整。水泥是種粗獷的建材，是靠師傅用手工將水泥砂漿抹在地上，再用鏝刀修飾，很難達到非常平整。若工藝好的，粉光

層是可以較光滑順手，但也還是摸得到水泥的粗礪質地。媒體報導「纖滑如絲」的觸感，大概只有頂著妹妹頭的日本大師安藤忠雄做得到，台灣連一級工務所都不是每次都能成功。

好消息是近幾年又出現新建材：無縫礦物質塗料與無機質防護系統，礦物質塗料的外觀類似水泥，但特性好掌控多了，施工也較容易，甚至能達到「纖滑如絲」的表面，後文會再介紹。

水泥粉光施作的重點

Point 1 ｜比例對了，減少起砂

水泥粉光分兩層：粗胚打底與表面粉光，都需要靠調配水泥砂漿來做。水泥砂漿的比例調對了，能大幅減少起砂現象。打粗底用的水泥與砂的比例是 1:3；粉光是用 1:2。

這裡有個重點：配水泥砂時，有的師傅如果「憑感覺」在調，易造成比例不對。根據《公共工程施工規範》09220章，應以「體積比」來調。施做時，可利用工地常見那種 5 加崙的空桶子（不管是裝油漆或彈性水泥的），可將砂子裝滿桶子，記得上方要刮平，體積就能抓得更準。

成大旭閎公司的郭文毅博士表示，若水泥的成分太少，會造成地板強度不夠，開裂的裂痕會較大或裂得更厲害，且若地震或天氣劇變時，上方的磁磚也易膨拱變形。

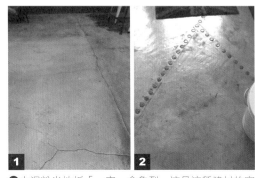

❶水泥粉光地板「一定」會龜裂，這是這種建材的宿命。❷這是使用 2 年後變黃的水泥地板，你要先問自己能不能接受？

❸水泥是人類少數無法完全掌控的建材之一，黑與白的比例都是老天爺決定的，無法保證最後出來的樣子。❹水泥地面的鋪面細滑與否要看師傅的手藝，大部分都不會太平整。

Point 2 ｜善用乾拌土

小院基地裝修時，凡是要「裸露水泥質感」的地方，泥作吳師傅都是直接用粉光用乾拌土（又叫包仔土）。這是在建材工廠內就調配好 1:2 比例的水泥砂，吳師傅表示，用預拌好的水泥砂，一來可解決師傅現場調配比例抓不準的問題，二來也能節省時間。

以完成品來看，質感很不錯，沒有起砂、表面平整，但仍會有裂痕（是髮絲

紋），不過包仔土成本較高，不是每位師傅都當成標準配備，找師傅前要問清楚。

Point 3 ｜表層加水泥粉催金

水泥地表面粉光時，好好地、扎實地壓平，好好「催」（此工序的稱法），表面就能平整細致。設計師吳透提醒，催金時要灑水泥粉，水泥粉要下得足，最後的完成面才會較光滑細緻。

泥作李師傅表示，若希望表面再光滑點，可在粉光層完成後，等乾，再打磨一次。或者加入金鋼砂、嘰哩石等增加表面硬度，不過費用就會再高一點。

Point 4 ｜前 3 ～ 7 天噴水養護

樂土郭文毅博士提醒，水泥要養護 28 天，強度才能達到 9 成以上。且養護過程中，前兩周要每天噴水，之後可等自然乾燥。

但一般師傅或工程怎麼可能等 28 天？有的師傅為了加速水泥乾，還會拿風扇來吹（但這是不對的！）。若真的沒有時間，至少在前 3 ～ 7 天噴水養護。

水泥地板的空間會有點冷，可加入木頭、磚牆等元素，增加暖度。（集集設計提供）

這樣施工才 OK

水泥粉光的工法

1 施工面要清乾淨。拆除到 RC 層樓板後,泥作就進場了。施作前,一定要把地上雜物都掃乾淨,尤其是在牆角的泥漿殘泥,要一一敲除,底層附著力才會最好。不過,有的泥作師傅比較率性,他認定的乾淨,並不是真的乾淨。若地不乾淨,水泥與 RC 層的附著力不佳,表面就容易裂。你要勤快點自己注意。

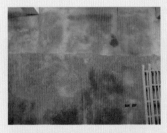

2 施工前一天要將地面澆濕,讓水泥吃飽水。若施工當天很熱,地板乾燥太快,則還要再澆水。

3 澆水泥水。可增加水泥砂漿與 RC 地面的附著力。

1:3

4 調配水泥砂,粗胚打底的水泥與砂的比例為 1:3。

5 要用容積比來調,可找工地中常見的桶子,以 1 桶水泥配 3 桶砂。記得砂子裝在桶中要裝滿,上方要刮平,這樣才能盡量接近同體積。

6 將水泥砂加水放入攪拌桶中,攪成水泥漿。樂土郭文毅博士提醒,水分不能加太多。當水與水泥砂的比例(簡稱水灰比)超過 0.8 時,水泥的強度會大幅降低。若是 50 公斤的水泥砂,水就不能超過 40 公斤。

攪 3 分鐘

7 水泥砂要攪拌均勻,放入攪拌機要打 3 分鐘以上,並把機器翻不到的角落,再「特地」去翻起來。有的師傅會只打個 2 分鐘就歇手了,但水泥攪拌不均,日後就易起砂。

等乾燥

8 磚牆粗胚打底的單層厚度約 1.5cm。但若是重做地板的水泥粉光地,要厚達 4～5cm 以上,才不易開裂。

過篩

1

粗的
不要

2

留下
細的

3

9 粉光層施作。粉光就是用有「過篩」的 1:2 水泥砂（圖❶）。篩的過程會把較粗的砂石篩掉（圖❷），留下較細的水泥砂（圖❸）。

10 地面確實鏝平，粉光即完成。也可再用打磨機打磨一次，表面會更光滑。

兩難題

要省錢反而更貴？

　　不知是因姥姥的介紹，還是因為工業風興起，這幾年做水泥粉光工法的人多了，但根據多場經驗後，先講個悲哀的結論：就算施工時有噴水養護、就算等乾等一個多月、就算有很好的監工設計師與師傅，完全照程序來做——嗯，水泥地板還是會裂的，只是看裂大（像蜘蛛網）或裂小（像髮絲紋）而已。

　　所以若選擇水泥地板，就接受那注定的裂痕吧！不需再想如何藉由工法去消除裂痕，很在乎完美無瑕的人，建議改選長得像水泥色的磁磚，否則未來 20 年都要看著那些裂縫，你會睡不著的！

理論與實際的距離

　　另外，這本書談的是省錢的做法，姥姥本意是介紹便宜又好看的地板做法，可是一旦加入各式工法的要求後，水泥粉光反而會變成超貴！我就看著一位師傅的報價足足漲到兩倍！為什麼？因為水泥原本就是粗獷不受人控制的建材，硬要控制它，師傅只好加倍小心施作，還要準備好「重做」的成本。

　　那是不是都不要求工法？也不是，而是可以提出需求，看最後報價再評估。若 1 坪超過 4,000 元，我建議就不用選水泥粉光工法了（除非你就是喜歡她的長

相，非娶不可），不如選鋪磁磚或超耐磨木地板，初階等級大概都是 4,000 元上下，但耐磨度與清潔上都比水泥粉光地板好。

水泥有多麼不受人類控制呢？水泥粉光完成後要養護，每天都要噴水保濕，以減少固化收縮造成裂痕，不過噴水養護究竟要多少天呢？看以前姥姥的採訪記錄，原本理想是養護 28 天，但建材達人們考量現實退讓到 14 天，而第一線的師傅們會說 7 天就夠了，最後依據讀者回報，實際情況是只養護了 3 天！

但小院基地施作水泥粉光時，姥姥竟然完全忘了要加水養護這檔事，但最後完工結果竟還不錯，雖有小裂，不過是髮絲紋的程度，還能接受，比起網友傳來「明明有加水保濕、還裂得亂七八糟」的狀況，實在好太多了！

嗯，這是個值得深思的問題。若依結論來看，代表即使沒有噴水養護，只要水泥砂配比正確，師傅確實壓實粉光表層，也多少能達到抗裂的效果。當然中間可能還有其他變數，例如施工時室內濕度較高（室外的話不灑水可能就 GG 了），面積較小（面積大易裂）等等。

於是又進入了一個兩難的處境：當你知道理論是理論，實際結果不一定如預期效果，還要不要照理論（簡單來說就是要花錢花時間）來做呢？與多位設計師或統包討論過此問題，設計師孫銘德認為最好仍要照理論來施作，因為照工序，至少有一定的保障。

但如果完全照理論上的工序，就會多花上更多工時，甚至工資提高到一倍以上依然無法百分百掌握結果，這錢豈不是花得不值得？有趣的是，以小院數年來所經手的專案來看，我們觀察過許多現場，數據分析的結果是：就算不完全照理論工法，只要有工藝好的師傅，結局通常不壞！

那下一個問題：要怎麼知道師傅的工藝到底是好或不好？這很難有答案，所以結論是：若無法接受水泥會裂會變黑，或是師傅報價超出行情太多，就換個人愛吧，畢竟除了水泥粉光地板，還有很多漂亮又平價的選擇。

 花了錢，有點後悔……

CASE

用木板墊底，水泥地變色

苦主：網友 Stan

水泥粉光層做好後，「千萬不要蓋木板做保護」，可用工地常見的藍白帆布來蓋，即可讓水泥有很好的保濕效果。照片中的地板就是師傅用木板墊底，但因為水泥尚未乾透會吃色，一個月後打開一看，發現水泥地板已變了顏色。

表層處理

4 種塗料系統讓你挑

水泥養護完成後，接下來談表面處理。因為表面會裂也會起砂，一裂就易卡髒東西，為免去清潔上的麻煩，會上塗料保護，包括透明漆、硬化劑、Epoxy，以及近幾年興起的無機質防護劑。

傳統最常見的做法是上水性透明漆，但耐磨度不好，日後易剝落；上油性漆或 PU 漆則須先打底，耐磨度 OK，但單價較高；Epoxy 或盤多磨也一樣貴，且表面易刮傷；硬化劑則是較難找到願意做居家場的師傅。所以比了一輪下來，CP 值較高的是採用無機質防護劑。

方法 1 | 無機防護，耐操便宜

無機質塗料的成分為二氧化矽，又細分矽酸鈉、矽酸鉀、矽酸鋰等系統，防污防水與耐久性會因成分而有不同。

無機防護系統不只單價較低，也有其他塗料沒有的優點。以附著力來看，強過透明漆類與 Epoxy，不必打底，可以直接塗抹；以防污來看——這是姥姥覺得最重要的一點，雖然掃地機器人很普遍了，但我想跟姥姥一樣自己拖地的人還是不少吧！

在小院基地有一塊地板就塗了無機質防護做實驗，姥姥我倒了多次紅茶咖啡，還有種花的土水等等，結果還不錯，即使放著超過 4 小時，仍可以輕易擦掉，地板不會吃色，看來也很適合有毛小孩的居家使用。

但無機系統的缺點是：第一、耐磨力

■ 表面處理比較

表面處理種類	上無機防護	上透明漆	上硬化劑	上 Epoxy
價格／坪（連工帶料）	900～1,000 元（但有最低工資）	1,600～2,200 元	2,500～3,000 元（連同水泥粉光）	2,800～4,000 元
表面亮度	表面微亮	微亮，也有消光	消光	微亮
清潔性	好清理，抗污強	水性，無抗污能力	無抗污能力	前期好清理，但有刮痕後易卡污
產生裂痕	會裂	會裂	會裂	會裂
耐磨度	尚可，但硬物拖拉會有小刮痕	水性會剝落，油性看品項，pu 較耐磨	可，水泥表面硬度會增加	尚可，硬物拖拉會有大刮痕

只有中等，若有重物硬刮仍會出現小刮痕（但耐磨度還是比 Epoxy 好多了，一般居家使用還算 OK）；第二是表層沒有很細緻平滑，牆角處易有積料或刷痕，角落容易卡污；第三是會顯色。加防護後，屋主最無法接受的問題，是顏色會變深。這裡說的屋主就是姥姥我本人啦，原本是白拋拋幼咪咪的色調，防護一擦下去，就變成黑美人了。

防護劑的「顯色」還包括其他的膠痕、貼痕、磨痕、裂痕等。因此一做好水泥粉光地板要立馬圈起淨空，在等乾期間，要像警察辦案一樣不准外人進入、不讓任何東西接觸、不要壓上保護板，更禁

止所有貼膠帶的行為，也不要放木板以免水泥吃色，因為真的不知道後續會出現什麼奇怪的 X 光影像。

施工注意事項

1. **會用到催化劑。**加入後會產生非常嗆鼻的氣味，因此施作時一定要保持現場通風。至少要等一到兩天，等氣味散掉，其他工班再進場。另外催化劑是易燃品，現場千萬不能有火，也不能抽菸。

2. **底材在施作前要乾燥 24 小時以上。**若底材有水分，可能會出現白華或膨拱。若是舊的混凝土，有超過 2mm 以上的裂縫，要先補好。若是新作的水泥粉光，

姥姥的裝潢進修所

無機防護層的撥水和抗污力實測

噴水測試：小院基地的兩面牆，左邊牆面有上無機防護，右邊是一般水泥牆，因上了防護封閉毛細孔後，表面光滑，水會形成水珠，不易滲入。

倒咖啡測試：姥姥在水泥地做咖啡漬的測試，下方區域的水泥地表層有塗無機防護材。可發現沒有上防護的地面已有咖啡滲入，有上防護的地面可用抹布輕易擦拭去水漬。

則至少要等 7 ～ 14 天後，固化反應差不多時才能施作，不然將來會裂到你看不下去。

3. 噴塗優於刷塗。無機防護有兩種上法，噴塗或刷塗（也包括滾筒），原則是均勻薄塗兩道，第一道等乾後，再噴第二道。以平整度而言，噴塗比刷塗好。

4. 24 小時後驗收檢查。刷防護時可能會漏刷，完工後還是要好好檢視，或噴水檢查，但要等 24 小時乾燥後才能試水。

防護劑噴塗用量太多，會有垂流痕。

用刷塗的方式，會有刷痕。

防護等乾後，要再巡一下是否都完整噴塗。

注意
!!

防護會讓顏色變深

上了防護後，原本肉眼看不到的保護板黏膠痕與磨痕，都很清楚的「重現」了。因此預備上無機防護的地坪在粉光施作完後，一定要做好淨空保護。另外，塗抹的方式也會造成顯色的程度不同，根據經驗，噴塗比較不會讓顏色變深。

這是原水泥地板。　　水泥地板加防護後。

方法 2｜上透明漆：分水性、油性

　　計價方式有多種。有的泥作師傅報價做水泥粉光地板已內含上透明漆，1 坪約 1,600 ～ 2,200 元，但這種透明漆屬於**一般水性漆，比較不耐磨，日後還是會起砂。只能靠常打蠟來防起砂。**若想耐磨又防起砂，油漆師傅會建議上油性的透明漆優利坦，最多師傅推薦的品牌是「藍手」。油性漆多是另外計價，油漆師傅報價 1 坪約 1,200 ～ 1,600 元，設計公司則約 1,500 ～ 1,800 元。

　　藍手是台灣自創品牌，有推出水性的地板透明漆與油性漆優利坦。藍手公司表示，因為優利坦的硬度也需要時間養成，剛完工的硬度最差，至少一個星期內家具都不要用拖的，以免刮傷。但一

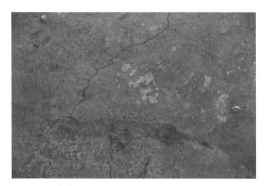

只上透明漆的水泥地板，若底層未乾燥完全就上漆的話，日後地板仍會吐色或表面斑駁。

個月後，硬度可達預設值，就不怕桌椅移來移去了。

不過**優利坦仍有缺點，一是表面潮濕有水時，會很滑，不建議用在浴室**；二是若水泥未全乾就上漆，或水泥裂了，水氣會從縫隙處滲入，表面的油漆還是會裂或斑駁脫落。

藍手的油性漆優利坦 1 公升為 250 ～ 800 元，價格高低差異在耐候性與硬度，高價品表現都較好，甚至不會變黃。1 公升優利坦對香蕉水等比調合後，約可擦 3 ～ 5 坪（看個人想要的厚度）。水性地板透明漆則是 1 公升 390 元。

想自己 DIY 塗地板也行。選購時要注意，一般優利坦都是亮光的，但藍手有推出消光的選擇—— Yes！姥姥一直不太喜歡亮亮的質感，水泥地其實缺點一堆，但我仍鍾情於它，就是因為那自然的灰色與樸實感，亮面的塗料會減損那份樸實。若看倌您跟我的喜好一樣，就可選全消光的油性保護漆。

不過要提醒一點，油性漆含甲苯，味道較重，有礙健康，雖然會隨時間揮發掉，如介意此點，那就還是建議選擇水性透明漆吧！水性透明漆比油性好施工，乾燥時程也快，只是耐磨度較差。

另一家代理丹麥塗料的台灣富洛克公司則提供另一種做法：可在底層先塗一層水泥封閉劑（10 公升，2,100 元，可塗 18 ～ 24 坪），再選水性 PU 透明漆為面漆（3 公升約 2,900 元，可塗 12 坪）。

其實後來姥姥採訪許多家裡用水泥粉光地板的屋主，他們對起砂這件事倒是都沒那麼介意。甚至若不是姥姥提醒，他們還沒發現地板有砂呢！大部分的家庭幾天就會掃地一次，少部分則會定期打蠟。照這些屋主的經驗來看，起砂的問題也不太會是困擾。

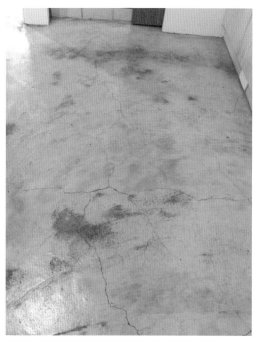

若是上水性透明漆的水泥地板，仍會有起砂的問題。可上油性的優利坦來改善。

方法 3 ｜ Epoxy 塗料：亮面無縫

這也是很常見的做法，Epoxy 的成份是環氧樹脂，塗起來有點果凍感，表面會亮亮的。最大的好處是可以塑造出「無縫」的地板。

不過 Epoxy 易被刮傷，椅子拉一拉就會出現刮痕，李松柏師傅也補充，使用久了，一樣會變黃。師傅們也提醒，**塗上 Epoxy 的表層怕水，一旦有水會變得很滑，所以浴室等潮濕的地方不適合鋪，除非是乾濕分離的乾區。**

施作 Epoxy 的陳師傅表示，水泥地板乾了後，也要再等全部室內工程都結束，才能上漆或上 Epoxy。若是厚度 3cm 的水泥地要完全乾，夏天通常得等一個月，冬天的話則可能要到兩個月。上塗料前必須把水泥地表層清乾淨，不能有雜質，不然 Epoxy 的表層日後容易剝落。

方法 4 ｜加水泥硬化劑

若你不喜歡亮亮的 Epoxy，也無法三

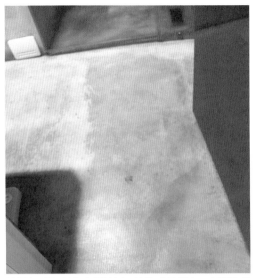

這是加硬化劑的水泥地板，姥姥現場觀察，表面沒起砂，但是仍會有裂口。

不五時做地板打蠟，又想保有直接接觸粉光層的樸實觸感，也可選滲透型硬化劑，只需做一次，就有永久性的效果。不過，加硬化劑多用在商業空間，較少用在居家場，因為居家面積小不易施作，平整度很難要求，工資相對也高。

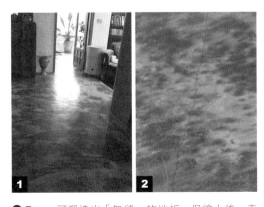

❶ Epoxy 可塑造出「無縫」的地板，但塗上後，表面會亮亮的。❷ Epoxy 易被刮傷，另外即使上了 Epoxy，底下的水泥還是會裂，有的還會有類似鏽蝕的斑痕。

灰階美學

水泥粉光壁面：省油漆

水泥粉光不只可用在地板上，也可用於壁面。若你覺得當地板觸感太冷，改用在壁面就不會有這個問題，還可省下批土油漆的費用。

設計師孫銘德表示，磚牆與 RC 混凝

土牆兩者在做之前都要先澆水。

1. 混凝土牆：（打底前）先上海菜粉＋水泥（土膏）＞粗胚打底，等乾＞上粉光層。

2. 磚牆：不用上土膏，直接粗胚打底＞等乾＞上粉光層。

若是已上漆的舊水泥牆想改水泥粉光，泥作吳師傅表示，工序會跟牆壁面積大小與漆面品質而有不同做法。有壁癌、漆面剝落，或是面積較大，都建議打掉舊水泥砂漿到底，再來做粗胚與粉光。因為若不打除到底，日後較易發生膨拱。

壁面表層做撥水處理

不過因水泥有毛細孔或有掉砂情況，表面處理通常是上漆保護。設計師連浩延表示，因壁面不涉及耐磨的問題，透明漆可上水性的就好，或是撥水劑。

撥水劑可塞住水泥的毛細孔，李松柏師傅提醒，使用時要注意加水的比例，

各家產品會有點不同。如果擔心撥水劑的耐久性，也可採用前述地板保護層介紹的無機質防護塗層，在抗污與耐用性的表現上會比撥水劑好許多。

不過在小院基地，有兩面水泥粉光牆，都沒有上表面防護，已經過了一兩年，並不容易髒，也沒掉砂起粉，只要水泥粉光本身有好好做，不上防護也行，但前提是這兩面牆「不會常被摸到」，若是常被摸到的牆面因為易沾手汗而髒污，上防護仍有其必要性。

小院基地的壁面水泥粉光，一年多了，表面仍沒起砂。

牆面粉光厚度在 3 ～ 5mm 左右，可上 2 層或 1 層。上 2 層是底層是水泥加海菜粉，上層就是用 1:2 的水泥砂，每層厚度 2 ～ 3mm。1 層的就是直接用水泥漿。

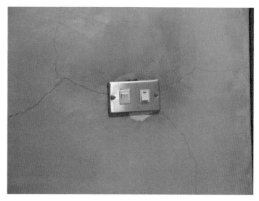

插座或開關的開口旁，易產生裂痕，要能接受這種不完美喔。像這種寬度達 0.5mm 的裂痕，通常是水泥比例不夠造成的。

水泥粉光的浴室工法

用在浴室的水泥粉光基本做法會依牆體而不同。不管是哪一種，「等乾」是最重要的，一定要等乾了後才進行下一道工序。

1. 紅磚牆：粗胚打底＞上底漆＞加彈性水泥＞粉光
2. RC 混凝土牆：土膏整平＞上底漆＞加彈性水泥＞粗胚打底＞粉光
3. 石膏磚牆：上底漆＞加彈性水泥＞粉光

要注意的是，浴室的粉光表層不適合上透明漆與 Epoxy，因為浴室有水，上塗料會滑。

設計師連浩延建議直接裸露水泥粉光表層，但粉光表面必須細細鏝平到平整緊致，「只要防水層做好，並沒有其他的問題」。姥姥個人使用過這種地板的浴室，覺得還 OK，起砂並沒有帶來困擾。

但另一個問題是不封閉水泥的毛細孔，浴室很容易卡髒，所以還是建議採用無機質防護劑，可加強抗污，平時用清水清潔即可。

浴室地壁面也可以用水泥粉光。（PMK 設計 Kevin 提供）

防水粉有加有保庇

由於粗底水泥砂漿會吸水含水，尤其浴室如果有做墊高地板，姥姥強烈建議在水泥中加防水粉（含矽酸質的也可以），能讓水泥出現斥水反應，大幅減低水泥的吸水率。

水泥防水粉有多種品牌，例如樂土、南星、昭和電工、無機 ICRO 等等。因為水泥砂漿會吸水，若漏水的水量太多，水泥吸水的虹吸效應可以由低處往高處逆滲透，如果強化水泥的斥水，就能減少虹吸效應。

加防水粉的工序

水泥加入防水粉之後，收縮率似乎會不太一樣，有的案例表面很平整，只有髮絲紋；但有的就出現較大的裂痕，甚至像蜘蛛網那樣布滿整面牆。與樂土的郭博士討論後，應是彈泥與水泥收縮率不同，粉光直接做在彈泥面上，就容易被拉扯出裂痕。郭博士建議，要在彈泥與粉光之間再加層益膠打底，表面就不會被彈泥拉裂了。

樂土是種透氣的防水建材，原料來自水庫淤泥，是成大研發出的產品，從細部圖可看到水不會滲入，只能形成水珠。（樂土公司提供）

這是姥姥朋友的家，牆面是水泥＋防水粉，有養護也有等乾，左側牆表面平整，但右側牆就狂裂。

樂土：防水界的 Gore-tex

樂土的原料其實來自水庫淤泥，是非常環保的防水建材，由成大技術轉移昶閎公司生產。目前最常見拿來防壁癌，因為材質本身具有多孔性，可防水但又透氣，感覺上跟 Gore-tex 很像。

減少壁癌，透氣防水

樂土有許多相關產品，其中防水粉不只讓水泥有斥水性，也能透氣，能減少壁癌的發生（但前提是沒有漏水或滲漏，若有的話，仍要先解決漏水）。

水泥粉光的壁面，不僅可省下油漆費用，也有份清麗的氣質。照片地點為台南狐狸小屋咖啡廳，店家自己DIY，用樂土產品塗抹在舊牆上，用料不到 3,000 元，是 CP 值頗高的做法。若不確定能否接受水泥粉光的質感，大家也可去現場考察。（台南狐狸小屋提供）

上水泥漆，不要乳膠漆

郭博士提醒，樂土已是透氣塗料，牆體表面可不必再加任何塗料或上漆，透氣性最佳。若想上漆，則以水泥漆優先，不用乳膠漆，因乳膠漆的透氣性差，也不要加不透氣性的如木夾板、油性漆等，不然透氣的功效打折，加樂土的費用就是白花的。

浴室若有墊高地板，建議在水泥砂漿中加防水粉，增加斥水性。

侘寂迷必看！

灰泥珪藻土，無縫塗料大集合

雖然水泥粉光比老頑童還難控制，但你就是愛這種灰階美學——還好，建材界後來發展出無縫塗料，有著水泥粉光的外表，但個性上乖多了。

姥姥開始研究無縫塗料，是 2012 年的事了。我曾經對日本的侘寂風（wabisabi）很著迷，甚至還去學了茶道、參加了幾場令我嘆為觀止的茶會（但也就那一陣子，個性孤僻的姥姥發現不適合該門派，漸漸淡出）。不過偶爾的偶爾，我還是會忍不住去看侘寂風格照，想著這美牆到底怎麼做到的（可 follow 姥姥推薦的 pinterest 圖庫 https://www.courcasa.com/p/keo）。我很喜歡那些色度天然不均、淺淺的灰或米色，就算破舊（或破爛），就算沒有清理染著塵埃也好看的牆。

就這樣，某天我找到了無縫塗料：天然、無揮發物、人類無法精準控制的色調——實在太合姥姥的調調，於是我在基地實驗了多種塗料。

這些礦物塗料各有各的名字，灰泥、珪藻土、仿飾漆、混凝土修飾塗料等等，但近幾年又多了些新潮的名字，像後製清水模塗料、清水漆、x 水塗料、義大利 sxx 漆，星 xx 美塗料……總之不是你想像中傳統的灰泥塗料，也因為複雜度已

讓恐龍腦的姥姥分不太清楚了，所以我想簡單點，全都叫「無縫塗料」，這樣中性多了，也不易混淆。

　　無縫塗料根據主要成分的不同，就有礦物塗料類的石灰底（CaO），水泥底（Calcium-Silicate-Hydrate (C-S-H) gel），硅藻土或水玻璃底 (SiO2)，以及非天然的環氧樹脂類（Epoxy）。瞭解成分很重要，不管有聽過沒聽過，看成分，就可以知道性質的大概輪廓。

礦物塗料的優點

　　與水泥相比，無縫塗料相對好掌控，工法施作和使用上都有其優點；如果選擇礦物型無縫塗料，除了長相是氣質美人，更有許多好處：

1. 等乾時間縮短。無縫塗料灰泥是薄塗，單層不到 1mm，大概半小時內就能乾透再上第二層，隔天就能做防護，不像水泥粉光要等 14 天以上才能再上表面工序。

水泥基底的無縫塗料。有著水泥粉光的樣貌，卻沒她的嬌縱脾氣，比較好掌控外觀品質。

■營造灰階美學的無縫塗料家族

成分基底	石灰底灰泥	水泥底灰泥	珪藻／矽礦底	環氧樹脂
成分天然性	純天然	— — —	純天然	含人工加工品
甲醛、TVOC 含量	無甲醛，無 VOC	無甲醛，無 VOC	無甲醛，無 VOC	無甲醛，無 VOC
多孔性	多孔性	— — —	多孔性	— — —
色調多元性	色調較多，抗 UV	只有灰與白	色調較多，但多為淺色	色調較多
色彩控制度	較好	無法控制	較好	均度高，反而無法漸變
直塗磁磚上	不建議	有些品牌要有益膠泥或無機彈泥當底	不建議	地磚可以，要先打毛
減少結露	若在吹南風的反潮日，有用，可減少牆壁結露			無
調節濕氣	具透氣性，可以些微調吸濕放濕調整濕度，但與不塗差異不大，若遇到連續下雨或高濕度幾天，也是沒用的			
防水性	無，沒有防水功能，需外加防水劑或再塗防水防護面漆			
減少壁癌發生	若壁癌漏水原因不解決，是無法治癒壁癌的，會發生膨拱或變色；但有透氣與偏鹼性，可減少壁癌發生			無
防霉	可	可	可	無
除臭	可以些微除臭，但效果有限，有人覺得沒差			無
吸附甲醛	就算有，也是很少很少，建議就當沒有，不要為此功能塗此塗料			無
抗裂性	延展性較油漆佳，但若底材裂，塗料也會跟著裂			
市價 / 坪	1,500～2,500	4,500～6,000	5,500～8,500	9,000～15,000

註：

1. 價格為市面連工帶料一般參考行情，另外有的價格是含打底，各家廠商報價模式不同，仍以各廠商最後報價為主。

2. 礦物塗料多為天然產品，但也有的廠商會添加樹脂等加工品。

3.VOC 指揮發性化學物質，礦物塗料為無或極低。

4. 塗料工資費用中，材料費占比較低，若需要更省錢者，可以 DIY！以上價格是不帶造型，若是要浮雕或做出像梵谷星空或鳴人的螺旋丸等圖案，這都屬藝術的等級，是要加價的。

5. 因市場上產品太多了，表格中的塗料只限姥姥有使用或實驗過的品牌，1 坪 6,000～7,000 以上的塗料，不是小資的姥姥用得起的，不列入表格。

石灰底的無縫塗料。透氣、具強鹼性,不易發霉,也不易結露。

**姥姥的
裝潢進修所**

無縫塗料適用反潮區域,
但不能治好壁癌

不少人詢問姥姥無縫塗料相關問題時,有八成想用在有壁癌的牆上,但請注意,所有塗料都無法真正解決壁癌!一定得先追溯漏水源頭、解決壁癌的原因,不管是水管漏水或外牆滲漏,都得先修好、做好斷水,再來塗礦物塗料,不然壁癌過一陣子仍會春風吹又生。

但因水泥底的無縫塗料有透氣性(但環氧底的種類不會透氣喔),能讓水分不悶在牆裡,再加上強鹼性不易發霉、生黴菌,是能降低壁癌再發生;同理,也適合用在易反潮的地區,無縫塗料的透氣性與微斷熱性,可讓牆壁較不易形成水珠。

2. 比較不容易裂。水泥粉光很容易裂,無縫塗料要看底材。因為無縫塗料屬於「裝飾材」,又是薄塗,底材若裂就會跟著裂,所以若底材是新作水泥粉光,就容易裂;但若是舊牆,在小院基地有兩面舊牆,施作至今一年多,都沒有裂;在木作板料上的,也不易裂,但板料縫得先處理整平,不然也會裂會顯色。

3. 表面光滑細致,觸感相當相當好。基地有做幾種塗料牆,大家都跟我一樣,第一次摸到那表面,都會驚呼:哇,真的好滑啊!

4. 不易起灰。水泥粉光較易掉砂,但無縫塗料表面可以夯實,不易有起灰的問題。

5. 較健康。因為礦物塗料的成分多為天然成分，沒有添加黏著樹脂或有機溶劑，因此無甲醛、無揮發性化合物，或者有些仍有揮發性物質但量極低。

6. 不易結露。因為多孔的特色，台灣常見吹南風時牆壁結露，礦物塗料有吸濕的功能；但因塗料層很薄，仍會有飽和的時候。

7. 降低發黴率，石灰底的塗料為強鹼性，可抑制黴菌，而其他塗料即使非強鹼，也因較高的透氣性，水分不易積存，能降低發黴率──但不保證不發霉，你看看坊間硅藻土地墊的背面仍會發霉，就可知道了。

還有呢──？我相信有的看倌會說：「還有很多吧，廣告都說可以調節濕氣、吸附甲醛抗壁癌等等啊！」很抱歉，姥姥覺得那都是產品迷思，效果沒那麼神。

地壁使用水泥底無縫塗料，表層要上防護，才不易卡污，好清理。

不拆磚整形法

姥姥其實是第一次施作時，無心插柳發現無縫塗料「可以直接塗在磁磚上」，這真是最大的驚喜！這代表有兩個區域的改造又多了新選擇：客廳與浴室，可以不必拆磁磚，也能有省錢又好看的整容方案。

浴室：用於乾區較理想

先把浴室改造的前提設定好：

1. 浴室不能有漏水。若有漏水還是要先把漏水源頭找出來。

2. 適用在 15 年以下中古屋，管線堪用不必換，只是想幫浴室換張臉。如果是 20 年以上者建議還是打掉磁磚重做，因為裝修後，仍想再住個 20 年吧？老屋的水泥層已老化，還是打掉重練為佳。

3. 要接受磁磚隨時會膨拱的風險。因為磁磚沒敲掉，也不知道當初建商施作品質如何，若磁磚變形，表層也就被破壞了。先敲敲看，若發現有些區域的磁磚已經空心，先敲掉這部分，等局部打底後，再施作無縫塗料（但無法保證日後其他磁磚不會膨拱）。

用塗料來改造方便快速，但幾個問題要克服：

1. 磁磚光滑，塗料附著力要好，不然就是要用附著力好的底漆。

2. 磁磚有縫，塗料的覆蓋力要好。

3. 用在浴室，須能耐潮耐水。

4. 用在浴室或地板，須能耐髒，好清理。

要能達上以上功能的塗料可能不難，但我希望再加一條：5. 要能在一坪 6,000 元以下。（哈，這點可能是最難的吧！）

我最早是先試用油漆，但油漆對磁磚附著力不好，得先上防水底漆。接下來，第 2～第 4 點都較難達到，所以油漆頂多用在乾區，還最好在高度 120 公分以上（這是以洗手台的高度以上來看）。遇到水泥底的無縫塗料後，就發現它能投出大滿貫。在基地實驗了一年多，以上問題都能有解。工序有兩種：

(A) 磁磚清潔乾淨 ＞ 無機彈泥 ＞ 無縫塗料 ＞ 無機防護

(B) 磁磚清潔乾淨 ＞ 上底漆 ＞ 益膠泥兩道，等乾 ＞ 無縫塗料 ＞ 無機防護

乾濕分離的廁所壁面，也可塗無縫塗料。

最後的無機防護層要上，才不易卡髒。這是因為水泥底的無縫塗料有毛細孔，可透氣，但這個特異功能在浴室或地板就變成缺點：易吃色積垢。

根據姥姥收集的經驗，上了防護層後算蠻好清理的，尤其是沒有接縫，平常用拖把拖就好。但在地板施作防護層的時候，若是用刷塗會有刷痕，在陰角的地方以及與磁磚或收邊交界處，表面如有點粗糙，若不清理還是會卡浴垢。

至於安全問題——會不會滑？小院基地有施作，走起來是還好，不會滑，但家中若有老人家者，還是保險點好，並不推薦這種做法，改貼縫較多的小磁磚吧！

這種塗料還有個缺點：不耐撞擊，若有重物掉下來會破裂，易造成水滲入，滲久了就容易發生局部膨拱，一有破洞就得趕快修補，再上一次塗料與無機防護即可。也因為無機防護會跟著底材開裂，目前觀察，小院的基地施作到出版此書為止大約使用三年尚未膨拱，若時間更長就難保水量會滲進多或少，因此比較起來，較建議在乾區施作就好，濕區還是做磁磚，或者至少地板的部分仍用磁磚。

注意!!

若是整間打掉重做的浴室，姥姥不太建議在濕區用無縫塗料，因為水泥粉光底若未乾透，未來幾乎注定有裂縫！若水滲入，無縫塗料膨拱的機率也會提高。能不能用在乾區？若不介意裂紋就 OK。

這樣施工才 OK
無縫塗料地板的施工步驟

施工時，首先要確認老磁磚有沒有膨拱，若有得先敲掉補平。假設沒有膨拱的問題了，其他工序如下：

1 清潔表面清潔乾淨。

2 泥作打底補平磁磚縫，並加強附著力，可以是益膠泥或無機彈泥，或磁磚界面劑，等乾。

3 上面塗無縫塗料，要一次施作完，等乾至少 24 小時，再做下一工序。若遇雨天等潮濕天氣就得再等等，不宜施工。

4 確認面塗乾燥後，上無機防護，2～4 道，加強抗污能力。

5 至少養護 1 天，期間不能踩踏，即完工。

溫馨小提醒：

1. 要一次施作，分次施作會有銜接痕與色差。因為無縫塗料為礦物塗料，無法像油漆調色到一致。

2. 若地坪面寬較大，就得多人同時施作，才能一體成型。若乾燥後再施作，會有銜接痕。

3. 若原地磚高低差太大（超過3mm）或整體起伏不平，日後表層幾乎都會裂！如很在乎裂痕，最好還是選別的地板材。

Before

After

水泥型無縫塗料的 10 大要點

以下是水泥基底的無縫塗料的特性和注意重點，因為有水泥的 DNA 在裡頭，所以是無法完全迴避水泥的以下種種特質，只是可降低程度。

1 色彩與樣式無法複製。

拍謝，這些多孔性塗料，個性雖好一些，但跟水泥一樣不是人類能完全掌控

一般正常的樣子。

小院會員陳小姐提供她家的牆壁。師傅塗成這樣，看來師傅的「手路」是有差的。無縫塗料若刮刀下手太多次，也會有「臭灰答」的深色痕出現。

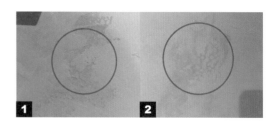

❶近看就會出現鏝刀痕，不定點會出現，但範圍不大。❷這種圈圈，師傅說也有人叫水泥花，也會不定點出現。❸像這種鏝刀痕，是可以請師傅再打磨修整一下。

的，大體上不會差太多，成品會有漸變的色調，只是色差出現的強度與位置無法預料。想掌握色彩一致性的人，建議選擇油漆或 Epoxy 塗料。

2 表面會不平整。

因為是由「人工」鏝刀鏝出來的，會有鏝刀痕，或高低圈圈孔痕，一般約有 20%～ 40%的區域有此狀況。廠商說，「圈圈高低差」也有人叫「水泥花」，會把此圖案視為一種自然美，但當然也有屋主無法接受，認為是瑕疵。關於美不美這件事，我又要重新提醒，每個人的眼睛不太一樣，對美的感受也不會相同（還好還好，不然姥姥應該銷不出去）。

3 表面會有氣泡。

若範圍很小要能接受，若範圍大可要求重塗，若非常堅持不能有氣泡，一定要先詢問師傅——工資可能會不一樣。客觀來說，建議若氣泡出現的面積直徑

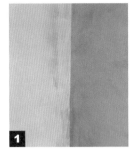

無法接受者直徑 5 公分以內有氣泡，最好不要選無縫塗料來做。但若是超過 10 公分的氣泡，可要求重修補。

❶陰角的塗料會較厚一點，也會有部分會黑黑的。❷這張黑的部分會像條黑線，仍屬正常的色變。

範圍超過 5 公分以上，就可要求師傅重塗。

4 施工時切記不要回刀。

要提醒師傅們，回刀就是「鏝不太平的地方想回頭再抹一下或再撿一下（台語）」，根據我們施作的經驗，不平的地方要在一開始抹的時候就一次修好。若一旦離手，灰泥表面較乾了後再回頭抹，「抹痕都會出現」，更可怕的在後頭，這無法局部修補，因為一補又是補痕，不管是抹痕或補痕，都像初戀情人般無

這就是師傅回刀的痕跡，等第二層塗料乾了後，就會顯示出來。這類塗料有趣的地方，就在於塗料未乾前是看不出痕跡的，未乾前美麗動人，乾了後就豬羊變色。

法從心中抹去，最後只能「重頭再做一次」。

5 陰角或陽角處不能塗太厚，但交界處也無法薄塗。

可兩處交替抹，等一面較乾後再抹另一面。陰角處會有黑邊，這個也是自然發生的，一般施作都會有此現象，屋主要能接受。

6 施工中減少灑水。

無縫塗料若施作到後期，膠泥會有點乾，或者已塗抹好，在上道與下道之間有點乾，這時師傅會噴水好施作，但噴水有時會造成「類似白華的析出液」，在塗料乾了後，會有水痕，當然，水痕也有分能看的與不能看的，就有可能會重做，所以施作時最好要減少灑水。

7 施作時現場要淨空。

最好在油漆工程後，或者不能在木作工程之前。因為無縫塗料有毛細孔，粉

塵或木屑都會附著在塗料表層，看起來會變黃或髒髒的，手感也會變粗糙，沒那麼細滑。解決方法是可等塗料層完成後兩三天，用濕布或海綿擦拭表層，就可恢復滑順的觸感。

8 施作後的養護至少要靜置一晚，不要踩，也不要放保護板。

這個是小院基地的經驗，廠商塗了塗料後，一乾燥即上防護，廠商以為防護表面硬了，在 3 小時後就開放踩踏並鋪保護板，但塗料表層竟在數個月後發生膨拱，還是要乖乖養護比較好。

9 有的塗料能打磨，有的不行。

塗料層完成後，有些不平的地方師傅們會習慣打磨，但像樂土灰泥就不能打磨，用砂紙磨了後，表面反而會粉粉的，而且會有砂磨痕。

10 如底材是新作的水泥粉光，要等水泥完成後至少 14 天才能上無縫塗料。

且前 7 天最好加水養護水泥。主要是

水泥底會裂，就算有養護仍有可能會裂，牆面還好，多為細紋，地面就可能會有大裂痕。

姥姥的裝潢進修所

自然美還是瑕疵點？

很多會員看到無縫塗料的照片都會問：「很好看啊，姥姥妳說的不完美，瑕疵是什麼啊？」嗯嗯，照片看起來都很美，那是因為拍照是「有距離」的，水泥底的無縫塗料是用鏝刀塗，所以「近看時」，就會有些不完美。

無縫塗料基底的成分各不同，塗抹方式也不同，大致上可分像油漆類的滾筒刷具型，以及水泥類的鏝刀批土型。其中，用鏝刀批的工法有些「特色」，跟水泥一樣，對某些人來說叫自然不造作、渾然天成，但對有些人來說叫缺點瑕疵、不平整，不能接受者認為「這也能叫屋主來驗收嗎？」咳，那姥姥不知您是前者或後者，所以最好是先「親眼」看一下它的近距離長相，再決定要不要施作。

重點筆記：

1. 水泥粉光地板的最大優點，就是便宜但又有種樸實的素雅，灰黑白的色調也是許多文藝人士的最愛。
2. 缺點是表層會裂、會變色、會起砂，紋路也無法複製。
3. 施工時要注意水泥砂的比例為 1:3，且要充份攪拌均勻。粗胚打底後，一定要等乾，才能上粉光層。粉光表面再打磨一次，觸感更順滑。
4. 浴室濕區地板不要上透明漆或 Epoxy，會滑，可完全不上塗料或是用無機防護。
5. 若沒有充分時間等水泥乾燥，無縫塗料的底材不要用水泥（這裡指新作，若是舊的就無妨），小院基地是選彈泥或益膠泥當底，一兩年後比較不會裂。或者也可以讓水泥做完後就等個一年（變舊了），水泥該裂的都裂得差不多了，再來施作無縫塗料也是一種方式。

Part 3/2 令人驚豔的塑膠地板
價格可親、抗水力強

姥姥點評

塑膠地板聽起來很廉價，但技術日新月異，質感、紋路皆已超乎想像的擬真自然，重點是便宜，1 坪 1,200 元的木紋仿真度可直逼實木，若是原本舊地磚夠平整，更可省下一筆拆除費。

塑膠地板的仿木紋質感、仿真度都不錯，又便宜，是 CP 值很高的地材。（富銘地板提供）

姥姥將整個建材界分成四大門派，地板就是其中一個。能成一門派就是因為成員實在太多，如磁磚、海島型木地板、超耐磨地板、無縫地板、塑膠地板與拋光石英磚等類別，每個類別再寫下去，咳咳，就是姥姥的另外一本書了。

還好，這本書是教省錢的，所以我先幫大家過濾，上一章已介紹無縫塗料地板，這章再介紹塑膠地板、超耐磨地板。若是原地磚夠平整，這三類地板都可不拆磚直接鋪上，再省下一筆拆除費。

塑膠地板不只是塑膠

先出場的是 1 坪 1,200 元就還不錯、2,000 多元算高檔的塑膠地板，此派跟其他門派最大不同點在於：進化速度飛快，近年又發展出新一代卡扣式產品（簡稱 SPC 地板），許多特性與塗膠式塑膠地板差異頗大，我會在另一篇專文介紹，這裡先寫塗膠式地板。

塑膠地板的成分雖然是塑膠 PVC，但外觀可以看起來很像原木。姥姥多年前對塑膠地板較無好感，因為外表一看就知是塑膠的，不只是木紋很假，剛鋪好時更會有股濃濃的 PVC 味，生怕人不知這是廉價的塑膠地板似的。

但現在，真是士別三日，刮目相看啊，塑膠地板的仿真技術進展快速到讓姥姥非常驚訝。我在拜訪幾家台灣塑膠地板業者時，有點不敢相信自己的眼睛。塑膠地板表面竟也可以做到像實木一樣，木紋色調有深有淺，有裂痕有導角，甚

圖為仿手刮木地板，連裂痕、蟲蛀孔都有，1 坪連工帶料 1,600 ～ 1,700 元。

至還有蟲蛀孔；而且也有同步紋的產品，也就是表層壓紋不再與木紋各走各的路，竟然也能牽著手重疊在一起，腳踏在上頭會有踩到實木的錯覺。另外還有仿石紋、仿紅磚，仿鐵鏽磚的，真的各式各樣的紋路仿真度都不錯。

姥姥之所以會重拾對塑膠地板的興趣，起因是採訪美國知名家具品牌

Stickley。在我稱讚著全店的木地板好美時，店主人笑笑跟我講，一樓鋪的是 1 坪 4,500 的超耐磨地板，地下室則是鋪 1 坪 1,500 的台製塑膠地板。什麼？不會吧，我竟然沒分出來有什麼差別，真是枉我一世英名！為了探究細部不同，姥姥當場就把鞋與襪都脫了，光著腳在樓上樓下走個好幾回。

結論是，兩者花紋的色調是不太一樣，質感也有差，但差不了多少；不過細細品味的話，厚度 9mm 的超耐磨地板踏感好一點，3mm 厚的塑膠地板是直接貼在水泥地上，踏感仍是硬了一點（若是貼在木地板上，觸感就差不多了）。

但想一想，這兩者的價格 1 坪就差了 3,000 大洋耶！整體算下來，這差額都可以再鋪一整間房子了。

既然我們腳下踩的都不是原木，預算有限時選塑膠地板也沒什麼不好，知名部落客 Phyllis、Aiko 家裡都是用塑膠地板，她們也讚不絕口呢！

塗膠式塑膠地板的優缺點

除了花色越來越自然好看，塑膠地板也有許多優點，但這些優點是對應木地板的缺點而來，包括不怕蟲、低甲醛（可到 F1 等級）、防焰等等，那缺點是什麼呢？我們以常見的塗膠式塑膠地板來看：

1. 怕水也怕曬。塑膠地板雖是塑膠品，但底層是用感壓膠黏著，有水或陽光曬久後，邊邊易脫膠翹起，所以潮濕的廚房、沒乾濕分離的浴室、日曬嚴重的房間都不適合鋪。我家是鋪 2.5mm 的產品（是的，為了寫塑膠地板的文章，姥姥花了 6 千大洋鋪 3 坪大的起居室，唉，

1 超耐磨地板

2 塑膠地板

在 Stickley 拍到的超耐磨木地板（❶）與地下室的塑膠地板（❷），1 坪價差 3,000 元，外觀差異不大，不過貼工與踏感仍有差異。

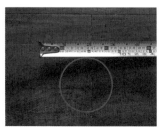

塗膠式塑膠地板使用久了後，短邊易離縫，我家是出現約 1mm 的縫，一有縫隙就多少會卡灰塵。

塑膠地板會熱脹冷縮，久了會出現縫隙。

4. 用久後有的板材間會產生縫隙。 塑膠地板現多採用無縫貼法，但地板會熱脹冷縮，時間久了板材間會出現縫隙，尤其是短邊的部分。另外如果貼的地方較潮濕、易受日曬，也會比較容易出現脫縫；縫隙的大小和地板材料等級與施工方式都有關。

姥姥家的塑膠地板在日曬處出現縫隙，約 1mm，這 1mm 的縫也會卡髒，不易清理。雖然我個人還能接受，但這就看個人選擇了。大家別以為只有塑膠地板會有這種情況，超耐磨木地板、海島型木地板，也有品牌會發生脫縫，大多是在短邊處產生縫隙，只是發生率較低。

寫建材就這點不好，成本實在高），有次颱風天進水，水滲入地板，牆角的塑膠地板就脫膠膨起來，但還好乾了後不是很明顯。若不是我提起，我老公、小兒阿蹄和阿那（我家的狗狗）都沒有發現牆角有何不同。

2. 耐磨度較不夠。 一般家用塑膠地板的耐磨層為 7 ～ 30 條（0.07 ～ 0.3mm）。條數越大者越耐磨，一般家用 20 條已足夠，商業空間則最好 30 條以上。以 10 元硬幣用力刮，表面沒事，但若是較重的桌椅在上面拉來拉去，表面仍會刮傷。若很介意的人，建議選表面有加 UV 淋膜的塑膠地板。

3. 底層板材會影響踏感與平整度。 塑膠地板很薄，若直接貼在磁磚上，觸感會較硬；另外若原地板不平整，塑膠地板也會「隨之起伏」。

塑膠地板的計價方式

塑膠地板的價格與地板厚度、耐磨層厚度以及表面仿真度呈正比。常見的塑膠地板厚度分成 2mm、2.5mm 和 3mm，理論上家用 2mm 已足夠，在地坪很平坦的狀況下，除非腳丫子敏感度高，否則只差 1mm 踏感上不會有差異。

但 2mm 的厚度畢竟較薄，底下原地磚有凹凸處就容易顯現在表面，不過不管多厚的塑膠地板，直鋪前都要批土補縫、徹底等乾，或先鋪上 1mm 的防潮（靜音）墊，較不會有不平的問題。

Point 1 │越厚越貴

2mm 的價格約每坪 1,000 ～ 2,000 元，2.5mm、3mm 的 1 坪要 1,500 元以上，質感好的也會在 2,400 ～ 2,800 元、甚至

3,000 元以上。當然也有在千元以下的選擇，厚度約 1.2 ～ 1.5mm，每坪 500 ～ 700 元，質感見仁見智，雖然姥姥覺得不是很好，但只要你喜歡，就恭喜你賺到啦！但要提醒的是，厚度不到 2mm 的產品，日後較容易磨損、反翹。

上述的價格皆為 10 坪以上的行情，若不到 10 坪，通常要多加工資，半天以內約 1,500 元，一整天約 2,000 元。

Point 2 ｜要加損料

除了坪數，數量的計價還得加上損料，一般會預備一成，但若選擇斜貼或特別的拼法，損料要更多。像我家起居室地坪是 3 坪多，但要算整數、有些品牌不接受買半坪或半包這種零頭，加上損料要算 4 坪，又因不到 10 坪（10 坪約半天可貼好），工資要再加 1,500 元。

Point 3 ｜要算打底工資

當原本的地磚或木地板很平整，塑膠地板可以直接鋪上（要先批土填縫），但日後撕下來的時候會留殘膠，很難清；

塑膠地板厚度為 2 ～ 3mm 最常見，部分 3mm 的花色質感較好。

多加一層地墊，就不會破壞原地板。（富銘地板提供）

如果想保留原本的拋光石英磚或大理石地板，或者不想抹填縫劑，可以選擇加一層地墊（或叫靜音墊），即可不破壞原地板，只是 1 坪多 500 ～ 600 元。若是原地板不平，或是遇上水泥地板，要整平的工法就多了，請看後文介紹。

選購要點

塑膠地板有分透心與不透心兩種做法。透心地磚是方型的，一體成型都是 PVC 製成，較耐磨，但缺點是花色選擇少，常見尺寸為 45×45、60×60 等，多半都用在醫院或大賣場，居家用的比例較低。

不透心的是由表層 PU 耐磨層、印刷花色紙與底材等組合而成。大部分家用型與商業空間都選用不透心產品。因為花色選擇多，且尺寸多元，長條狀的很

像木地板，質感較好。

我們來看選購時要注意什麼，還有你會聽到什麼行銷話術。

Point 1 | 挑花色要多看幾本目錄。選深色與有凹凸壓紋者，較能遮刮傷與縫隙

看花色時，千萬別拿著 10 公分見方的樣本做決定，因為木紋會有「節」，在小樣本中不一定會顯露出來，等鋪成大面積後，你就吐血了。至少要鋪個 1 坪左右的面積，才能看出真貌。

一般做塑膠地板的公司或工作室，手上都有數家的產品，姥姥（以普通消費者身分）去看塑膠地板時，其中有兩家是先給我看最便宜的型號（1 坪不到 1,000 元），然後才秀出一個比一個貴的目錄。為什麼呢？因為好酒沉甕底，你這才會發現，「有的產品貴得有道理」，那花色紋路與表面觸感，都不是 1 坪 700 的

比得上的，你自然就心動了。

便宜的地板花色較死板，花色重覆性很高，也較平面，沒有凹凸壓紋；但高價位的就有深淺變化，同一系列的圖案也有山形紋與徑切紋混搭，有的還仿實木有導角。

但其中也有幾家就只有一兩個品牌的目錄，看來看去就是那幾種平面花色，我想若不是店家賣得少，就是這幾本是他們家利潤最高的產品。所以工班或設計師拿目錄給你挑花色時，一定要要求至少看 3 個品牌，如富銘、BS、FLOORWORKS、浦麗華、允統 Winton、南亞，再搭配看其他的品牌，因為價格差不多，質感卻真的有差！

另外前頭說過了，塑膠地板可能會出現縫隙。根據各施工業者的經驗，若是淺色地板，縫隙就會較明顯。因此可選有凹凸壓紋的，當地板被刮傷時，也比較不明顯。有同步紋壓紋者，仿真度比較好。但姥姥要提醒，**不要選到刻痕太深的，卡污後不好清理。**

■塑膠地板組成圖

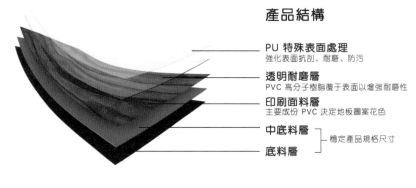

產品結構

PU **特殊表面處理**
強化表面抗刮、耐磨、防污

透明耐磨層
PVC 高分子樹脂覆於表面以增強耐磨性

印刷面料層
主要成份 PVC 決定地板圖案花色

中底料層
⎫ 穩定產品規格尺寸
底料層

（美喆提供）

Point 2 ｜底材原料選新製的較健康，但有 PVC 臭味的也不一定是用回收料

塑膠地板的成分是不是採用回收塑料網路上討論得很熱烈。姥姥先解釋一下，塑膠地板是塑料製成，這塑料「原料」可以採用回收品，也可以新製，誰比較好？這就要看你自己注重的是什麼了。

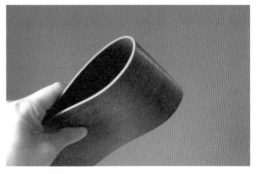

❶小樣品與大片貼出來的視覺感受差很多，選定花色後，最好先試拼不上膠的 1 坪看看，確定是選到真命天子後，再上膠黏貼。❷同樣 2mm 厚的地板，左邊的品牌壓紋較深，右邊的品牌就較平。所以一定要多看幾本目錄比較，單看一本是看不出差異的。❸凹凸壓紋的仿真度高，但是刻痕若太深者容易卡污，姥姥有試擦過，不好清。❹深色系又有凹凸壓紋者，即使刮傷又有脫縫，也較不明顯。

先講採用回收品的。最大的優點就是成本較低也環保，回收可減少塑料對環境的傷害，這點我覺得是值得肯定的。只是塑料要加入塑化劑（也叫可塑劑，為鄰苯二甲酸化合物）讓塑膠軟化（請不要看到塑化劑就反感喔，基本上不要吃到肚子裡就沒事），但問題就在這塑化劑也有分等級，若是用回收料，無法預知回收品中是用哪種等級的塑化劑。

所以也有業者採用 100% 新料製成塑膠地板，優點就是原料品質可完全掌控；也有業者引進德國環保無苯環化合物的 Dinch 塑化劑，地板產品也獲得美國 floor score 無毒認證與德國產品安全局認證的 U-mark 無毒環境檢測。

不過姥姥後來去找 CNS 的檢測單位求證，台灣最新的檢測標準是 CNS8907（CNS15138），8 種塑化劑的含量不超過 0.1%，但國內的品牌商都沒有檢測這項目，一般有送檢的項目是重金屬測試，這幾家大廠全部過關，在目錄後方都有列出，也可向業者索取證明。

要小心的是，有的通路商在拿樣品時會請我聞氣味，然後說：「這個塑膠味

未加回收料的地板，可以這樣拗都沒事，不會斷裂。

較重，是用回收料做的。」姥姥後來去製造商那裡求證，**發現即使是 100% 沒用回收料的產品，只要是剛出爐的新製品，還是會有味道。**所以氣味並不是真的判別地板是不是用回收料的方法。判別底材是否為好料的方法是，**將塑膠地板 180 度拗折，不會斷的就是 OK 的。**品質不是很好的地板，在拗折時會斷裂。

Point 3 | 黏著劑要用感壓膠

有網友跟姥姥說，因為塑膠地板有甲醛，不敢用。這是典型的迷思。塑膠地板原料中並沒有含甲醛等揮發性物質，但若是用強力膠黏，就有甲苯等有害物質的問題。但現在大部分師傅都是用南亞出的水性感壓膠。姥姥特地掛了個電話給南亞研究部的高級專員吳先生，對成分再加以求證。結論是，水性感壓膠中沒有甲醛，也不含甲苯。

「感壓膠是壓克力膠。水性膠都沒有用到甲苯，是以乳化劑聚合，所以呈現白色。」吳高專如此回覆。姥姥我也問了有關氣味的問題，在黏塑膠地板時，會聞到一種不太好聞的味道。吳高專解釋，「那就是壓克力膠的味道，每種膠都有味道。這種味道過一兩天就會散掉了。但這不是甲苯。」

根據姥姥自家貼塑膠地板的經驗，那味道的確是在兩天後就消失了，所以不用擔心有甲醛或甲苯的傷害。

b. 45℃ (mm)	0.42
殘存凹陷度 (mm)	0.07
止滑性	0.407

殘存凹陷度數字愈小的，品質愈好。

Point 4 | 殘存凹陷度的數據愈小愈好

塑膠地板被重物壓一段時間後會凹陷，無法回覆到原來的厚度。殘存凹陷度指的就是凹陷的深度。數據是愈小愈好，像浦麗華的測試數據是 0.07mm。

姥姥的 裝潢進修所

塑膠地板，要這樣保養

一般塑膠地板 20 條耐磨層，居家用 5～7 年沒問題，平日用 9 成乾的拖把或濕抹布擦即可。一兩個月打蠟一次，則可延長使用壽命達 10 年。依據各網友經驗，沒有重物在上頭拖拉或尖物刺穿，也沒有泡水的話，可使用蠻久的。

施工方式

塑膠地板的施工方法簡單，20 坪的面積一天就可完工。常見的塑膠地板根據安裝方式不同，有免膠式、背膠式、塗膠式與卡扣式。黏著力最好的是塗膠式，但比較不傷害底部地磚的是免膠式或卡扣式。免膠式可 DIY，但會有縫隙、較易進水，使用久了有的會脫縫；卡扣式則是進化相當快的「物種」，後面再說明。

塗膠式施工黏著力最好。

■塑膠地板施工方式比一比

類型	免膠式	背膠式	塗膠式	卡扣式
DIY	可	可	可，但最好請工班做	最好請工班施做
黏著力	不用膠	久了易脫膠	較佳，但邊邊易脫膠	不用膠
優點	可省貼工的工資，施工最快	可省貼工的工資，施工快	黏著力最佳，地板不易反翹	可保留原地板，地板不易反翹，也不易脫縫
缺點	有縫會進水，使用久了易因熱脹冷縮，縫隙變大	黏著力不夠，若地材不平，易在表層顯現出來，且久了邊邊易翹起	工資較高，拆除後會有殘膠，原地板會被破壞，久了短邊易脫縫	工資最高，有的產品卡扣太硬，易斷裂；地板高低差若太大，卡扣也易踩斷
價格	1 坪 2,500～4,000 元	1 坪 700～900 元	1 坪 1,000~2,800 元	1 坪 2,800~4,800 元
厚度	4mm 厚	1.5～2mm 厚	2～3mm 厚	4～6mm 厚

（諮詢達人：民景 FLOORWORKS 總經理康孟昭、美喆王志新經理、施工單位小林、幸師傅、特力屋銷售員、南亞塑膠）

這樣施工才 OK
貼塑膠地板要注意的細節

事前準備：施工現場要打掃乾淨，家具最好清空。但因塑膠地板乾得快，也可留一半，等施作時再來搬。

1 若原本是磁磚地，要先把縫填平。塑膠地板是軟材，若底層地板不平整，日子一久，就會浮現格子狀。

2 填縫完成。

> 我是防潮墊

3 一般是用批土填縫，但若地板不平，或者想要保留原地板，則會先鋪一層 1mm 厚的防潮墊，這部分要加錢 1 坪約 500 元。若地板高低差很多，則要用架高地板的方式，一坪要再多 1,000 元。

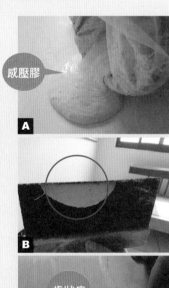

> 感壓膠

A

B

> 齒狀痕

C

4 黏貼塑膠地板最好用感壓膠（**A**），再用齒狀刮刀（**B**、**C**）刮出刮痕，可讓地板黏得更緊。

> 1/2 貼法

> 1/3 貼法

5 板材有很多種貼法，不同貼法用料量不同，有些拼法損料較多，如人字貼，1 坪要加收 300 元。師傅說，目前較受歡迎的是 1/2 或 1/3 的排列貼法。

6 不能從牆面貼向中心點，可從房間門或房間中間開始貼。地板通常與進門方向橫貼，視覺上較好看。但主要還是看空間形狀與個人感受，有時太狹長的空間，採直貼較好看。

7 鋪之前要先算好寬邊的長度，以免最後與牆面交接的那塊變得很窄，視覺上較不好看。

8 收邊方式，可在牆邊留縫打矽利康，或不打矽利康皆可。

9 塑膠地板較薄，一般房門都不會被擋到。但若真的高度妨礙到開門，要記得留開門的空間。

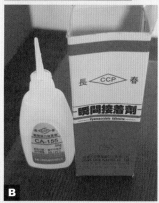

10 門框處多突角（A），可用三秒膠塗在銜接處（B），要壓著等乾（C），加強黏著力。

11 完工後記得留備料，日後有破損時好替換，不會有色差。

卡扣式地板

平價的 LVT 和來勢洶洶的 SPC

卡扣式塑膠地板在市面上的名稱很多，也有人叫高科技玻纖防水地板、防水木地板、零甲醛防水地板，更厲害的乾脆叫鑽石防水地板、頂級防水地板，但其實就是塑膠地板的進化版。

因傳統塗膠式塑膠地板有個問題：使用久了易因熱漲冷縮造成接縫變大（也稱為脫縫），為解決這問題，塑膠地板這一派，東看西看，發現有位武林前輩很有經驗──是的，就是超耐磨地板。超耐磨派的第一個卡扣專利，1996 年誕生於比利時，施工便利、不用上膠，這技術也帶領歐洲的超耐磨地板席捲全球市場。為了解決脫縫問題，於是塑膠地板派也找上了「卡扣」。

但塑膠地板本身材料軟，要做出緊密連結的卡扣需要更高的硬度，因此在地

SPC 地板雖是塑膠地板，但仿木紋花色做得也很逼真。（小院北 3 木地板廠商提供）

板的基底層內加了石粉，以增加基層的硬度，因此這種卡扣式地板也叫「石塑地板」。

之後卡扣式塑膠地板在接下來短短幾年內進化神速，幾乎每一年就會有新物種出現，且因為品牌太多、多少有點差異，姥姥我到後期已漸漸記不住那些曾經的風花雪月，因此先大致把他們分成三個派別：LVT、WPC，以及 SPC 地板。

本書版面有限，先介紹目前常見的 LVT 與 SPC，想看其他物種，請上小院官網 ^^.。

網路常見的美工刀 DIY 地板

LVT 片板型是第一代卡扣式產品，基底組成跟塗膠式塑膠地板一樣，所以塗膠式地板的特性它都有，例如地板是軟的、可彎折、施工便利，只是厚度較厚，塗膠式多為 2 ～ 3mm，卡扣式則有 4 ～ 5.5mm。市面上號稱能用美工刀切割的卡扣地板，多數是 LVT。

SPC 則是後來改良的產品，基材成分差不多但製程不同，簡單說，就是一次熱壓完成版，因此基底層之間的牢固性更佳。可用美工刀切割，但師傅說，要切割好幾次才會斷。

SPC 和 LVT 地板還有個不同，就是基材底料是厚約 0.7~1mm、材質軟 Q 的 IXPE，踩踏感較 LVT 好（LVT 的底料是只有一層紙厚度的硬底）。IXPE 是一種泡棉，根據查到的資訊，無毒、無味、耐藥品性、耐油、耐酸，還號稱隔熱吸

音減震（但 SPC 地板的 IXPE 只有用 1mm 厚，我不確定隔熱吸音減震有多少功效），不過至少施工前不必再鋪一層防潮靜音墊，可省下一些費用。

卡扣會「脆」，地要平

不管是 LVT 或 SPC，缺點就是因卡扣硬，反而易脆；所謂的「脆」就是指你用手扳一下，卡扣就會啪的斷了，並不是指會自然脆化，因此對原地坪的平整度非常挑。地不平，除了會踩起來空空的，當高低差超過 3～5mm，如果又剛好在銜接處，卡扣有可能被踩斷。所以鋪 SPC 地板，要注意原地坪的平整度，不然就得靠師傅墊平的功夫。

有不少糾紛就發生在這裡──高低差多少才算平整？2mm、3mm 或 5mm？地板廠商與泥作師傅往往會看法不一，所以在一開始就要向地板廠商問清楚，因為各廠商的要求都不一樣。

再後來 SPC 地板又進化了（搞不好，我這篇寫完就又有新品了），發展出像三明治夾層的 ABA 板，基材韌性更好，可以跟著原地坪順鋪，加上又有 IXPE 泡綿底，對地板的高低差容許值更大，也不易有飄浮感。但富銘地板表示，原則上磁磚地還是建議高低差小於 1mm，超過還是建議先批土；水泥地平整度小於 5mm，如果不平者仍建議施作自平泥。

好吧，聽起來一切都很理想，但你要知道，這世上唯一不變的真理，就是「什麼都好的東西，缺點就是價格高」！以

姥姥的
裝潢進修所

LVT 和 SPC 怎麼分辨？

上方為 SPC，下方為 LVT，SPC 較厚。

SPC 地板與 LVT 的底料不同，SPC 底板（右）為軟質的 IXPE 泡棉。

❶ LVT 或 SPC 地板的卡扣易脆，因此地坪要很平整。❷ LVT 地板可用美工刀切割，也可以 DIY。

上卡扣式地板在 1 坪基本尺寸連工帶料，LVT 型大約在 2,800 ～ 3,800 元，SPC 3,500 ～ 5,000 元，ABA 為 3,500 ～ 4,000 元，不知未來價格會不會因市占率提高而降低，但這價格帶目前已跟超耐磨木地板同等級了。

LVT 可用美工刀裁切，加上卡扣設計容易 DIY，費用就可壓在 1 坪 3,000 元以下。怎麼 DIY 本書就不教了，因為每個賣家在官網上都會說明。

（北 3 木地板廠商提供）

優點：抗水性強

最後來說說卡扣式的優點：第一，短邊不易再脫縫了（但有的還是會開縫就是了），除非沒安裝好，或因地不平卡扣被踩斷了；第二個是不怕水，也就是因為這點，讓歐洲廠商都開始不安了起來。

塑膠本身雖然不怕水，但塗膠式地板因為膠水的關係，會怕水；卡扣式不用膠，理論上也就沒有這個問題。我曾在廚房試用 SPC，卡扣處的積水幾乎不會滲入，就算滲了也是一點點，但問題出在牆邊收邊處，我沒有打矽利康，結果有次打翻水，水就進去了；更麻煩的是，

水進去後還出不來，導致有異味產生，最後拆掉地板才發現有水滲進去。所以如果是容易接觸到水的區域，收邊要打矽利康。但好處是滲水也不是大問題，因為塑膠地板不會被水泡壞，拆掉、將地板擦乾後，再重新拼回去就好。

除此之外，它的好處還有表層耐磨、耐刮、抗污、防水、防潮、防蟲、零甲醛 (註)、防燄一級，花色也算好看，收縮率小。怪不得歐洲的超耐磨地板業者會有點擔心卡扣式塑膠地板搶市場。

說了這麼多好處，塑膠地板最大的問題終究是它的原罪：它是塑膠，有些人較難接受。

至於姥姥最常被讀者問到：塑膠地板對決超耐磨地板，到底哪派獲勝？嗯，這個問題嘛，咱們保留到下一篇吧！

重點筆記：

1. 若以木紋花色來看，塑膠地板 1 坪 1,200 元就不錯看，2,000 元就可用到高檔貨，CP 值頗高。
2. 塗膠式地板的缺點是怕水怕潮怕日曬，浴室廚房不適合用；表面仍會被桌椅刮傷；用久後會產生縫隙。卡扣式地板不怕水，可鋪廚房。
3. 舊磁磚若無膨拱，可不必敲除直接鋪塑膠地板，但觸感會較硬。

註：關於甲醛量，也有 LVT 產品測試報告為 0.1mg/L，屬於 F1 等級，也就是還有一丁點。

SPC 地板不怕潮，浴室的乾區也可鋪。 （北 3 木地板廠商提供）

Part 3/3 超耐磨地板
價格中間帶，小資選擇多

姥姥
點評

地板是姥姥覺得可以投入較多資金的項目。為什麼？因為它兼顧視覺與觸覺的兩大要務——面積大，是空間的視覺焦點，能決定居家的格調；習慣在家赤腳不愛穿拖鞋者，也需要溫潤質感；當然，好清潔的地板，更是輕鬆打掃的第一步。

超耐磨木地板觸感溫潤，花色好看又相對平價，在木地板市場上占有一席之地。（小院提供／Dino 攝影）

若你的地板預算可以提高到 1 坪連工帶料 3,000 元以上，好打理的超耐磨木地板（以下簡稱超板）與瓷磚都可列入口袋清單。

姥姥我個人很推薦預算有限的人選用木地板，因為統計了一下國外的漂亮設計案，用木地板的比例最高，即使家具不是很高的等級，也很容易就能創造一種美好的 Fu。其中深木色、刷白木色都不錯，只要小心別用到偏紅色的花梨木型或偏棕、偏黃的柚木色，因為沒搭好容易看起來較老氣。

另外要注意的是，超耐磨木地板多是進口品牌，若連工帶料報價超過 1 坪 5,000 元，我就不會推薦給預算有限的人，因為超耐磨地板的底材不論是密集板或木夾板，技術都算成熟，各品牌的差異只在表面花色的仿真度或圖騰而已。所以除非您就是愛上了特定的木紋花色，不然單坪 5,000 和 3,000 就差了 2,000 元，30 坪差 6 萬，可以省下來買張好床墊了。

超耐磨地板的優缺點

我們先來說說全實木地板與海島型木地板的缺點，同時就可知「超板」的好了：一、實木表層怕磨怕刮，桌子椅子一拉，地板馬上有傷痕；二、不小心把咖啡杯打翻了，地板就有一圈水漬；三、地板基材或底料木板可能有原生蟲；四、

你家小寶從桌上掉了一個玩具下來，地板馬上冒出一個凹洞；五、溝縫之間會積灰塵，但看得到清不到。

以上前三點，對超板來說都不是問題；第四、第五點問題不能說沒有，但相對好一些，重點是超耐磨的價格往往只有海島型或實木地板的一半，再加上整容技術進步，人長得漂亮、花色不錯看，光是以上幾大優點，就足以讓人拜倒在她的石榴裙下。

不過提到觸感與質感，超耐磨地板跟實木比還是有點差距。

第一，大部分低價無縫型的板材，表面會有點塑膠感（當然這也可能是姥姥眼睛有問題，絕沒有不敬的意思）；中階價格帶每坪 3,500 ～ 5,000 元的，花色擬真度已很好，但因為圖騰會重複，整體來說還是差實木地板那麼一點。

第二，超耐磨地板如果直鋪會有飄浮感。因為施工沒下釘也沒上膠，碰到地面有點不平的地方，踩起來會有些許空空盪盪的飄浮感。

第三，還是怕水。只要是木地板都怕水，但海島型與實木地板吸水後還有回復的機會，耐水能力較好，超板一旦吸水膨脹，變形率較大，回復後仍會有些翹起。部分超板後來進化有防潮設計，比較耐水，但仍無法防水。

第四，難免也怕蟲。說到蟲，沒有木地板是不怕的。在此附帶說明一下，地

註：本篇感謝小院專案廠商天程許峻銘總經理、江師傅、杜師傅、曾師傅、小泉師傅與黃師傅、鄭師傅、小俊師傅與伊諾華小占師傅們的不吝分享，謝謝你們。

板常見的蟲分兩種，蛀蟲與白蟻。蛀蟲的蟲卵會寄生在板材裡，日後只要有水分、環境溫暖，就會孵化。超板因製程中高溫高壓，原生蟲卵幾乎無法存活，比起海島木地板，原生蟲的犯蟲率低很多很多。但白蟻是外來的，難以預防，超板因為基材有加膠合劑，相對來說遭白蟻的機率也較海島型少。

但若採用木夾板當平鋪的底料，木夾板的犯蟲率就高了。該怎麼辦？說實話，姥姥問過許多木地板加工廠，大家都雙手一攤，「沒法度！」那既然從上游無法保證品質，我們就從下游來著手。

找木地板行下單

姥姥建議大家，下單要去「木地板行」（想用瓷磚的也一樣，可去瓷磚店下

若原地磚夠平整無膨拱，就可不必拆地磚，直接鋪超耐磨木地板。（江師傅提供）

單）。木地板行就是專做木地板的公司，不是品牌業者，而是施工為主的公司。為什麼找這種公司行號，因為有店面的廠商經營比較久，也願意做保固，不用我們浪費 1 公升的眼淚與口水來跟對方周旋（但記得先簽保固書，就不怕付錢後對方不理你）。

大家也可上經濟部網站查相關公司的成立時間，超過 3 年的大致上都有一定保障。就我所知，有的木作師傅是旺季時做裝潢，淡季時改去賣水果，姥姥家樓下的水果貨車老闆就是這樣。這類師傅就算有心保固，你可能也不容易找到人。

弄清楚計價方式

超耐磨木地板的報價頗有學問，有的店家口頭報價是連工帶料，有的報價只有料，有的要在簽約時才會說明。

Point 1 | 板料價格怎麼算？

各品牌的訂價策略，通常無導角平口型會比有導角的便宜一點。1 坪連工帶料從 2,500 元到 8,000 多元都有。網路上很多賣場都只有打上純料的價格，可能連運費都要外加。另有些網路行銷手法，會先以低於行情的報價吸引你的眼球，但你要的特價款永遠都在缺貨中。

損料的算法，一般會依坪數增加 5 〜10％，例如 10 坪會報 10.5 或 11 坪，但特殊拼法要再往上加。另一種是看「包」數計算，不足 1 包算 1 包，只要拆包後，

即使只用 1 支，也算 1 包哦！

此外，還要注意有無最低坪數限制，有的會要求最低購買量至少 10 坪，10 坪以下會加收交通費用。一般長與寬的尺寸越大價格越高，不過也要看品牌的訂價策略，像 EGGER 的天程系列，有的經銷商訂價只看平口型或導角型，無關尺寸大小。

Point 2 | 收邊的種類

收邊分三種：矽利康、一字條或踢腳板。有的廠商連工帶料的價格含收邊，通常矽利康或一字條會免費送，但有的要另外收費，所以事前要先問清楚。

收邊的收費大約每坪外加 100 ～ 400元，如矽利康和泡棉條 1 米 50 ～ 70 元，一字條或 L 型收邊條 1 條 300 元，有的 1 條要 1000 元。

踢腳板材質分為塑膠、塑合板型或實木板型，有的會免費送塑膠型（但質感不太好），塑合板或木板型價格另計。另外還有起步條或分隔條，價格也不一定會內含。

Point 3 | 直鋪工法的材料

一般連工帶料的基本報價是直鋪工法，只鋪底墊，不含木底板。而免費的底墊大多是透明塑膠布加泡棉墊，再好

❶ 以矽利康收邊。❷ 一字條收邊。❸ 踢腳板收邊。

起步條。用在不同高度的地板銜接處，常用在玄關處。（杜師傅提供）

分隔條。用在高度差不多的地板銜接處，多用在房間門或兩個空間分割處。（伊諾華提供）

直鋪基本款的底料，就是透明塑膠布＋白色泡棉。（小泉師傅提供）

平鋪會先下一層木夾板，可整平地坪，讓地板完工後的踏感也較扎實，不像直鋪飄浮式工法會有空洞感。（江師傅提供）

PS 板又名高密度保麗龍板。（江師傅提供）

一點的會送鋁箔泡棉。其他種類的底墊如塑膠布＋泡棉二合一墊（厚度 1 ～ 2mm）、EVA 墊 2mm 厚、歐洲原廠墊 2 ～ 5mm 厚，價格 1 坪 100 ～ 500 元不等。

Point 4 | 平鋪工法的材料

需先鋪設一層 4 分足的 12 mm 夾板，夾板也有分等級，厚度若要求 5 分厚，或甲醛量要 F1 等級，價格會再高一些，1 坪加 1,200 ～ 1,600 元左右。施工會分為兩種：固定式，水泥粉光地，採白鐵釘固定底材。漂浮式：不打釘，但記得仍要加塑膠防潮布與底墊。

Point 5 | 架高工法的收費

■ **PS 板工法**：平鋪 PS 板（又名高密度保麗龍板、穩熱板），高度從 1 到 10 公分都有，1 公分高每坪外加 400 ～ 600 元，3 公分以內的基本工料每坪約加 1,200 元左右。

優點：一、沒有角材架高地板的音箱效應，不會破壞原有地材；二、因為沒有下釘、沒有上膠，較不易有異音。三、傳統保麗龍無法耐潮，但 PS 板可耐潮、吸音、隔熱。

缺點：一、PS 板無法調高低差，只能順平，高低差很大的地板需要抓水平，較不適合此法，可改用角料型架高；二、踩久了仍會有點下陷；三、PS 材質易燃，外層一定得要加耐燃建材（還好超耐磨地板的表層有耐燃一級）。

■ **PS 板工法＋ 12mm 夾板**：基本工料 1 坪 2,400 ～ 2,800 元。

優點：踩起來較紮實，表面更平整。除了夾板，還要記得放防潮布＋底墊，最後再上木地板。

■ **1 吋 2 角材架高工法＋ 12mm 夾板**：角材架高可調整地坪的水平，但較容易有異音。基本工料 1 坪加 3,000 ～ 3,800 元左右（30cm 高以內）。角料的間距要 45 公分還是 30 公分 1 支，建議先跟師傅談好，因為工資不同。

Point 6 ｜其他收費

■**裁門費**：若地板會卡到室內門（木門），裁門費用一樘 200 ～ 500 元，依現場報價，但不含油漆；若是烤漆面或金屬門，一般師傅就無法修整。此外施工現場若是有傢俱，需現場搬移，要先確認會不會加工資。

■**踢腳板釘孔補平費**：踢腳板可採配件固定或釘槍打釘固定，一般報價不含修補釘孔的費用，會隨坪數大小與施工難易度不同再增減。

■**運費搬運費**：純賣料的店家會加收運費，地板材積重量都大，費用也不少。另外若施工處沒電梯，廠商會以每包／每層樓加收搬運費。

注意‼

地板保養的「三不一沒有」

超耐磨木地板雖然有木地板三個字，但表層是層三氧化二鋁，與實木地板不同，保養上要注意「三不一沒有」：

一不：不用打蠟。

二不：不用很濕的濕布或拖把。

三不：不用水洗，也不能用蒸氣拖把哦！

一沒有：只要用擰乾的濕布或拖把擦拭，髒污就能變沒有 ^^。平常可多利用吸塵器，若有較頑強的污漬，可用清潔劑先局部去除，再用擰乾的拖把擦拭即可。

角材架高工序

1 鋪上第一層柳桉防腐角材和防潮布，如果只上一層角材，即為單架高。（江師傅提供）

2 上第二層角材後，抓水平，再上第三層角材後再抓一次水平。下方紅色機器為雷射水平儀。

3 上白膠封底板。

4 底板面完成後，再開始鋪設底墊與超耐磨地板料。

選購
要點

舶來派 VS. 本土派

　　台灣的超耐磨地板依基材又分兩大派。一是舶來品派，基材用高密度密集纖維板（把木材打成木纖維後，再高壓壓製成密集板；密集板有分密度高低，地板均用高密度的密集板材 HDF），上面鋪一層三氧化二鋁的耐磨層，這一派都是進口貨，從歐洲的德國、東南亞的馬來西亞、咱們對面的大陸等都有。

　　進口地板的價格 1 坪連工帶料 3,000 ～ 8,000 元不等，早年還有破萬元的驚人價格，後來進口品牌愈來愈多，單坪超過 6,000 的也就少了。

　　另一派是本土派，基材用木夾板（但它的缺點類似海島型木地板），最上層鋪一層美耐皿板。本土超耐磨地板 1 坪 2,000 ～ 4,000 元，但如今市佔率已遠遠的被進口品牌拋在後面。因為兩派的材質不同，討論重點不同，且進口地板花色的表現較多元突出，本篇以介紹進口超耐磨地板為主。

厚度：與踏感有關

　　地板的厚度會與踏感有關，超板的厚度有 8mm、10mm、11mm、12mm，對某些人而言，厚度越厚踏感較好。不過並不是每個人對厚度都有「感覺」，因此建議大家做盲眼測試。

　　首先閉起眼睛，請旁人將兩種厚度的大樣品隨意放好，然後踩踩看，看看是否一踩就有感覺。如果怎麼踩都分不出是 8mm 還是 12mm，或者感覺有差，但只差那麼一些些，而那「一些些」的微妙感受不如每坪少 1,000 元，當然選便宜的 8mm。

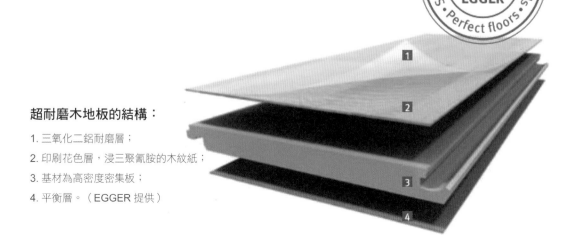

超耐磨木地板的結構：

1. 三氧化二鋁耐磨層；
2. 印刷花色層，浸三聚氰胺的木紋紙；
3. 基材為高密度密集板；
4. 平衡層。（EGGER 提供）

花色：別只看小樣

其實大部分品牌的板材品質都沒什麼問題，價格高低主因是木紋的仿真度與各品牌的價格定位。一般超板易有塑膠「假假的」感覺，但有的超板仿真度極佳，價格當然就較貴。

木紋的逼真度，除了看木色、紋路外，表面也會有些工法，如有點波浪起伏，也有的會做浮雕紋（鋼板壓紋）；更進

看樣板不要看小樣，至少要 2～3 片大板拼出來，才能看到有沒有木節，有縫與無縫，有沒有鋸木紋等等。圖中為小院基地的木地板樣品。

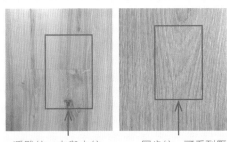

浮雕紋，未與木紋同步，也沒對紋。

同步紋，可看到壓紋與木紋在同一位置。

同步紋＋刷白。

階的，是把浮雕紋與木紋的紋路弄在同一個位置，這種叫「同步紋」，同步紋的製作成本較高，看起來更像真木。

但要注意，如果紋路的凹凸太深，雖然觸感較好，但容易卡污。

選花色時，一定要看「鋪起來一整片」的樣子，能到有實景的地方去看更好，如果只看圖鑑那小小的一片，與整片鋪起來的空間感可能會差很大，尤其是有沒有木節、鋸木紋能不能接受，都要先看清楚。

導角與平口

兩者的差異在於，地板鋪完後如果看得到縫，就是導角型。導角會看起來更有實木感，但勾溝易卡污（我個人覺得沒有很嚴重），後來也有品牌將耐污表層處理延伸到導角。

平口無縫型不易卡污，鋪起來一整片，有人覺得大器，但也有人覺得沒有實木地板的 Fu，這種關於美感的偏好，我覺得只要屋主喜歡就好。但平口通常較便宜，花色也不錯，CP 值頗高。

平口無縫型地板。

導角型看起來更像實木地板。（江師傅提供）

這是 2V 地板，導角在長邊，有無限延伸的視覺感。
（Yeh 提供）

無限延伸

有導角型的超板又分 2V 與 4V。4V 是指四邊都導角，2V 只導長邊，因而 2V 產品就會產生類似無限延伸的視覺感，運用在長向的空間，可拉長空間。在短邊仍會有縫，但不細看看不出來。

保固的重點與爭議點

保固分兩種，一是施工保固，另一個是板料本身的保固。施工保固通常為一年，最常發生的爭議有兩項：

一、「踩踏有聲」保不保固？施作前要問清楚。但姥姥先說明，只要是木地板都會熱脹冷縮，使用久了，就易有聲音。

二、膨拱保不保固？膨拱的原因到後面施工篇再來說明，但有沒有保固、以及保固的方式也得先確認，是要拆掉重做？還是另有處理方法？

板料本身的保固，保固期就長多了（15～30 年），但內容會有點小差異，重點在：不保固什麼。

常見的板料保固範圍，包括表層不易沾污、不褪色、花色不會磨穿、產品出廠無變型翹曲、無斑點。

而積水造成的膨起變形、白蟻或蟲害、發霉、撞擊破損等，大部分廠商是不保固的。

順帶一提，防白蟻的部分，東南亞品牌像「伊諾華」等，是有終身保固的喔！也給家住一樓或潮濕地區又想鋪木地板的人參考。

之前關於保固的爭議案，大部分是業主與廠商雙方有認知差異，建議報價單上一定要註明保固內容，像是號稱能防水或不怕毛小孩尿尿的，一定要寫下來。

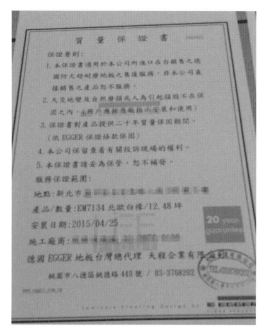

各品牌代理商的材料保固書，要請廠商提供較有保障，也要注意保固內容是否與業務所說相符。（天程提供）

姥姥的裝潢進修所

CNS 與 SGS

談到建材特性時，常會參考測試報告。書中所提的 CNSXXXX 標準，就是國家定的測試方法。那為什麼也有 SGS 的報告呢？有人會誤以為這是另一種測試標準，不是的喔，SGS（台灣檢驗科技公司）是認證單位，因為 CNS 本身忙不過來了，所以一般測試也可交由 CNS 認可的單位執行，SGS 就是其中一家。

實測比一比

超耐磨真的耐磨、耐操？

看超板品質好不好，姥姥不太相信業務講的，A 說 B 不好，B 不一定真的不好；另外，也不想再看那種一個勁說好的廣編稿，於是姥姥就直接把現代刑具拿出來，耐不耐？試試就知道了。

以下的測試方法，你也可以比照辦理來測試其他地板，不過姥姥的刑具終究不比 SGS 那種專業的，所以客觀起見，也一併參照 SGS 的報告。

耐磨度：硬幣刮刮看！

拿錢幣用力刮表面，可以測試耐磨度。別怕，就用力刮下去！因為一般超板的表現都不錯，幾乎不會有什麼刮痕。小院基地鋪了超耐磨、海島型與實木 3 種地板，其中超耐磨地板最耐磨，240 公分長的鐵腳大桌已被我們「不小心拖拉」多次，但地板表面皆無刮痕，超讚的。

基地超板的耐磨度是 AC4，一般家用在 AC3 等級以上即可。AC 是歐洲 EN 標準的耐磨等級，數字愈高愈耐磨。歐洲標準依照商用空間的不同，分為 31、32、33，代表商業空間的輕度、中度、

■ 歐盟商用標準耐磨等級

商用程度	31	32	33
DIY	可	可	可,但最好請工班做
使用程度	輕度	中度	重度
耐磨等級 (EN 標準)	AC3	AC4	AC5
耐磨轉數(註) (CNS-11367)	6,000 ～ 9,000 轉	1 萬～ 1.5 萬轉以上	1.5 萬轉以上

註：AC 數值相對的 CNS 耐磨轉數非官方規定值,是依業者提供的報告約略換算出來的。

重度使用場所,如果能使用於商用空間,家用當然更沒問題。

耐磨等級測試除了 EN 標準,到台灣還得送 CNS 標準 CNS-11367 測試,根據經濟部中央標準檢驗局組長表示,一般家用達 6,000 轉以上就夠了,CNS 也只測到 6,000 轉而已;但廠商的報告會有 1 萬轉以上的數字,這是送 SGS 檢測,SGS 可依廠商要求多增加轉數(註)。不過我個人建議大家參照歐盟數據,看 AC 比較準確。

海島型木地板就不一定能達到耐磨 6,000 轉以上了,如果看到號稱 2 萬轉的,就要小心,看該數據是確實採用木地板的耐磨測試 CNS11367 來測(使用 AA180 砂紙,500g 加壓),還是投機取巧改用其他測試方法,如「織品耐磨測試」測出來的。

大家也常問,AC5 是不是更耐磨?話是這樣說沒錯,但要看用在哪個空間;若是居家,AC4 就超超超夠用的,買 AC5 就像買把屠龍刀切菜,徒然多花錢而已——當然如果你一心愛上 AC5 才有的花色,為了真愛,多花點聘金有什麼關係,娶回家吧!

耐撞度:撞多了依然會凹

姥姥是用約 0.4 公斤重的石頭(長 8 公分),從高 50 公分處向下自然掉落。大部分受測品都 OK,只有少數品牌有輕微痕跡,但要很仔細看才看得出來。

來看一下 CNS2215 的耐衝擊試驗,這個實驗按照物品的厚度分成兩組來測,超耐磨地板屬於厚度 15mm 以下這組,會以 286 克的球狀物體從高 50 公分處往

試驗項目	試驗方法	試驗結果	要求值 (CNS11366 HD)
耐磨性(轉)	CNS 11367(1985) 使用 AA180 砂紙、500g	15000	1000 以上
		試片外觀無任何改變	試片外觀無任何改變
尺度安定性(%)	CNS 11367(1985)	縱向變化率 -0.23 橫向變化率 -0.37	縱向±0.45 橫向±0.90

耐磨度數據要看是否用 CNS11367 測出來的。

姥姥就是用這顆石頭從 50 公分高處往下丟。

7.16 耐衝擊性試驗

試驗從 CNS 3904 中所規定的上全面支承，將試片表面額上放置，從表 16 所示之球型重塊，由一定高度自由落下衝擊試驗表面中央部位，以目視觀察試片表面有無放射狀龜裂、破壞、化粧層之剝離，並測其凹陷之直徑。

表 16　耐衝擊性試驗使用之重塊

試片厚度 mm	使用之球形重塊			重塊落下高度 cm
	記號	質量 g	標稱	直徑 mm	
未滿 15	W_2-300	約 286	$1\frac{5}{8}$	約 41	50
15 以上	W_2-500	約 530	2	約 51	100

CNS3904 是屬 CNS2215 其中的耐衝擊性試驗項目。
（本圖截錄自 CNS 2215 第 7 節規定）。

下掉落，看板料表面有無龜裂、破壞或表層剝離，若有，再量出凹陷處的直徑。就我看到的數字，有提供耐衝擊數據的超板都 PASS（若有沒 PASS 的，也歡迎讀者再提供給我），簡單來說測試後都沒有凹陷。

不過以姥姥所用的 400 克石頭來說，受測品第一次被砸多沒事，但如果連續砸 3 次，或石頭再重一點、高一點，超板表層就會凹了。

以我們的實際生活習慣來看，從一般桌面（高約 75 公分）掉下來的物品，重量形狀都很難預測，即使標準數據顯示通過，但也有小院會員提出，「較重的物品砸下來還是會破的話，就不能說是耐撞擊、沒破」，雖然兩者的思考立場不同，但為避免誤解，在此還是先以超耐磨地板「不耐撞擊」當結論。

防潮力：潑水與泡水

在防潮能力這項，我做了兩種刑罰，一個是潑水，一個是泡水。

潑水在板材的接縫上，幾家知名品牌都沒什麼問題，只要在 5 分鐘內擦掉，水都不會滲下去，表面也沒脹起。再來用水泡，6 小時後取出，姥姥用眼睛看還真看不出哪裡變形了；但泡到 48 小時後，有的板材邊緣就會軟化變形。我們再來看會用高檔刑具的 SGS 測試出來的數據。

CNS11342 會測試吸水厚度膨漲率，超板表現普遍很好，多在 0.1～0.35%，數字越低者越好，但相差也只有約 0.2 個百分點，坦白說沒什麼差別。再來看歐盟標準，採用 ISO 24336 測試吸水厚度膨

直接拿板料去泡水，其實是實驗做過頭，在現實世界只有淹水會有這麼嚴苛的狀況。

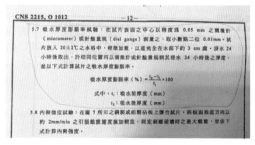

CNS 規範的吸水厚度膨脹率試驗方式。（天程提供）

歐盟規範的 ISO 吸水厚度膨脹率試驗方式。（威佐提供）

脹率，非防潮加強的木地板 31 ～ 33 等級要在 15 ～ 18% 以下，這標準門檻也不難，每個品牌都通過。(註)

不過，0.1 ～ 0.35% 的差距以 8mm 厚板來說，膨脹率也不過 0.028mm，怪不得我的泡水板料目測沒什麼膨脹，但現實完全不是這麼一回事，這幾年的實際案例告訴我們：**超板不防水**，只是看淹的水量多大、淹多久、淹到哪個地方與使用時間多長。

根據網友回報，以及我們自己的工地經驗，絕大部分的超板一旦積水超過 24 小時，都會膨拱，但有遇水只超過 1 小時就脹的，也有被淹超過 12 小時仍金身不壞的。

姥姥追蹤了幾個案子，也與業界討論了些看法，很認同天程地板許峻銘總經理說的：「能不能防水，不是單一因素決定的，而是綜合因素。」那所謂的綜合因素有哪些呢？

1. 切口處會吸水：只要是切口處，如地板插座切割處、收邊切割處，只要有積水幾乎都中；但若是有卡扣的地方，則有機會撐到 12 小時。

2. 卡扣企口密合度：有 2 個淹 12 小時沒事的案例，都是鋪好半年內發生，應是卡扣緊合度較佳；不過超過 1 年後，就有板材變形的案例，可能熱脹冷縮造成卡扣較鬆，水就滲下去了。

3. 卡扣處封蠟：有的品牌在卡扣四周會再封蠟，加強防水能力，天程許總表示，根據實驗，封蠟的確會比沒封蠟的抗水性強。但封蠟與否也不是影響防水能力的主因，因為只要淹超過 12 小時，變形或沒變形的案例中，封蠟與沒封蠟的都有。

4. 平口無縫與導角的差異：積水後，兩者都會膨脹，許總說，同樣脹 0.2mm，平口看起來較明顯，但導角因有下凹，看不太出來。

進化的防潮板

OK，結論就是超板怕水，但歐洲廠商似乎不認命，想盡辦法提升防水力，大致有兩個方向：一是卡扣封蠟，或延伸表面耐磨層到導角處，讓水不易滲進卡扣，也讓導角的縫隙變好清理。

另一派是從基材下手。在 HDF 內加入防水劑，大幅減少吸水厚度膨脹率，

註：CNS 11342 測試方法是將樣品浸水至 3 公分高度，以攝氏 25 度泡上 24 小時，試片厚度在 12.7mm 以下者，厚度膨脹在 25% 以下就過關。ISO 24336 的測試，是將樣品泡水至 5 公分高，以攝氏 20 度泡 24 小時後取出，吸水厚度膨脹要在 15 ～ 18% 以下。

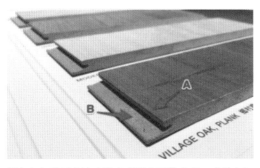

Ⓐ卡扣加強派會讓表層處理延伸至導角處，或Ⓑ卡扣內塗上防水塗料或封蠟

Effect of a castor chair according EN425 (Type W)	No change in appearance or damage
Thickness swelling according ISO 24336	≤ 5 % (+/- 1)
Tolerance of top-layer according EN13329	length ± 0.5 mm width ± 0.1 mm thickness ± 0.5 mm

一般 HDF 吸水厚度膨脹率是 15 ～ 18% 以下，EGGER 的 Aqua 防潮板可到 5% 以下，UWF 基材的又比 Aqua 膨脹率更小。

像 EGGER 後來獲得歐洲地板創新獎的 Aqua 防潮系列，以及最新的雙層封閉 UWF 基材系列（UWF coreboard with double seal），膨脹率皆從 18% 的等級提升到小於 5%。

另一個品牌 HDM 走的路子又跟別人不一樣。一般超板是高溫熱壓而成，HDM 採用電子光束固化多層技術，基材穩定性比一般超板高，不易反翹，因此背面不必加平衡層，吸水厚度膨脹率也小於 5%；再加上表層耐磨層延伸至溝縫處，因此也不易吸水。

不過是不是做了上述的改進就真的防水？也沒有，根據幾家歐洲原廠的回覆，以前是積水 15 ～ 30 分鐘以內必須要「搶救」，現在能撐 1 小時或 24 小時，但若超過 24 小時呢？抱歉，沒辦法保證不膨起。

廚房可鋪浴室不行

雖然防水還是不行，但防潮力倒是增強許多，尤其是吸水厚度膨脹率減低後，以往較潮濕的山區或常下雨的地區，都不適合鋪超板，現在就可選這種防潮板。

那浴室可鋪嗎？天程地板許總搖搖頭說，還是不行喔，不過廚房就可以了。要記得廚櫃先做再讓地板靠櫃體，不能讓廚櫃站在地板上，這樣日後要維修會很麻煩。

還有廚下裝了 RO 淨水系統的，因水管脫落的機會較高，木地板慘案連連，聽姥姥的勸，還是選其他不怕水的地板吧！

至於有些品牌打出「適合毛小孩使用」的超板，這個嘛，建議再多考慮考慮。超板雖然還經得起貓大人的爪子蹂躪，但絕對承受不了長時間泡在貓尿狗尿中。若能第一時間擦掉也還好，但若您是朝九晚五的上班族，貓皇狗后又習慣在地板上解放，還是選別種地板吧。

小院基地淹水記

前面看完實驗值，再來看一下現實世界。因為實驗測試是用裁切的樣品，但地板板料之間的密合度、使用時間等，都不是樣品能測得出來的，所以實驗僅供參考，遇到「真的淹水」會怎麼樣？才是最準的。

那不知算幸或不幸，老天爺應是知道我要測試超板，就讓小院基地淹水了。禍首是樓上漏水，水就這麼從天而降，事發當天又剛好是假日，等發現地上有一大灘水已經超過 24 小時了。

小院基地淹水，超過 24 小時後才發現。卡扣處較低，水都積在這，但超耐磨地板沒有膨起來。

除濕後，地板表面看不太出來有差異。

但幸好，只有在地板插座切口處膨起來，其他地方都沒事。用「水分計」一量，有卡扣的地方含水率跟正常處差不多，擦乾積水後，表層也無明顯異樣。基地鋪的地板是卡扣加強防水型，表面的耐磨層有延伸到導角，看來有發揮「止水」的功能。

接下來的兩周，除濕機全開，插座切口旁膨起來的地板漸漸消下去，雖然還是有一點翹起，但不仔細看也不容易看出來。

從會員與網友的經驗來看，

漏水後，地板插座旁可看到膨起的痕跡，但不明顯。

不過插座旁就都膨起了，水分計一量，含水率 500 多，比正常的 240 高出許多。

241 為正常值。

使用除濕機 2 周後，就能恢復至看不太出異狀，之後使用也沒什麼問題，但也有網友反映，地板會產生異音，最後還是得換掉就是了。

注意 !!

積水要立刻擦拭，開除濕機

淹水該怎麼處理呢？天程地板表示，如果是當下發生，立刻確實將水擦乾，並用除濕機除濕，一般地板都不會有事。一般來說，經過 3、4 周後會慢慢恢復到 70%，兩個月後會恢復到原來的 85%，但最多只能恢復到 90% 左右的平整程度。

若來不及擦乾，水已經滲入，且接縫處也翹起來了，那就沒辦法了，除濕也無法恢復完全平整。許總表示，很在意翹起的話，建議換掉泡到水的那幾片地板。

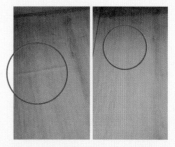

❶水打翻潑到地板，表面擦乾後 2 小時，地板接縫的地方膨起來。
❷除濕＋冷氣開一天後，如果沒有仔細看，稍遠一點看不太出來有膨起。（Greathy 提供）

空間直鋪不分割，看起來更大器，但若長度超過 8 米，伸縮縫就要同步放大，以免造成地板膨拱。（曾師傅提供）

○施工
重點

超耐磨地板的施工重點

進口地板的基材是密集板，與海島地板相比，不必打釘、不必上膠，可以直接鋪在磁磚地板上，不會傷到地板，但是這幾年讀者們回報的爭議還真不少，姥姥整理了各種狀況，以下是特別需要小心的重點。

1. 伸縮縫要留夠

伸縮縫是指板料與牆的銜接處，夾板派地板只要留 3～5mm，但密集板派要 8～12mm。若沒留夠伸縮縫，就容易發生地板膨拱，這裡頭要判斷的細節還真不少：

①不分割總長度不能超過 8～10 米，有的品牌不能超過 6 米。

傳統過房門時，會加分隔條，但現在

越來越多選擇不分割，一鋪到底，視覺上看起來更大器，但長度就可能超過 8 米。天程地板許總表示，一般 1 米長地板伸縮縫留 1mm，至少 8mm 起跳，若超過 8 米，伸縮縫就要跟著增加。

但有的品牌是伸縮率就較大，同樣的縫寬，別人都沒事，它卻會膨拱，也有定超過 6 米就要分割。

②長度較長時，地板上最好不要放有重物，例如鋼琴。會影響到地板的伸縮，縫需再放大一點。

③不只牆面，地板撞到門檻、門框、櫃子、樓梯等，都要留縫。

地板膨拱絕大部分是伸縮縫沒留夠，只要拆掉重鋪，伸縮縫加大點就好了，要記得把這項保固寫進報價單中。

2. 漏水造成地板膨拱

膨拱的原因絕大部分就是伸縮縫留不夠，但小部分是因為滲水潮濕造成的，大多發生在浴室門檻前方，表面通常會有水痕，若看不出來，也不用吵，拿出

與牆之間要留伸縮縫 8~12mm。鋪地板時，先用小木片抵住，再上矽利康收邊；且不只牆邊，碰到櫃體或樓梯都要留。（江師傅提供）

木地板是否因滲水導致膨拱？不用吵，水分計測一下，若數值變高，就代表木地板吸水了。（小院北3木地板廠商提供）

科學儀器水分計，量一下就知有沒有。若含水量增加，就可能有滲水。這時要先解決滲水，不然地板重鋪也仍會膨拱。

3. 地板脫縫

超板是藉由一凸一凹的設計來銜接兩塊板材，本土派夾板地板卡扣為平扣式，就是扣的尾端沒有再轉彎的設計，使用久了後會造成鬆脫，所以鋪時要上膠或打釘。

進口的密集板地板卡扣為鎖扣式，密合度高，但並不是指真的無縫相接，表面細看仍有條縫。

全球地板卡扣專利有兩家最大：比利時 unilin 與瑞典 vangilin。超耐磨地板絕大部分都採用 unilin 系統。卡扣系統也是門學門，有不同類型，有的卡扣是搭配塑膠扣件，這種卡扣可徒手安裝，不需使用木條，可縮短安裝時間。

但有的卡扣安裝時需要用木條輕敲，讓板料結合得更緊密。理論上敲打地板要隔著保護墊，但有的師傅會直接敲地板，若敲壞卡扣，就容易造成脫縫，尤其在短邊處。

另一個脫縫的原因就跟板料無關，是因為地不平，長期走動，板料上上下下再加濕脹乾縮造成的。

最後還是要說，根據各家經驗，師傅的工藝是決定是否容易脫縫的主因，因此最好的預防方式就是問師傅保不保固「脫縫」，至少一年，也能有點保障。

4. 踩踏有聲

超板有聲音有幾個原因：一是空氣濕度高，板料膨脹造成摩擦聲；二是因架高地板，角材與釘子或板料釘太緊，造成摩擦聲，三是地不平，卡扣鬆掉，板料之間的摩擦聲；四，伸縮縫沒留夠，地板擠壓的摩擦聲。

很多案例是第一點家裡濕度較高，尤其是梅雨季或連續下雨幾天，這時可開除濕機一個星期看看，大部分板材都能回到無聲的狀態。

但若仍有異聲，且持續不消除，就可能是施工或地不平造成，可請師傅來看，是否要局部拆掉重鋪。

不過某些品牌的板料就是容易有摩擦聲。小院地板專案廠商基本上是各品牌都鋪，但有的師傅就是不鋪某些品牌，「因為很容易有聲音，到時跑維修都跑不完。」看來哪家品質有問題，直接問師傅會比較準，為了減少跑維修，他們比我們更在意地板的穩定度。

5. 現場仍會有粉塵

吸塵設備能在裁切地板時先吸走木屑，減少粉塵量。（江師傅提供）

現場裁切板材時，就會有粉塵與聲響，不是都沒有粉塵的哦，還是會有一點，所以若有家具或做好的櫃子在現場的，要自己先包好保護，一般師傅沒有幫忙包，或要另收費用。不過有的師傅會自備吸塵設備，在切板料時能減少大約 8 成的粉塵量。

6. 防潮底墊要鋪

地板下的透明防潮布每家鋪法不同，基本款會先鋪層透明塑膠布，再鋪白色 PE 泡棉墊，最後再上木地板。這地墊也有很多不同款式，例如二合一泡棉、鋁箔泡棉、EVA 泡棉、歐洲原廠靜音墊等

等，有的會送、有的另計價格，就看廠商的訂價政策。關於地墊有幾個地方要注意：

①地墊主要功能在防潮，若沒有鋪，地底的濕氣易造成板料發霉或膨脹。

②能吸音，但隔音有限，幾乎沒效果。這些墊子是能減少走路聲響，但小孩跑來跑去，樓下還是會來抗議的。

③有些業務會誤以為地墊可以改善地不平，地板廠商表示，若地坪差超過 3mm，地墊也是沒用的。

④千萬不能用矽利康去黏 EVA 或 PS 薄墊，等膠硬化後會造成底材不平，表層地板會跟著不平，也會發出異音，這

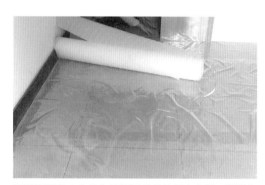

透明塑膠布＋白色泡棉是最常見的基本底墊，塑膠布要鋪，能擋濕氣，中間也要重疊 10 公分左右。（小泉師傅提供）

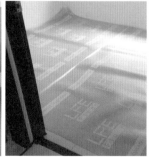

天程出的二合一靜音墊，塑膠防潮布跟泡棉結合，並已留好重疊部分。

這個地墊是鋁箔泡棉，防潮性較塑膠布好。

種狀況重鋪也沒用，要整個把地墊拆掉，還要鏟除殘膠，是個大工程，切記千萬不能用膠黏合地墊。

7. 門要打得開

若是未拆原地坪直接鋪，木地板會增加厚度，以 8mm 為例，塑膠布＋泡棉地墊＋木地板大約會增加 1 公分左右，要注意大門或室內門是否仍能開啟。若不能開，有兩種解決方法，一個是裁門，若是木門，師傅多半可幫忙裁門，另一個方法就是要換高度更低的地板，例如將 8mm 的木地板換成 3mm 的塑膠地板。

8. 打矽利康貼兩道紙膠帶

超板要留伸縮縫 8 ～ 12mm，這縫實在太大，大部分會採用矽利康收邊。這裡曾有的爭議在：要不要貼紙膠帶？貼一邊還是上下兩邊都貼？

關於此點，各師傅也有不同意見，一派是認為要貼膠帶，上下都貼，矽利康才打得直打得漂亮；但也有師傅不服，這派較複雜，分兩種，很極端的兩種，一種是真的武功高強，姥姥看過不貼膠

伸縮縫上下貼紙膠帶，矽利康就能打得直打得漂亮。（江師傅提供）

帶打得還是很漂亮的，但另一種就令人搖頭，打出來的是什麼鬼啊？

那到底在我們面前的師傅，是世外高人風清揚還是亂七八糟的裘千丈？

當然看長相外表是絕對看不出來的，最好的方法是先問一下工法：若不貼膠帶，請務必跟師傅講清楚你的驗收標準，或把你認為矽利康要打成什麼樣子的照片給師傅看，等師傅點頭後再簽約，以免為了矽利康打得美不美又要吵很久。

9. 對紋對縫要先提

對紋對縫有兩種意思，一是板料本身的花色，這個一般是隨機的，師傅不會挑片拼，若希望木紋順接對紋的，要先講，因為工資會不同。還有一種是「分隔後」要不要對縫（板料的接縫），這個要看遇到何種師傅，有的會主動對縫，但也有不對縫的，一樣，若您很在意都要先提。

NG

若沒先談好驗收標準，矽利康打得不平，就容易有爭議。

❶分隔處有對縫，❷沒有。要不要對縫建議還是先提醒師傅比較好。（左圖江師傅提供，右圖網友提供）

5 大類地板全方位評比
從價格到耐用度，誰最理想？

姥姥
點評

卡扣式的 SPC 石塑地板不斷超進化，這篇特別讓它和超耐磨地板比武過招，但自認神功已成的 SPC 地板，直接向木地板與瓷磚下戰帖，那究竟誰會當上盟主？內行的看門道，可照預算和特質挑選最適合自家的地板；外行的看熱鬧，多少能了解這幾年地板界的激烈戰況。

　　一不做二不休，姥姥我把無縫塗料地板也拉進來了，4 大體系共 5 大門派（SPC 算是塑膠地板的分支）都邀到天山一聚，那就來做個大評比吧！從下表可以看出，SPC 與超耐磨的價格帶幾乎重覆──中低價位在 1 坪 2,500 到 4,500 元之間，且若原地磚狀況良好、沒漏水，兩者都可以不拆磁磚直接鋪。

左邊是超耐磨木地板，右邊是 SPC 地板，周圍一圈是姥姥的刑具。最右側的小刀是老件，石頭約 0.4 公斤。

超耐磨地板（左圖）質感與踏感較佳，但 SPC 地板某些花色也很好看，又可鋪在較潮濕的廚房。（小院北 3 木地板廠商提供）

■ 5 大類地板評比

地板	塑膠地板	SPC 地板	超耐磨木地板	無縫塗料地板	瓷磚
連工帶料 價格（1坪）	1,200～ 3,200 元	2,600～ 4,800 元	2,700～ 7,000 元	4,500～ 8,000 元	4,500～ 7,500 元（註1）
原地磚 處理	若夠平整、無空 心膨拱，可不拆	同左	同左	同左	要拆除見底（要拆）
觸感	若底是地磚，會 較硬，不冰冷	硬底，但不冰冷	較有彈性，也較 舒適，觸感溫潤（舒服）	若底是地磚， 會較硬；觸感 偏冰冷	最硬，且冰 冷
溫潤度 （註2）	★★★	★★★	★★★★	★★	★
厚度	2～3mm	4～6mm	8～12mm	1～2mm	10～12mm
耐磨度	桌椅拖拉時仍會 刮傷	佳，不易刮傷	佳，比卡塑好， 不易刮傷	桌椅用力拖拉 會刮傷	最佳，不會 刮傷（最棒）
耐撞擊	會凹陷	會凹陷	會凹陷	會開裂	會破裂
表層材質	一張紙外蓋 PU 或三氧化二鋁耐 磨層	一張紙外蓋 PU + UV 淋膜	一張紙浸三聚氰 氨，外蓋三氧化 二鋁耐磨層	底材無縫塗料 ＋外蓋無機防 護層	石英胚體， 有的會外加 釉料
蟲害	無	無	有，但機率不高	無	無
抗污／ 醬油	好清，不吃色	好清，不吃色	好清，不吃色	好清，有上防 護劑者不吃色	好清，有上 釉料或保護 層不會吃色
抗污／ 原子筆	擦不掉	擦不掉	擦得掉	擦得掉	擦得掉
清潔 方便度	好清，但不能用 濕拖把拖，用久 後會出現縫隙， 會卡污	好清，可用濕拖 把拖，材質較穩 定，出現縫隙的 機率較低	好清，不可用濕 拖把拖，材質較 穩定，出現縫隙的 機率較低	好清，可用濕 拖把拖，但陰角 處若有刷痕易 卡污	好清，可用 濕拖把拖，但 磁磚縫易卡 污
防潮力	怕水怕潮，浴室 廚房都不太建議 用（膠會怕水）	不怕水不怕潮， 可鋪廚房，但浴 室仍不建議	怕水不怕潮，可 鋪廚房，但浴室 仍不建議	不怕水不怕 潮，浴室乾區 與廚房可適用	不怕水也不 怕潮，廚衛 皆可貼
寵物（註3）	不適用	適用，但要選卡 扣可重複使用型（還 OK）	不適用	適用	適用，最佳（最適合）
防焰	防焰	防焰	表面防焰，底材 不行	不燃	不燃

註 1：磁磚計價是以 1 坪 2,000 元為材料費。
註 2：溫潤度 1 顆星指冰冷，4 顆星代表溫潤。
註 3：在此「適用」指是否能撐過「24 小時長時間泡在尿裡」當基準。

SPC 和超耐磨過招，哪個好？

因為四大門派都有頂級品與平價品，姥姥先訂個價位帶才好比較，選每坪 4,000 ～ 4,500 等級的產品。

姥姥老話重提，不管最後娶誰，只要是在意識清楚＋正確資訊的狀態下做的決定，都是最好的決定。好，開始比武招親。

觸踏感：超耐磨勝！

若以溫潤觸感來看，超耐磨木地板最佳，但塑膠地板踩起來也不冰冷，在小院基地兩種地板都有，姥姥的感覺是兩者的溫度差不多。

上方是超耐磨地板，下是 SPC 地板，厚度有差。

超板與 SPC 板，大部分都是用 unilin 的專利卡扣。

有差的是踏感。

超耐磨厚度 8 ～ 12mm 起跳，SPC 是 4 ～ 6mm，因踏感屬於主觀感受，跟花色一樣，凡是牽涉到什麼叫好看什麼叫好摸（嗯，別想太多），都很個人，因此我建議用前面提過的「盲眼測試」來測自己到底喜歡什麼。若覺得有差的剛好就是貴的，那就認命付錢吧！

不過這裡常見一個迷思，很多人會以為超耐磨木地板是木頭，但事實是：不管是塑膠與超耐磨，腳踩到的都不是木頭。

看到這句話，下巴掉下來了嗎？沒關係，姥姥幫您裝上去。超耐磨木地板表層跟塑膠地板一樣，就是一張印刷「紙」，只是超耐磨是上方加三氧化二鋁的耐磨層，塑膠地板則是上方加 PU 耐磨層，我們腳底接觸到的都不是「木頭」。

既然連木頭都不是，我就覺得 1 坪 5,000 元以上的超板 CP 值很低，說實在的，我不是很認同在歐洲的平價品，一到台灣後變成高價品，便宜的建材也要搞個貧富階級？實在很無聊。但更無聊的人就是姥姥本人了，還拿著小刀刮這些板料！

接下來，就來比硬底子的項目。不過這裡要說明，我是隨機各拿一片樣品做實驗，所以不同品牌可能會有些差異。

防水力：SPC 勝！

大家已看過超耐磨地板的實驗過程，實驗手法就不多介紹了，麻煩大家眼睛移到前頁表格，一看就很清楚了，SPC地板不怕水、不怕潮、防蟲、甲醛量近乎零、防陷一級、伸縮率小，皆完勝超耐磨。

但超耐磨勝在抗污力、厚度踏感、耐磨度、花色與心理質感。心理質感就是指大家對塑膠通常沒好感，而對木頭充滿親切感，即使不是木頭的木頭。

耐磨度：超耐磨勝！

拿小刀刮，是為了測耐磨度。用50元硬幣刮，兩者差不多，都沒什麼傷痕；但再拿出小刀後，就有差了。姥姥我用力刮，還是差別不大，分別有小刮痕，但我再請水電工來刮時，果然很不一樣，SPC板多了一些膠質物質，刮痕也較明顯。

■耐磨測試

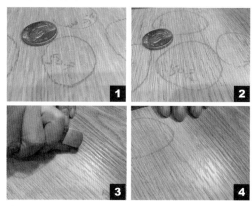

❶ 50元用力刮超板：刮痕不明顯。❷ 50元用力刮SPC板：刮痕不明顯。❸用小刀用力刮超板：有輕微刮痕。❹用小刀用力刮SPC板：有起些膠粉。

再來看歐洲的標準，同價位的超板也相對耐磨。以4,000元左右的等級來看，兩者都相當於AC3，都能抗桌腳椅腳拖拉，但超板還能買到AC4的等級，SPC目前4,500的高價等級也未必有AC4。

抗污力：差異不大

談一下家庭主婦主夫或希望一生都在打Game的宅男最在意的抗污力。抗污我用幾種刑具來測，一次是倒醬油，一次是用原子筆和油性簽字筆畫上去。

醬油倒下去，等兩個小時後，兩者都能輕易擦拭乾淨、不會留痕。

但原子筆測試就不一定了，超耐磨能擦去，SPC就不一定，大部分SPC用力擦仍無法清除，只有部分花色可以，而可以擦掉的花色以平面無壓痕的為主，但還是得用力擦才擦得掉，看來表層花色深淺、淋膜都會影響是否容易清潔。

花色：超耐磨略勝

花色部分先從理論講起，前頭講過了，不管超耐磨或SPC，表層花色都是由一張紙決定的，而那張紙都是「印刷印出來的」，又經過那麼多年，其實雙方的技術都差不多，以1坪3,000到4,000元的等級來看，兩者都有鋼刷同步紋與深壓紋的品項，也就是花色已類似。

類似，並不是指看起來都很塑膠或都很天然，而是雙方門派裡都各有看起來很塑膠或很天然的花色，文字看起來很繞口，白話講就是雙方都有小龍女也有天山童姥，有好看的與不好看的。

■汙痕測試（左邊超板／右邊 SPC）

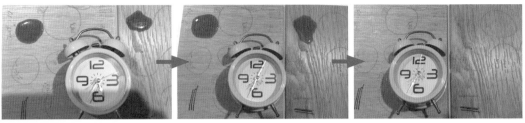

以醬油測試。　　　　　　　倒醬油 2 小時後。　　　　　　　兩者都能輕易擦掉。

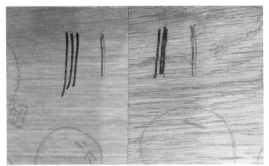

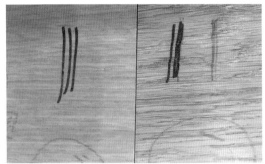

以原子筆與油性簽字筆測試。　　　兩者的簽字筆跡都無法擦除，超板的原子筆跡可用力擦拭掉，SPC 板則擦不太掉。

■花色比較

看得出來哪個是超板或 SPC 板嗎？兩者的花色其實很接近了。

各挑了一塊高級品花色來比較，這兩塊都是同步紋＋霧面處理，超耐磨木地板（左）的解析度較高點。

　　為了研究，我搜集了全台灣八成以上的超耐磨與塑膠品牌，每家目錄與樣品都有，看了那麼多，超耐磨中，部分品牌已有不同霧面處理，花色相當細致，選擇也較多。SPC 板多半在亮面或微亮的層次，較少有霧面處理的花色，部分較高檔的品牌有，但價格就高點。

耐撞測試：都不耐撞

　　用重 0.4 公斤的石頭在 50 公分高的地方往下丟，第一次，兩者都還好，超耐磨表層有變白點，但擦一下也看不太出來；卡塑也是一樣；但丟到第三次，超耐磨表面有點撞傷痕，外加些微開裂，卡塑則是 PU 表層開裂了。

■耐撞測試

這塊石頭被賦予了神聖的壓馬路任務，從 50 公分高的地方掉落。

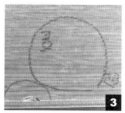

❶ 第一次撞擊，超板表面還好，沒什麼凹陷。❷第一次撞擊，SPC 表面也還好，沒什麼凹陷。❸第三次撞擊，超板表面就裂了。❹第三次撞擊，SPC 板表面也裂了。

甲醛量低：SPC 勝！

SPC 塑膠地板不是零就是 F1 等級，超耐磨多在 F2 ~ F3 等級，SPC 勝。

視整體狀況決定用料

看了這麼精采的比武過程，單以項目數來看，似乎是 SPC 勝出較多，但若我來選的話，我會看「家裡整體現況」，例如地坪與鋪設區域來選擇。

一、若鋪在毋須用水的客餐廳，兩者都可以，看花色與踏感來選即可，就算不小心打翻水杯，立刻擦，超板也不會有事。

二、以好不好清潔來看，超板的抗污力、耐磨度都好一些些，但也沒差很多，一般髒污兩著都沒問題，但如果你家有用拖地機器人（會噴出較多水），建議用 SPC。如果是一般掃地機器人，兩者都可以，判別方式主要在水量多與少。

三、若花色與踏感都覺得很好時怎麼選呢？很簡單，若你家地坪是平的，就選便宜的；若地不平（高低差 5mm 內），就選 SPC 中的 ABA 板，因為基材能順貼地坪，卡扣較不易斷裂，踩起來也不易有空空的飄浮感。

這裡我想再多寫點感想，很多人選 SPC 是因地板不怕水，但心裡仍對超耐磨有種不捨。姥姥建議先想清楚自己的生活習慣，若不是常常打翻飲料或有魚缸，其實積水的機率不高。但有養魚的人，還是選 SPC 好了，姥姥我雖然沒有養魚，但聽小院的會員說，水濺出來、或魚缸漏水的慘案還蠻常發生的。

四、若想鋪在廚房，選卡扣型較好。因為像姥姥這種笨手笨腳又愛進廚房的人種，有時一個迴旋沒注意到，就可能打翻一鍋湯或一碗水，這時鋪 SPC 只要把湯水擦乾，就算有滲一點下去也還好的。

而且廚房水槽下若有安裝 RO 濾水系

統或洗碗機，管線可能鬆脫造成淹水，選卡扣型地板至少淹不壞。

不過，廚房因用水與髒物較多，若是天天下廚者，還是耐用與好清的磁磚最優。

五、對 PVC 感冒的人，選超板。

六、嫌伸縮縫太大者，選 SPC。牆邊伸縮縫只要留 3mm 打矽利康即可，不像木地板要留 8 ～ 12mm。

家有毛小孩該選哪種地板？

我發誓，木地板的傷痕，不是我抓的喔。（蕭曉院 1 號攝）

網友 Erica 問我，若養毛小孩，會需要怎樣的地板較好？

嗯，我建議先分析自己家毛小孩的狀態，再來看看要開出什麼標準：

耐磨耐刮度：幾位與貓共枕數年的會員經驗是，狗小孩或貓大人都不太會抓地板，抓牆、抓沙發的機率反而較大。所以 AC3 等級以上或耐磨轉數在 1 萬轉以上的地板都還可以承受。

防水性：這點較重要，主要是在狗狗貓咪們尿尿後，地板能不能還好好活著。耐水等級又牽涉到尿量多寡。尿量不多＋能在 2 小時內擦掉，超耐磨木地板就還算能撐得過去，但最好選卡扣有耐磨層延伸或有封蠟，可加強防水性；尿量較多＋不確定多久能擦掉的，還是選

SPC 板。

SPC 板的優點是尿不壞，至少可拆卸清洗再重新安裝，但 SPC 板有卡扣，液體可能從卡扣處滲入（機率與尿量成正比），久了，依然會殘留尿味。狗尿或貓尿量較大者，還是建議考慮選無縫塗料地板或磁磚地板。

以耐刮、耐尿、耐臭、耐刷洗這 4 個標準來看，磁磚最優，但網友提醒要選止滑磚，是日後比較不費心的選擇。

若不喜歡磁磚縫，或不想拆舊地磚（前提是沒有膨拱），也可選無縫塗料地板，費用比磁磚低一些，表面要上防護層以抗污，且要多上幾道（3 ～ 5 道），增強耐擦洗的能力。

不管什麼地板，我最喜歡的還是地毯。

地坪 的標準

地平為鋪設之本

「我跟統包泥作師傅都覺得地很平了啊，地板師傅為什麼說不平不能保固？」

「不是說好給粉光水泥地就好了嗎？為什麼建商說這是水泥地，地板師傅說這不是粉光？說地不平不保固？」

在處理多件跟地板有關的爭議案後，姥姥發現十之八九都跟舊地坪平不平有關。為何地板廠商的標準特別嚴苛？

這是因為踩踏有聲、脫縫、踩起來空空的，都跟地不平有關。所以若這位地板師傅承諾會做保固，就代表以上狀況他都要「無償」再跑一趟。但跑一趟要花車資、油錢、停車費，以及時間，對師傅而言，地不平就可能會人財兩失。

每位師傅的評估標準不同，若剛好你家就在他家附近走路 5 分鐘就到，或者他覺得跟您講話是種人生享受，這時地

坪高低差就算超過 5mm 都沒關係；但若你府上要開車 3 小時才能到，中間又易塞車，彼此磁場又不合，這時地坪高低就算只差 1mm 也大有關係。

好，講完心理學後，我們再回來談經濟學。

Point 1 │ 高低差多少算平？

最常見的標準是：1 m 中不能有超過 3 mm 的高低差，地面也不能有鬆動坑洞及凹凸不平。但每家廠商都有不同標準，當廠商自認有把握墊平時，會放寬點。有的塑膠地板廠商很重視地平，會要求高低差在 2mm 以內。

打掉的牆體地板溝槽，最常回填不平，要記得提醒泥作師傅。（江師傅提供）

拿一塊板料放地上，就可看出地坪是否有高低差，但前提是這板料本身要是直的喔，一般不太直的木角料就不行。

若牆溝兩側空間高低差差太大，泥作回填面積要大一點，以求順平。

Point 2 ｜常見地不平的地方

一般舊地坪是磁磚或水泥地，我們或丈母娘或誰誰誰覺得是平的都不重要，還是要那位鋪你家地板的師傅點頭才算數。

最常發生狀況的地方在：

一、被拆掉的牆。因為牆體兩側空間可能地板高度就不同，所以要提醒泥作師傅，施作時放個平尺，讓兩處順平，不能突出原地板高度或凹陷。若兩側高低差太大，需要先請泥作擴大填平面積，看能不能處理成順平。若不行，就得採用架高處理。

二、水電管線的溝槽回填處。同上，泥作回填時要順平。

廚房移位後的地坪也要補平。（師傅提供）

膨拱的磁磚要先打除，可用水泥或木板料補平。（小泉師傅提供）

三、膨拱的磁磚要先敲掉，廚房或衛浴移位後的原地坪都要補平。無論是用泥作水泥砂漿，或用木板料、PS 板，反正都要補平才行。

Point 3 ｜水泥底要粉光面或自平泥

若是水泥地，記得跟泥作師傅要求要「粉光地板」。粉光地板會用鏝刀鏝過夯實，表層平整度較好，若未提醒，泥作或建商可能給粗底，表面較易凹凸不平有坑洞或起砂，有些地板廠商會無法接受而拒絕保固。這一點常有糾紛，要特別注意。

水電管線溝槽或地坪不平之處，都要用水泥砂漿補平，不能突起或凹陷。

❶ 粗底表面易有坑洞，高低差超過 3mm，有些地板廠商就不保固了。❷ 若是要鋪木地板或塑膠地板，最好底地要求為粉光地板。❸ 這是自平泥，表面也能非常平整。（富銘地板提供）❹ 流展式自平泥，厚度要在 3mm 以上，才能修整不平處。（富銘地板提供）

另外塑膠地板廠商也常會用自平泥整平，一般泥作師傅較少施作自平泥，若工資比地板廠商高，不如就讓地板廠商處理地坪，這樣較不易有爭議。

完工了，怎麼判斷地平？

地板抓水平，這 5 個字在業界有兩種含義：順平與水平。這裡要先提醒，這兩個名詞在業界並無精確又普遍認同的叫法，不像馬桶，大家都指外表白白中間有個洞、洞裡會有水的東西；有時師傅或設計師的抓水平是指順平，所以要問清楚。

Point 1 ｜順平：順地板直鋪

順平是順著地板直鋪。因此若原地板高低差有 3 公分，出來的木地板也會有 3 公分左右的高低差，一般木地板或塑膠地板，抓順平居多。

Point 2 ｜抓水平：木作或泥作

抓水平就是會調整原地板的高低差至水平。原地板若是斜的，會修正至真的水平。改到水平的方法有兩種，一是木作工程，底下以角料架高調整。一是泥作工程，原地板拆除見底後，用水泥回填灌到較低的地方，把高低差做到水平。

但新北市府駐站建築師表示，若高低差在 6 公分以上時，水泥灌注重量較大，需要考量樓地板的承重能力，尤其是老屋，若顧及結構安全，較建議局部平整或順平。像有一個案例高低差達 12 公分，在師傅建議下，顧及結構安全，填灌到最後差 5 公分，完成後屋主並沒感覺到有斜度。

Point 3 ｜水平的驗收標準

一般驗收方式，最常見的就是放顆乒乓球在上面，看它會不會滾動，或用「師傅原本用的」雷射儀量測，1 公尺可容許誤差在 3mm 以下。但這數字也不是定論，而是看屋主與設計施工方在談施工規範時，雙方同意的數字即可，但一定要在施工估價前提出，因為工資會不同，以免日後為此起爭議。

瓷磚

挑大廠牌、10 年保固為佳

想挑瓷磚地板的，姥姥也建議直接殺去瓷磚行下單。預算有限下，國產品牌的 CP 值較高，冠軍、白馬、三洋都可以，這幾大廠牌在瓷磚行都有牌價，但一樣都有折扣空間，談判技巧與木地板相同。

選品牌時可選保固期長一點的，最好有 10 年。為什麼？因為與 10 年前相比，近來瓷磚膨拱或不平整的機率高很多。許多網友來函與師傅都在談這個問題，姥姥聽過不少血淚案例。我與幾位瓷磚業界人士、建商的工務主任討論過這個問題，大部分都認為有兩大原因：

Point1 ｜尺寸變大了，平整度較難控制

以前客廳鋪 60×60，就叫大器，現在要鋪 80×80 才叫大；但大片磚的燒製穩定度似乎還有進步的空間。所以貨到你家時，**最好請師傅一片片先檢查四角有沒有翹起。**

Point 2 ｜師傅沒有確實施工，「空心磚」變多了

尺寸變大的磚底部更不容易完全吃漿，會造成磚體與底層的水泥砂有空洞，也就是俗稱的「空心」。只要裡頭有空氣，未來膨拱的機率就較高。頑石宅修事務所李松柏表示，**還是在磚體背後加益膠泥等黏著劑，服貼度較好。另外貼完每片磚，也要確實地用木槌輕敲表面，讓磚與底層更緊密。**

一般若是泥作師傅施工，當發生以上問題時，有的師傅會推說是料不好，造成不平整；你去找建材業者，對方又會說是師傅施工有問題，好一點的會派人「鑑定」，但鑑定又要花兩個星期，還不一定有結果。於是師傅與建材行兩方推來推去，最後搞到你血壓升到 180、氣到摔電話大罵，都還不一定有人願意免費幫你拆掉重鋪。

所以選瓷磚行施工有一大好處，不管是料或施工有問題，都找同家業者解決。記得，一樣施工前先簽保固書，若膨拱或空心，就要拆掉重做。寫好後就可免去日後的麻煩。國內幾家大廠都有自己的經銷商，可打電話給總公司，問一下各縣市的經銷商即可。

慎選拋光磚，避免風格四不像

不過選瓷磚種類時，口袋沒什麼銀兩的人，最好不要選拋光石英磚。一來是此磚會吃色，比較不好保養，另一個原因是，這種磚若搭到不怎麼樣的家具，會更加突顯那個「不怎麼樣」的品味。一般來說，表面很「閃」的建材都很難搭得好看、搭得有品，除非有厲害的設計師幫你，或者你找到國外設計案的照片，然後等比例、完全複製到你家，包

括家具與壁面的畫作。

特別是，如果你嚮往的是有如國外影集裡的繁複鄉村風，更不能選擇拋光石英磚，一旦配上造型老土的木家具或比例不對的大沙發，多半慘不忍睹。除了花花草草的沙發與原木茶几還可稱得上溫馨外，死白的牆壁若沒有壁板呼應，再配上大面積又很搶戲的冰冷拋光石英磚，整個空間就會怪不可言。

國外的鄉村風居家設計案，幾乎清一色都是木地板，最多是用偏霧面的復古感石板磚，鮮少見到拋光石英磚。

在姥姥採訪的經驗裡，拋光石英磚地板搭配得宜的案子，通常家具等級不會太廉價，不管是現代風或北歐風，客廳沙發加茶几，起碼是 4 萬元的價格，或至少也是復刻版的知名設計師家具。這價格不是絕對值，但要有這種覺悟。若無法提高家具的等級，或對自個兒的家飾擺設品味沒有自信，我會建議選霧面的石板磚、灰色磚等較含蓄又不失質感的磚體，較容易打造出有獨特氣質的居家風格。

挑瓷磚時要注意單片花色別太複雜，不然大面積一鋪設起來，會令人眼花撩亂、無法放鬆。

❶ ❷ 貼大尺寸拋光石英磚要注意：鋪好底層乾的水泥砂後，要貼磚前得灑水泥水，並且在磚後方塗益膠泥等黏著劑，讓磚體可與底層水泥砂密合，再用木槌敲擊壓實，以免內有空洞，日後易膨拱。（頑石宅修提供）

Part 3 5 設計師這樣做
清水模與水泥粉光的協奏曲

　我就讀英國 AA 建築學院時，就很欣賞自然、不加味的建材。回國後做的設計案，幾乎都是用水泥粉光為背景。室內設計其實是種換內殼的過程，背景要愈乾淨愈好。

　大部分的室內設計都是交屋的第一天最美最新，之後就越來越舊。但水泥建材一開始的樣子就不是新的，日後即使裂了黃了，也不會覺得變老了。反而越住越有味道，不是很好嗎？

～連浩延

設計師：
本晴設計｜連浩延
(02)2719-6939
照片提供：本晴設計

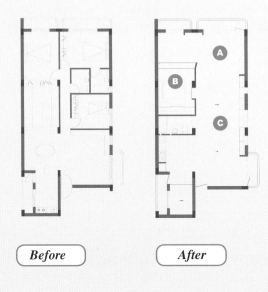

Before

After

格局解析

🅐 北向的視野與風景最好,留給不長待的臥室太可惜,於是改成開放式書房,並且整個公領域都沒隔間,讓住者能真的享受到這片綠意。

🅑 主臥室的面積很小,但少了一面牆,視野就寬闊了。

🅒 原本屋子的通風不太好,進來的風都會被擋到無法對流。改造後,無牆壁阻擋,通風自然好。

最佳視野的空間改成屋主夫妻倆最常待的書房。除了新增的牆面是採清水模工法砌成,舊有地壁面都是水泥粉光,另在壁面有加潑水劑。

1. 天地壁皆是灰色調，自有一份優雅。這間房子除了浴室與臥室有隔間，其他全是開放式空間，抬頭就可看到戶外的綠意。30 幾坪的空間，也有了最開闊的尺度。

2.3. 臥室向著公園的那面，以水泥桌替代牆；面書房的那面，也有開口。如此即使臥室面積限縮到最小所需，仍可擁有絕佳的視野，與絕佳的採光通風。

Part 4 少做**木作櫃**

多規劃木作替代工程，盡量找原廠

Cabinet

姥姥相信收納絕對是最糾結人心的事，每天在網路書店前百大暢銷榜中，常有好幾本書都跟收納有關，而且已進化到「人生哲學」的境界，如《怦然心動的人生整理魔法》、《斷捨離》、《零雜物》等等。其共同重點就是：一、少買東西；二、多丟東西；三、以上兩點做到後，你就可以從此過著幸福快樂的生活。

姥姥很推薦大家在裝潢前先去買一本來看看，你若因此開悟了，從此過著簡約的生活，恭喜！照收納書上寫的，女的可以更美麗、男的可以更自信，而這只要花 250 元買本書，請問有什麼比這更好的省錢法呢？

不過我也能理解文字上的開悟容易，卻不是每個人都能做到「本來無一物，何處惹塵埃」。若你和姥姥一樣，無法對衣服包包鞋子斷捨離，也無法脫離火影忍者、村上春樹的魔掌，做櫃子來收納那些令人怦然心動的書本衣物仍是我們普通人的不歸路。

不過，做多少，怎麼做，就是我們的重點啦！

$▦ 不做木作衣櫃，可以省多少？

以同樣 7 尺長的衣櫃粗估（內裝 2 抽屜、2 拉籃、2 吊衣桿）
傳統木作衣櫃
1 尺 7,000 元 ×7 尺＝ 4.9 萬（約 5 萬）

零木作衣櫃（只做布簾、軌道、抽屜櫃）：
吊衣桿＋抽屜櫃＋布簾＋軌道＋安裝＝約 7,200 元

可省多少？
5 萬－ 7,200 元＝ 4 萬 2,800 元

3 房共可省下 12 萬 8,400 元！

本書所列價格僅供參考，實際售價請以小院網站公告價為準。

（PMK 設計 Kevin 提供）

Part 4-1 收納的盲點
1 尺上萬，有夠「櫃」！

姥姥點評

你不妨將家裡的所有櫃子檢視一遍，尤其是客廳的電視櫃五斗櫃，裡頭有放滿嗎？還是東西滿到爆，但你根本忘了它們的存在？別忘了，櫃子愈多佔地愈大，櫃子、地坪通通都是錢！

很多人一說要裝潢，就滿腦袋是櫃子。玄關做玄關櫃、客廳做電視櫃、走道做收納櫃、臥室做衣櫃，還想做個和室架高收納地板。但從未好好想過自己家裡到底有哪些東西？這些櫃子有沒有必要？

兩種常見的「敗家櫃」

案例一，永遠擺不滿的書櫃。

屋主要求做一整面大書櫃，但入住一年多，這書櫃有一半以上是空的，因為他根本不買書看書，只是嚮往裝潢書裡整面書牆的人文氣息，然後只隨意擺進百科全書或雜誌做個樣子。

姥姥知道許多人對書櫃都一往情深，但相信我，若你離開大學後、在買屋前，你買的書不超過 10 本，你未來 10 年要買的書也不會超過 10 本，不如把做書牆的錢省下來捐給慈善機構。

案例二，兩極化的和室地板。

某設計師很驕傲地對姥姥說，他善用了 20 坪的小空間，幫屋主設計了具有收納功能的和室架高地板。結果地板一掀開，只有一兩格放了雜物。這和室從地板到拉門花了屋主 20 萬元，只藏了一點隨時可丟的東西，真讓我不知該說什麼好。

另一種情況是**東西放進去就是遺忘的開始**。高先生的經驗大家應該都不陌生——在搬家時，才赫然發現地板內有 N 年前結婚時朋友送的餐具！你知道 1 坪的和室地板，工錢加房價，在台北超過 60 萬嗎？ 60 萬耶，拿來放銀行都比放這些不會用到的東西好吧！

做足收納量更重要！

國內外的居家設計案在收納上有個很明顯的不同點：國外很習慣自己 DIY 做衣櫃，台灣則很愛木作櫃，差別只在於是木工師傅做的或買系統家具。但當我們預算不夠時，3 間房的衣櫃加起來要十幾二十萬，這開銷你能說不大嗎？又或者，你因預算限制，櫃子做得少，結果花錢裝潢後，家裡因為收納問題仍是一

團亂。

姥姥又要請朋友 Mei 出場當案例了。她和老公原本共有 3 個 6×7 尺的衣櫃，但新家裝潢時因沒錢，只能新做一個 8×7 尺的衣櫃。結果她的衣服沒地方擺，又買了兩個便宜小衣櫃回來。當然，整體房間的美感就因這兩個風格不搭的衣櫃而消失於無形。

若你跟 Mei 有一樣的預算問題，其實一開始就不應該找木作師傅做櫃子，而是要想如何「**做足需要的收納量**」。

「有一好沒兩好啊，我就是不想買便宜的 X 新牌塑膠衣櫃，不做木櫃要怎麼辦？」有的網友心中可能會這樣 OS，哈，請往下看吧！

 ## 花了錢，有點後悔……

鞋櫃恨天高，壓迫感太重
苦主：姥姥

我家鞋櫃原本約與書櫃同高，足足 2 米 4，當年工頭跟我說，寧可做高點，鞋子會越來越多才有地方放，我聽了他的建議。但是那鞋櫃一直沒擺滿，且超過 2 米高的部分很難拿取，一旦放上去也就很少拿下來穿。但 2 米 4 的高度卻讓我家的小客廳變得極有壓迫感。

後來重新裝潢時，我就把鞋櫃拆了，改買 1 米 2 高度的現成櫃。之前能收納 50 多雙鞋的櫃子只剩一半不到，會不夠放嗎？並沒有。我整理完鞋子後，從 20 雙變 10 雙，不僅省下做櫃子的錢，且櫃體變矮一半，空間開闊多了，多好！

不過說實在的，姥姥還是偶爾會買鞋子，沒辦法，手癢啊，但我奉行堅壁清野政策：**買一雙就丟一雙，舊的不去新的不來。總量控制**，衣櫃餐櫃皆採同樣的思維，家裡的東西就不會愈來愈多。

現在的鞋櫃比以前足足矮一半，收納量卻也足夠！

Part 4 2 零木作衣櫃
布簾櫃與老櫃翻新的魔法

姥姥點評　少做櫃子，不代表不需要收納，我們無可避免還是要做櫃子。接下來姥姥介紹 3 種相對便宜的櫃子做法，其中，我個人最推薦零木作衣櫃，不但價格不到木作櫃的一半，外觀甚至更有氣質呢！

前面告訴大家，如果你不做木作衣櫃，改用零木作布簾櫃，3 個房間一共可省下 12 萬多大洋！姥姥自己就用這種櫃門以布簾代替的布簾櫃，當年是沒錢的選擇，但這幾年的經驗是：用起來感覺很不賴。這種衣櫃門簾就像做窗簾，把軌道鎖在天花板，裡頭再鎖吊衣桿與放抽屜櫃。先來看看錢是怎麼省的：

比價衣櫃的規格

〈Part 4〉和〈Part 5〉會介紹各式各樣的衣櫃，但價格會受內部配件不同有所差異，因此姥姥比價的統一規格如下：

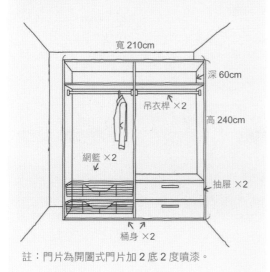

註：門片為開闔式門片加 2 底 2 度噴漆。

對照組　傳統木作衣櫃

照左圖的規格，連工帶料 1 尺約 7,000～8,000 元，7 尺櫃要 4 萬 9，算整數 5 萬。

零木作衣櫃（不做門片只做布簾）：

吊衣桿：200 元 ×3 支 =600 元
抽屜櫃：IKEA MALM4 抽屜櫃 3,295 元
布料：100 元 ×7 尺 ×2（2 倍布料）= 1,400 元
車工：1,300 元
軌道：50 元 ×7 尺= 350 元
安裝：250 元（自己會安裝的可省）

合計：約 7,200 元

可省多少？

與傳統木作櫃一比，一個櫃子就可省：
5 萬元－ 7,200 元= 4 萬 2,800 元
若是 3 房，就可省下 **12 萬 8,400 元**，真是不少！

零木作布簾櫃

做這種布簾櫃的第一步，是要決定你的衣櫃要做在哪面牆，最好是兩側有牆、內凹的ㄇ字型空間。若沒有也無妨，可買轉角式的吊衣桿與軌道，直接鎖在牆上或天花板上。

Point 1 | 牆面板材加 6 分板才能承重

但要注意，若是矽酸鈣板、石膏板的天花板，或輕鋼架牆面，通通不能直接裝吊衣桿或窗簾軌道喔！**牆面施工前，要跟做牆或天花板的師傅溝通好，把 6 分夾板加在面材後方做強化，才可鎖上桿架。**

另外，像抽屜、網籃或穿衣鏡等會需要「木作桶身」或立柱才能加裝的五金配件，基本上無法直接安裝於牆上，但

布簾門片沒有開門方向與空間的限制，左拉右拉都可以，缺點是裡頭衣物較易招塵。

你可以去買現成抽屜櫃替代，也較便宜。

用布簾取代門片好處很多：第一，沒有開門方向與空間的限制，左拉右拉都

■布簾做法價格比較表

種類	穿管式，夾式	布環式，綁帶式	傳統軌道式
布料用量	約 1.5 倍／12 尺 3 幅布	約 1.5 倍／12 尺 3 幅布	約 2～2.5 倍／17 尺 5 幅布
布料價格（元）	1,800	1,800	2,550
總價（元）	2,520	2,520	3,850

註：以 9 尺寬 ×10 尺長的門片尺寸計價，選用 IKEA 1 米 150 元的布料為例。

可以，一拉可以打開約 9 成面積。既不像一般門片開門時勢必佔到空間，也不似滑門只能開一半、永遠有另一半的衣服看不到。第二，價格便宜很多，系統衣櫃的滑門一扇要再加 1 萬多元，但一片布簾在 3,000 元內即可打發！

Point 2 │ 布簾要挑垂度大、縐摺深

布簾有太多花樣任君選擇，若你願意，還可挑雙層緹花針織布或芬蘭品牌 marimekko 的經典紅色罌粟花，不只空間，保證讓你連人都有品味了起來！

挑布料時，挑不透明的較好，裡頭再怎麼亂都沒關係，避免你的品味當場漏氣。

另外，**記得挑有點重量的布為佳**，才不會電風扇輕吹就亂飛。布簾的縐摺抓深一點會比較好看，因此**布量建議比軌道長度多估一倍**，但若採用穿管式做法，布量可以略少。

我個人是認為布料的觸感自然溫暖，比貼皮木板舒服多了。當然美觀感受是

如果不是ㄇ字型的空間，用轉彎軌道即可設計出 L 型的布簾櫃，但價格略高。傳統式的軌道 1 尺 50 元，轉彎的 1 尺要 70 ～ 80 元，可到窗簾店購買。

見仁見智，凡是我覺得風格很台的，我老公都覺得很美（他就是這麼選上我的）。

但布簾櫃也有缺點，**與木作櫃相比，裡頭的衣服較易招塵**。木作櫃的密合度較好，灰塵不易進去；另外，有些人就是沒這個命享受這種櫃子，如有過敏，布料會養塵蟎，除非你買抗蟎布料，但預算就拉高許多了！

零木作衣櫃示範

姥姥家就有完全沒動用木作工程的布簾櫃（見右圖）。寬約 7 尺，吊衣桿是直接鎖在牆上與天花板上，布簾兩幅 2,400 元，下層是沿用舊的 IKEA EXPEDIT 收納櫃，也可以自行買其他收納櫃配合使用。

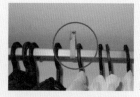

吊衣桿 1 支 200 元，若超過 90cm 長，在中間要加支撐架（可至五金行選購）。

吊衣桿的兩側直接鎖在牆上。

Point 3 │面積太大可加木框修飾

若屋高達 3 米以上，又是做一整面牆的衣櫃，即使是布幕，仍會帶來頗大的壓迫感。PMK 設計師 Kevin 教了一招：在布簾外再加一個木作框，衣櫃高度約做 2 米 4，這樣視覺上就不會那麼高，能減輕壓迫感（見右圖）。

（PMK 設計 Kevin 提供）

Point 4 │若無側牆，用立柱式櫃體

若連單側牆的空間都沒有，可以改用立柱式衣櫃。IKEA 有款 ELVARLI 系統櫃，這種衣櫃有幾種好處：一、立柱的高度為 210 ～ 330cm，可充分利用空間；二、搬家時還可帶著走。缺點則是開放式的櫃體仍會讓衣物招塵。二是不提供保固，三是沒想像中的便宜。

姥姥找到一個規格較接近對照組木作櫃的組合：寬 220cm，3 立柱、2 抽、6 層板、2 吊衣桿加固定配件，再加布料，全部加起來要 2 萬元左右，雖然還是比木作櫃便宜，但就沒有比系統衣櫃便宜多少了。

IKEA 還有另一種結構式衣櫃，叫 ALGOT 系列，價格更便宜。但是姥姥在賣場試拉幾個網籃，滑軌不是很順，部分連拉都拉不出來，應該是在賣場被眾人踩蹋後的結果，看得出來可能無法長期使用，所以我個人不是很推薦這款。但如果只想省錢的人就可納入考量。不過，**根據 IKEA 店員所說，這系列不提供保固喔。**

STOLMEN 系統衣櫃 4 段式組合，2 萬 6,820 元。STOLMEN 現已絕版，改成 ELVARLI 系統櫃（IKEA 提供）

ALGOT 系列衣櫃，圖中整套 8,350 元（不含門片），含立柱 190cm 寬 X196cm 高，壁掛式層架含網籃深度 40cm，落地式層架深 60cm。（IKEA 提供）

註：IKEA 價格年年變動，書上價格為參考，以門市價為主。

省錢
魔法 2

櫃體、門片 分開做

門片是櫃子順眼與否的靈魂關鍵，訂做新的滑門或者換鄉村風新門片，馬上能讓舊櫃子或便宜現成櫃重現新生命！

Point 1 ｜舊櫃體 + 新滑門　可遮畸零角落

受訪者 Lillian 告訴姥姥，她家不論是衣櫃或餐櫃，皆以新（門片）、舊（IKEA 櫃體）混搭的概念來做。她說把舊櫃子扔了既浪費又不環保，但若繼續用，又怕與新家風格不符，做新滑門就能解決以上問題，只要門一關，什麼雜亂、牆角空隙都看不到。

最理想的狀況是房間內有個具深度的ㄇ型空間，不管你的舊櫃子長什麼樣子、是什麼顏色，塞進去後，加個門框、釘

Lillian 家的衣櫃請木工只做滑門，裡頭放舊的 IKEA PAX 櫃身。

兩片滑門遮起來就像新的。若沒有ㄇ型空間也不必擔心，也可以改用**懸吊式上軌道**的滑門做法。

Point 2 ｜舊櫃體 + 新門片　打造夢幻風情

舊衣櫃的桶身若沒有受潮變形，可以保留桶身只換門片就好，這樣比起整個做新的約可省下一半的費用。一般開闔式門片選擇很多，可以選木角料結構的木門片、系統家具的塑合板門片、美耐板門片、天然實木皮門片等等，或者也可到 IKEA 挑門片，以上價格會視所選木紋或花色而有所不同，通常 1 尺在 600 ～ 2,000 元不等。選門片時要注意尺寸要與原桶身相合，以免興沖沖買回來裝不上去就糗了。

另也特別推薦一家專門做鄉村風線板型門片的業者：喬豐。這家是國內口碑最好的大盤商，幾乎所有系統家具商的鄉村風門片都跟他們叫貨。但請注意，**喬豐不接受一般消費者下單，也沒有安裝服務。**你得請木作師傅或設計師幫你訂貨才行。

舊桶身若堪用，就可只換門片，IKEA 的鄉村風門片 CP 值還不賴。（阿德提供）

姥姥的
裝潢進修所

鄉村風衣櫃改造案

以下是設計師孫銘德的衣櫃改造案，他就是採用喬豐的新門片，保留舊桶身，費用只需做全新衣櫃的一半。但外觀看起來也能跟新的一樣，是 CP 值頗高的做法。

before　　　　**after**

衣櫃寬 250cm 高 235cm 深 60cm
只換門片的費用：
桶身內部拆除及調整：4,000 元
桶身簡單噴漆：3,000 元
喬豐門片（含進口緩衝鉸鍊、陶瓷把手及安裝工資）：3 萬元
德式拉籃（粗桿不鏽鋼鍍鉻拉籃、火車頭滑軌及安裝工資）：6,000 元

合計：4 萬 3,000 元

若重做全新系統櫃：
8,900（元／尺）×8.3 尺 =7 萬 3,870 元
德式拉籃 6,000 元

合計： 7 萬 9,870 元

可省多少？

7 萬 9,870 元 － 4 萬 3,000 元 ＝
3 萬 6,870 元

足足省
一半！

Point 3 ｜舊櫃體＋貼皮板可省油漆費

雖然姥姥一直強調省錢就要盡量低木作，但請師傅訂做的木作櫃還是有許多優勢：尺寸可以完全訂製，拉齊空間線條，也可統一風格，門片選用天然木皮門，整體質感較佳。另外，網籃也可選較粗勇的，1 組價格才 300 ～ 400 元，但品質好很多。

姥姥也幫大家問了怎樣做可以再省一點呢？不少師傅都跟我建議，那就門片選「後續不必再油漆」的板料，例如塑膠皮板或美耐皿板料。

塑膠皮板與美耐皿板的優點是便宜，一般衣櫃造價 1 尺約 4,800 ～ 6,000 元左右，但含抽屜與五金配件，這樣比起來，系統家具加了抽屜與配件後，價格差異就不大了；但塑膠皮板或美耐皿板的花色要慎選，有的真的很塑膠，但也有的品牌已做到擬真度很高，跟實木皮板差不多了。

要注意美耐皿板與美耐板不同，木作廖師傅表示，美耐板門片在邊角處會有黑邊。

另外要注意，貼皮板都是無法直接做導角的，若選到塑膠皮板或美耐皿板需要門片導角者，要先提，因為做法會不同，當然工資也不同。

重點筆記：

1．用布簾取代門片的零木作衣櫃，費用省最多又不失質感。但布料最好挑有點重量又不透明的。

2．吊衣桿等五金配件要鎖在牆上，若是輕隔間牆，板材後方要加夾板。

3．家裡有舊櫃子千萬不要亂丟，只要重做門片，不管是浪漫鄉村風線板門片還是時尚感滑門，都可以讓你的收納空間煥然一新！

Part 4 / 3 系統衣櫃
貨比三家,你要知道的事!

姥姥點評

系統衣櫃是價差頗大的市場,同樣規格向 10 家業者詢價,結果價差竟可到 2 倍!同樣 7 尺櫃,有的要 9 萬以上,有的不到 3 萬,可見多走幾家不僅可趁機運動,還可省錢呢!

因為要比較系統櫃的價格,姥姥先是假裝成一般人到各大品牌去詢價。沒想到,這一探下去,姥姥從通路商追到上游板材加工業者,竟發現許多顛覆傳統觀念的事。

一開始我去歐德、綠的傢俱、三商美福等比較知名的通路商,再去一般人不一定聽過、但業界也算知名的「愛菲爾」、「全廉工坊」、「都會族」等,最後去一些只有設計師才會接觸、一般人聽都沒聽過的白牌通路商。以上都是國內的業者,國外系統家具的品牌也很

■各系統家具通路商的衣櫃報價

種類	木作櫃	系統櫃	IKEA
尺寸	寬 210cm,高 240cm(7X8 尺),深度 60cm	同左	寬 200cm,高 236cm,深度 60cm
桶身板材材質	波麗木心板	V313/P3 防潮塑合板/粒片板	普通粒片板背板為密集纖維板
門片(開闔式)	6 分貼木皮木心板角料結構	6 分 V313 塑合板厚封邊鄉村風為密集板	普通粒片板
五金品牌	台製	台製或歐洲製	旗下合作廠
開闔式門片價格(元)	4.2 ～ 4.9 萬	一線品牌 6 ～ 8.7 萬 二線品牌 2.8 ～ 5.1 萬 （約二線的兩倍價）	PAX 系列 Ballstad 門片 1 萬 8,440 Birkeland 門片 2 萬 6,930
滑門式門片價格(元)	多加 7,000 ～ 1 萬 5,000	一線品牌加 3 ～ 4 萬 二線品牌加 7,000 ～ 1 萬 6,000	Ånstad 門片 2 萬 7,830

註:配件皆為 2 桶身,抽屜 2 個、網籃 2 個,吊衣桿至少 2 支,櫃子的樣子可參看第 154 頁的圖。

多，有一家大家也非常熟悉，也加進來討論，就是 IKEA。

大家可以看看左頁的價格比較表。**有名氣的一線品牌，價格比二線廠貴一倍以上**，這裡頭可探討的很多，姥姥寫了寫又是篇 50 頁的論文，怕大家看到眼珠掉下來，在此只先談選購系統櫃的眉角。

「為什麼明明是差不多的板材，價差會到一倍？」關於這個祕密的剖析請容我賣個關子、放在下一篇：< Part 5 系統家具不能說的祕密：價差和板材的真相>。

選購的 4 大重點

Point 1 ｜抽屜與桶身尺寸

想省錢的人，務必注意抽屜與桶身的寬度。先談抽屜與網籃，1 個 45cm 的抽屜若 1,000 元，90cm 長度是 1,200 元左右；網籃則是 45cm 的 400 元，90cm 則 450 元左右，不管是抽屜或網籃，90cm 與 45cm 的價格差不到 200 元，所以做 1 個 90cm 的會比 2 個 45cm 的便宜很多。

也就是說，**較大抽屜並沒有貴太多，數量才是增加預算的主因。但太寬也不好用，最好在 90cm 以內。**

姥姥的裝潢進修所

衣櫃這樣配最省錢！

（示範圖片 / IKEA 提供）

同樣 200cm 寬的衣櫃，不同桶身配法價格有差。

A 方案一大兩小桶身，9,100 元。

B 方案 2 個桶身，6,600 元，可少 2,500 元，

CP 值高於 A 方案。

A 方案多一個桶身，但收納量卻未必多。這種設計較適合小物多的人。B 方案則適合襯衫、外衣多的人。

A 案

B 案

　　另外，抽屜有分內抽或外抽。內抽是指外頭有門片的，外抽是沒門片、可以直接打開的。一般外抽會比較便宜，因為不必再做外框，但也不是便宜很多，一個會省幾百元就是了。

　　要注意的是抽屜與門片的五金。抽屜多是三節滑軌，**但有些品牌用的滑軌可讓抽屜整個拉出來**，有些則會拉到底還剩一小部分空間卡在櫃裡，拿取東西有點不方便。

　　以上是常識，為何還要特別提？因為系統家具通路商的設計師人員流動實在太快，資歷差很多。我在做系統家具的市調時，遇過才任職 3 個月的設計師，五金如何搭配還得我教她，但她已是號稱負責我家的「主設計師」了！櫃體怎麼搭配才能發揮最大效益？經驗值不足的設計師搞不好還不如精明的家庭主婦呢！我們自己還是認命多做功課才有保障。

Point 2 ｜衣櫃深度

　　一般衣櫃的尺寸是 60cm 深，太扁的衣櫃只能衣架橫放，收納量會比直放的少很多。但也可以再深一點，深度在 80cm 以上就可充當小儲藏室，就像日本居家常見的壁櫥，可放行李箱、電風扇等大件的東西。

系統衣櫃的抽屜分內抽外抽，外抽式的抽屜不必多做一層外框，整體價格會再便宜些。

木作櫃因是訂製，網籃通常含在報價中，可選鋼絲較粗的（左），承重力好較耐用。右邊的網籃就較細。系統通路商用的網籃幾乎都是台製的鍍鉻產品，每家業者說的「10 年五金保固」都不包括網籃。網籃要麼沒保固，要麼只保固 1 年。

滑門式衣櫃要加推拉門的深度，約 10cm，所以整體做起來約 70cm 深。

Point 3 | 吊衣桿材質

吊衣桿的材質有不鏽鋼與鋁製的。選不鏽鋼的較好，五金行的報價 1 尺 40 元起，鋁製 1 尺 30 元起，價格 1 尺才差 10 元，大部分系統商沒有人在加價的，那你為何不要求用好一點的呢？不過，有的系統業者「沒有」提供不鏽鋼吊衣桿，那就選鋁製的吧，用個 10 年沒問題。

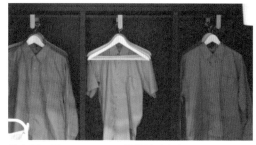

若空間不到 60cm 深，可做橫放式衣架。

吊衣桿有分不鏽鋼❶或鋁製❷，選不鏽鋼較好。若業者只有鋁製品也無妨，兩者都很耐用，整個櫃子要花多少錢比較重要。

Point 4 | 拉門或滑門

開闔門片衣櫃比滑門便宜，系統衣櫃的滑門貴很多，大部分都要再加 1 ～ 2 萬元，說是滑門五金特貴的關係，歐德的報價更可看出「完全不希望你裝滑門」，因為要 4 萬多（也可能是那位設計師估錯了），這價錢我都可以再做一個櫃子了。另外，做滑門所需空間較大，要多 10cm 左右。也就是原本 60cm 深的，要變成 70cm 深。

所以想做滑門式系統衣櫃，得找二線業者。同樣的 7 尺櫃，一線廠會加到 1 ～ 2 萬，二線廠就只加 7,000 多元，相對划算。若覺得還是太貴，就去找 IKEA 吧！

櫃子不是完全不做，但不該是悶著頭、想都不想就做一堆。（尤噠唯設計提供）

重點筆記：

1. 系統衣櫃桶身價格，是依數量而定，尺寸不是決定因素，盡量選大尺寸較省。 選購時不能只看品牌，還要注意尺寸、五金的搭配。
2. 抽屜做外抽比做內抽省，拉籃支條愈粗愈耐用。
3. 開闔式門片設計比做滑門省，想要滑門者可找二線品牌較便宜。

Part 4 / 4 收納櫃風雲
書櫃、餐櫃、展示櫃，全都省！

姥姥 點評　櫃體設計基本可分兩大派，就是不要門片的和要門片的。要先想好介不介意讓物品招塵。有門片當然比較好打理，但空間會覺得比較小，收納櫃也不是愈大愈好，太深會不好用，反而浪費空間。

收納櫃包括書櫃、展示櫃、玄關櫃、餐櫃等，省錢做法沒衣櫃那麼多元，櫃體設計基本可分兩大派，就是不要門片的和要門片的。當然，這種分法就代表你要先想好能不能接受物品招塵，以及你希望家裡整齊到什麼程度。但不管是有門片或沒門片，有幾點要注意。

開放式書櫃深度只要 **30cm** 即可收納絕大多數的書。

櫃體設計的 6 大重點

Point 1 ｜櫃子的深度不是愈深愈好！

廚櫃、儲藏室櫃子的深度可做到 60cm，其他的書櫃、餐櫃與展示櫃做太深反而不好用。一則東西全往裡頭塞，不好拿取；二是會壓縮到你原本的室內空間，但收納量卻沒你想像的多。

像書櫃，常見設計成 40cm 深，我就覺得太深，除非是打算放兩排書或還要放其他東西，不然只需 30cm，**就可以放入市面上 9 成以上的書籍**，包括日本系列的村上春樹、宮部美幸、吉本芭娜娜、夢枕模、辻仁成、小川洋子、歐美的《達文西密碼》、華人之光的金庸古龍加倪匡的全系列等等。

30cm 深的書櫃，可以讓你的客廳多 10cm 寬度，你家會看起來大一點，住起來就比較舒服。

餐櫃就不同了，要放餐盤或微波爐等電器，深度至少需要 40cm，所以一定要先列出自己要收納的物品，再決定深度。

但像這種櫃子深度的小事，部分設計

師都是照慣性去思考設計，可嘆的是，這慣性都是「多做比少做好，做深比做淺好」，卻未必適合屋主的需求。

Point 2 │ 避免因特殊物品犧牲空間

有設計師提出要為某些特殊物品去設計收納櫃尺寸，特別是書櫃與鞋櫃，姥姥的看法卻不一樣。

剛說過 30cm 深的書櫃就夠用了，但這個深度的確沒法收大陸尋奇等旅遊書、英國設計師 Kelly Hoppen 的設計書、日本雜誌《Brutus》等。許多人會因這些書就讓整體書櫃變成 40cm 深，這正是為了一枝花犧牲整片花圃了。多這 10cm，客廳會變狹小，划不來！不如把這些書另找地方收納。或可參考姥姥家的書櫃，最下層 40cm 深，可放大頭書，第二層以上就維持 30cm（這樣也有另類好處，地震時若掉下來，底下多少可以擋一點，砸傷人的機率小一點）。

鞋櫃也是。**大部分鞋子高度不到 10cm**，但許多人會在櫃子裡特別留一整

18mm 厚的塑合板承重力不太好，圖中為 90cm 寬的層板，放滿雜物就下陷了。

層挑高空間給女性同胞放長靴——但美女，妳的長靴有幾雙？像姥姥的櫃子有 150cm 寬，但長靴只有一兩雙，擺一起也只佔 50cm 寬，旁邊還有足足 100cm 的空間，上方空空蕩蕩放不了東西，空間多浪費！比較合理的做法，當然是將這兩雙尺寸特殊的長靴另外收起，層板多放一層，這樣收納量才多。

Point 3 │ 書櫃單格不要太寬

一般置物櫃的單格寬度影響不大，但書櫃因為承重大必須格外注意。若是用木心板做書櫃層板，**6 分厚 18mm 的木心板的寬度可以做到 70cm**；若是系統櫃，同樣 **18mm 厚度的塑合板，因承重力略遜，建議不要超過 50cm**。姥姥也在此謝謝幾位木作師傅與系統商設計師的提醒。

但若有美觀考量，或你有一定要超過 1 米寬的執著，仍有解決辦法，只是不能直接用 18mm 厚的木心板或塑合板來做。

有設計師建議用鐵件。鐵件可以很薄就達到足夠的承重力，厚度不到 1cm（通常是用 9mm），視覺上簡潔俐落。但是鐵件的觸感較冰冷，未必人人都愛，價格也比較貴。

木心板的層板不含工，18mm 厚雙面貼皮加噴漆，1 才約 100 ～ 160 元；但 9mm 的黑鐵，1 才就要 500 元。7 尺寬 ×8 尺高 ×30cm 深的格子櫃，木作含噴漆約 3 萬元，但訂做的黑鐵格子櫃，因為要折格子，用 1.5mm 厚的生鐵加烤漆，做好含運送到府是 3.6 萬～ 4 萬元左右。

若不想用鐵件，放心，身為沒錢還常

黑鐵打造的書櫃線條更薄又俐落。210cm 寬的櫃體與木作櫃相比會貴 6,000 ～ 1 萬元，視鐵作師傅的工細不細。

忍不住偷偷買書的一份子，姥姥當然義不容辭幫我輩中人打聽更美觀、不會下陷還能「省錢」的書櫃做法，請耐心往下看。

Point 4 | 整面書牆以開放式為宜

　　小房子最常見的大面櫃是在客廳書房或餐廳，若這幾個地方都不超過 3 坪，又是密閉式空間，有門片的櫃子超過 2.4 米高、3 米寬時，就會給人很大的壓迫感，這時最好選層板式櫃子，或上半部開放、下半部有門片式的設計，可多些呼吸空間。

Point 5 | 多要一些層板備用！

　　不管什麼櫃子，兩側請師傅多留些孔，也要多留一兩片層板，想調整櫃子高度時，你會感謝當年的決定。

Point 6 | 不做把手

　　木作櫃門片可設計成無把手，一般常見的做法是門片側邊採 45 度切角，或者挖兩個孔洞，或者長條開口，做法很多種，就看設計者巧思。沒有把手外觀較整齊，小孩也較不會撞到五金而受傷。

沒有五金把手，只有細長條的開口設計，簡潔俐落。（尤噠唯設計提供）

**姥姥的
裝潢進修所**

木作櫃的螺絲孔有銅珠，承重力高

　　木作師傅做的木作櫃層板承重力比系統家具好，不只是因為木心板比塑合板強度高，也因為層板孔的做法不同。系統櫃的層板孔只有打洞而已，而木作櫃會在裡頭再放銅珠（或稱銅母），銅珠能讓層板支撐力更佳。因為書的重量較重，所以若是想做書櫃的人，選木作櫃較佳。

系統櫃

木作櫃

省錢櫃
這樣做

絕招 **1**：只做層板

適用：沒門片，不在乎物品染塵者
價格：90cm 寬層板 1 片約 500 元，
　　　可 DIY（請木作師傅做層板，
　　　視做法 1 尺約 200 ～ 1,500 元
　　　左右）

有些省錢書會教人不做門片或背板，但我細問後，發現只少門片未必能便宜很多，雖省下門片費用，但會增加油漆的錢。偏偏油漆的工資比木作更貴，最後也沒比想像中省多少。

但很奇怪的一點：當櫃子不做門片、不做背板、也不做側板，我個人覺得跟「只做層板」不就是同件事？但**事實上**報價會差很多，若只報層板的價格，1 尺從 400 元起就有人做，最貴的 1 尺 2,000 元（當然做法與料一定不一樣）。

因此姥姥建議，若可接受不做門片，不妨用層板去談，會更省錢。但它的缺點就是不管是放書或放收藏品，容易累積灰塵。

若層板要放書，可參考設計師王鎮幫姥姥家做的無支架層版設計，承重力很好，即使層格超過 1m 也不會下陷。**工法是先用集成材角料當骨架，上下再貼木心板，最後用油漆染色，層板側面就會出現深淺層次**。這種層板是固定在側牆，底下不必加支撐架，放書量可以多一點。

❶我家書櫃是利用集成角料為結構，承重力佳，層格寬度可超過 1 米多，至今都沒下陷。角料側邊的紋路染色後，深淺層次變化也很好看。❷開放式書櫃最麻煩的就是會積塵。姥姥教你一招，可以用厚紙板裁成書的深度，蓋在書上頭。年終要清理時，先把厚紙板清一清，灰塵少一半。

■無支架層板施作示意圖

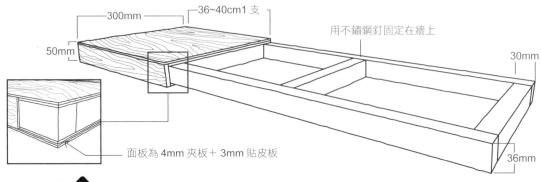

300mm
36~40cm1 支
50mm
用不鏽鋼釘固定在牆上
30mm
面板為 4mm 夾板 ＋ 3mm 貼皮板
36mm

姥姥的裝潢進修所

大賣場的層板容易垮？要看承重力

你也可去大賣場買現成層板，但想要用得久一定要看清材料說明。我們以同樣厚度（18mm）、相同尺寸、支架跨距也相同的層板來看。

承重力是：實木＞塑合板＞密集板＞蜂巢板

層板的承重力與牆壁材質和鎖螺絲的長度有關係，記得要鎖在 RC 牆或磚牆上，承重力較佳，不能鎖在輕隔間牆上。此外，承重力也跟下方的支架跨距有關。

目前很流行的無支架型層板，外型美觀，正面看、側面歪頭看都看不到固定的腳架，但缺點就是支撐力不甚理想，若放書或較重的東西，久了易下陷。若想放書等較重的東西，還是買有支架的較好，且跨距不要超過 70cm。

還要提醒一點，層板不是愈厚的承重力愈好，而是要看結構與材質。有網友提出家裡用厚度 5cm 的 IKEA LACK 層板放書，用不到 2 年就垮了！

姥姥解釋一下，IKEA 的 LACK 層板，雖然外觀厚 5cm，但承重力並沒有比 18mm 的粒片板好。這是因為 LACK 的內部板材是用「紙」製的蜂巢板結構。

蜂巢板是便宜又輕量的板材。我再重複一些老話：便宜不代表不好，建材是看特性，不是

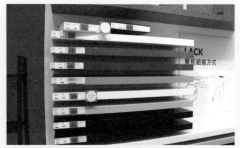

無支架層板承重力較低，不適合放書或太重的東西，否則容易下陷。

貴的較好，連義大利知名品牌家具都有採用蜂巢板。

蜂巢板的缺點是耐用年限較短，承重力較低。因此使用上有些限制：例如，放書等較重的東西，中間會下陷。

例如 IKEA 寬 110cm、厚 5cm 的 LACK 層板，說明書上寫承重 5 ～ 15 公斤，但我們必須用最低標 5 公斤來算。以村上春樹的叢書為例，排成寬度約 20cm 的本數時，總重大約 4.5 公斤，因此只要放 30cm 寬以上的書就會超過 5 公斤！再多放個幾本，八成就會發生倫敦鐵橋倒下來的慘劇。

除了承重力不夠，蜂巢板也怕潮，容易脫膠，會從邊邊的地方開始翹起。至於其他層板的耐潮力就要看個別的處理手法。塗上油性漆保護的實木，或封邊良好的塑合板及密集板等都比較耐潮。

絕招 **2**：做成活動櫃

> 適用：高度在 2 米 4 以下的櫃子
> 價格：與做木作櫃同價格。

這是設計師王鎮力推的做法。活動式的櫃子搬家就能帶著走，這次裝潢雖沒省到，但省下一次也好。傳統木作櫃都是做固定的，釘死在牆上，你若搬家，下一任屋主不喜歡你的風格要拆掉重做，也不環保。

不過，台灣地震多，太高太瘦的櫃子沒固定在牆上易發生危險，所以建議若是超過 2 米 4（8 尺）的櫃子還是做固定式為佳。小孩房櫃子的標準較嚴格，只要高超過 1 米 5 就要固定。

絕招 **3**：收集舊木箱

> 適用：愛喝紅酒或愛收集舊雜貨的人
> 價格：看木作師傅怎麼算，通常是整面牆報價，5 尺以下 5,000 ～ 1 萬元。

現在有許多咖啡館也採用此法。紅酒箱是玩布置的善男信女們很喜歡的道具，木製品，外頭又有印英文字，頗有歐式雜貨風情。但一般紅酒小箱是 6 瓶裝，大一點的 12 瓶裝，善男信女們通常又不喝酒，或者也很少能在 1 個月內喝掉 10 箱的，要靠自己喝實在太慢，所以許多人會去跟酒商要。

以前還沒有咖啡館來搶的年代，酒商都是用送的，反正箱子也不值錢。但後來實在太多人要了，供不應求，有的酒商就開始用賣的了，「橡木桶」是一個 100 元。

不過，**紅酒箱組成的櫃子沒什麼結構力，不要做太寬太高，寬 5 尺以內、高 7 尺以下較安全**。此外，記得施工時，外圍要再加個木作外框，會比較穩固。

利用各式紅酒箱組成的櫃體，因承重力較差，最好只放杯子等較輕的物品。

**無背板
層格櫃**

4 種開放櫃比一比

近幾年層格式無背板的書櫃很紅,可能是無印良品多採這種開放式風格,沒有門片的櫃子,擺進大量書籍,很有文青感,不少小院會員愛上了這畫面,希望姥姥寫一下各門派的做法,評比文於是誕生啦!

單價、材質誰勝出?

外貌協會總是先關心外表,基本上實

比價書櫃規格

書櫃規格為寬 210cm x 高 240cm× 深 40cm。
層格寬度不大於 50cm。

木貼皮質感比較好,無印與木作櫃都是採用實木貼皮;但回歸到實用性,很多人還是會用開放層櫃放書,所以耐用度、承重力非常重要。

價格比一比

木作櫃:費用包括木心板櫃體,還有油漆費——沒錯,總價最貴,但櫃子裝飾面的材質會影響價格,若選實木貼皮塗裝板,1 尺約 6,500 ~ 8,000 元。

系統櫃:用防潮塑合板 P3 板打造,1 尺 3,500 ~ 4,500 元。

無印良品:自由組合層架是木心板為底材,實木貼皮。雖然產品介紹文寫橡木,但不是真的用實木板去做,而是實木貼皮,但質感也不錯。橡木 5 層款,拼成圖片中的櫃體大小,用原價打 9 折~ 75 折來看(因為有百貨周年慶活動),再換算成 1 尺,約 3,500 ~ 4,200 元左右。

IKEA:KALLAX 系列:由塑合板 P2 組成,沒有防潮功能,拼成一樣櫃體大小後換算,1 尺約 1,100 元,最便宜,但材質耐用性最不好。真可惜,現實就是如此,有一好沒兩好。

注意 !!

系統櫃表面不用上漆,可省油漆費,但施工上要注意,若是要求無背板,想透出後方牆壁的色彩者,最好要求外框要加做一層。因為無背板的設計會降低櫃體的承重力,或者要求下方 1/3 仍保留背板為佳。

承重力比一比

以板材的承重力來說，原則上實木＞木心板＞塑合板，但承重力的差異會表現在較大的層格寬距，如果層板寬度在 45 公分內，大家表現都差不多。

即使是承重力不佳的 P2 型塑合板，IKEA 只要層格在 45 公分內的櫃子，都沒什麼耐重問題，但就是質感略遜，以及表面邊緣處較易翹起來。

但在超過 50 公分以上的層板，承重力就有差了。之前提過，IKEA 的層板中間會下陷，一般 80 公分寬的系統櫃 18mm 厚的塑合板也一樣，為加強承重力，有的業者會在層板底下加鋁條，是「整片板料底下加一長條」，這對承重力才有幫助。如果採用 25mm 厚的層板，也可做到 80 公分寬，或者加中立板，都能加

強支撐。即使是木作櫃，也建議在超過 70 公分寬的層板底下加支撐立板。

這時候，無印良品的寬版櫃就相對勝出，會在層板中間加金屬條，以加強承重力。例如本書的出版社寫樂文化，辦公室就採用無印的寬版產品，已使用數年，放滿書（出版社嘛，什麼都沒有，書最多 ^^）的狀態下，至今層板沒有下陷彎腰。

自由組合層架的組裝方式，是兩側有支撐桿插入。（無印良品提供）

櫃體	木作櫃	系統櫃	無印良品 自由組合層架	IKEA KALLAX 系列
價格（尺）	4,500~6,800 元	3,800~4,800 元	換算後約 3,500～4,200 元	換算後約 1,100 元
材質	木心板，塑膠皮或實木皮板	塑合板防潮板 P3	木心板，實木貼皮板	塑合板 P2，沒防潮功能，壓克力漆，紙製箔皮
承重力	較好	寬度設在 50 公分內，OK	較好	寬度設在 50 公分內，OK
質感	塑膠皮還好，但選實木貼皮，質感就較好	還可以	較好	還可以
結構力	較穩定	還可以	層板固定，較穩定	比較差
拆組性	不可拆	不太好	可	不太好
甲醛量	F1～F3	F1～F3	F3	F3

註：無印良品為自由組合層架，橡木 5 層款 W42XD28.5XH200cm。

KALLAX
層架組, 樺木紋 ~~$6,995~~

再創
低價

$5,995

價格會因顏色/材質選項而改變
產品貨號　003.057.32

了解更多
尺寸
182x182 公分
顏色
樺木紋

1　加入購物筆記

查詢貨況
敦北店　OK

（截圖自 IKEA 官網）

扣組合層架/橡木/5層/基本組/8S
2×D28.5×H200cm

價　　6,500 元

品詳細內容

（截圖自無印良品官網）

穩定、便利性比一比

　　以結構穩定性來說，木工＝無印＞系統櫃，因為無印是採用固定層格，木工也採用同法，結構力會較強。

　　以層格便利性來說（指可否調整高低），除了無印、IKEA 是固定式，系統櫃、木工都可選移動層板。若要再細分，系統櫃的層格孔多，木工一般是一格 3 孔（也可要求多做幾個）。但木作的層格孔會加珠母，比系統櫃耐用。

　　那拆組性呢？這是網友妙妙所提出的考量，姥姥也補上此看法。若考量到日後可拆組搬遷，無印是好選擇。無印的五金可拆卸再重組，傳統木作櫃是固定式，無法拆組，但木作櫃也可像系統櫃做成組合式的，只是不能用打釘的，要改用螺絲鎖。

　　系統櫃與 IKEA 櫃都只能鎖一次，拆了再鎖上的結構力會不佳，但也有辦法解決，就是第一次組的時候，在鎖合處加「塑膠套子（壁虎）」，這樣即使拆了再鎖，比較無損原結構力。

　　另外也提醒大家，這種無背板的格櫃，的確是無法與牆密合的（其實不管哪個櫃子都無法，因為牆面也不是完全平的），所以背後與牆之間會有小縫喔。

甲醛比一比

　　以甲醛等級來說，系統櫃為 F3（E1 等級）也可用 F1 等級的板，其他木作或系統商，也可改選用 F1 等級，要加錢就是了。

重點筆記：

1・收納櫃若是放書，層板寬度不要太寬，以免下陷。深度也可不必太深，免得浪費空間而又太壓迫。

2・省錢櫃的做法很多，可用層板代替櫃體、不做把手、做成活動式的櫃子，或買二線系統家具。

精打細算做廚櫃
媽媽的幸福看這裡！

姥姥點評　廚具的建材種類很多，光流理枱的枱面就有好幾種。請務必了解建材的「真實」特性後再去做選擇，而不是因為業務員的說詞而被誤導。誰說一定要用人造石？美耐板不也便宜又好用！

很多人家裡訂做廚櫃時沒有多想，都是由工班代訂系統櫃，結果長相都很類似，何不多花點心思、配合自己的下廚習慣改造一個有自己風格的料理小天堂？（集集設計提供）

「人的一生，如果不品嘗一次絕望的滋味，就無法看清自己真正放不下的是什麼，也不知真正令自己快樂的是什麼，就這樣迷迷糊糊長大、老去。」這是日本作家吉本芭娜娜在成名作《廚房》中的一段話。我很喜歡這本小說，每回寫到跟廚房有關的文章，就會找出重看一次，摘出一段話。

小說裡頭姥姥最佩服的是那位從「爸爸」變性成「媽媽」的惠理子；還有即使爸爸變了性還是一樣愛他的雄一。雄一家的廚房是開放式設計，廚具就在沙發的背面，雖然似乎也是一字型，但與客廳空間相連，做料理的人可以同時跟家人互動、聊天，不必辛酸地塞在小空間裡揮汗如雨，心情也跟著一起開闊了！

廚房的設計，或者說廚具存在的價值，除了讓你煮飯炒菜薰油煙、以及收納瓶罐的功能之外，某種程度也與你酸甜苦辣的人生價值緊緊相依！

廚具在台灣也非常熱鬧，從知名的設備廠如松下電工、櫻花、林內，到系統

家具商，還有社區裡的廚具行、鄉間小路旁一整棟 3 層樓透天厝、從切板到組裝一條龍作業的現代化工廠。

上述業者多是用系統廚具，也就是桶身板材是塑合板，另一派，則是由木作師傅量身打造的廚櫃，桶身材料是木心板，枱面與門片與系統廚具差不多。

那麼到底木心板好還是塑合板好？哈，這裡先賣個關子，下一章節再論。先來看廚櫃設計常見的迷思吧。

廚櫃設計常見的 3 大迷思

若擔心手上預算不夠，廚櫃也有省錢的做法。例如**板材與門片皆為塑合板、枱面為美耐板，就可以訂到很不錯的廚櫃**。只是，第一，要跳脫傳統的觀念，**廚櫃並沒有哪位神明規定非要上下櫃一起做**；第二，材料不是越貴越好，也非越厚越耐用！

| 迷思 1 | 要做上下櫃，才能藏好抽油煙機與瓶瓶罐罐？ |

✓ 正確答案：上櫃可改做層板，把預算花在下層抽屜櫃。

你是不是常把東西放在廚房上櫃裡，因不想踮腳尖或搬椅子，一開始懶得拿，最後則完全忘了它們的存在？改用層板，瓶瓶罐罐排排站，好拿又好看。

而且，若流理枱只有 60 ～ 70cm 寬，枱面太小，料理時的材料不知往哪放，

層板也可搖身一變成為你的臨時備餐枱，對媽媽來說很實用！

再來，我個人認為省下上櫃的費用，把錢花在下櫃的抽屜櫃更實在。因為抽屜櫃比門片櫃好用，便於收納也較易拿取東西。但抽屜櫃比門片貴，以 IKEA 為例，80cm 寬的門片櫃是 5,000 多元，但抽屜櫃要 1 萬多。說實在話，價差不到 1 萬元，在整體裝潢預算中不算多。

所以不妨將瓦斯爐下方的櫃子改成抽屜櫃，水槽底下因為較潮濕，做層板比較通風，就看個人選擇。

至於抽油煙機的管線要怎麼處理，可以參考後面設計師的案例。

| 迷思 2 | 門片要鋼烤才好清？ |

✓ 正確答案：現在基本款門片都算好清理，皆不易沾污。

門片不一定要選鋼烤等亮晶晶的，這建材不是不好，不是喔，是我們要省錢、省錢。若你家沒打算花太多預算，門片就選霧面或木紋板就好（請找木紋自然一點的），便宜又好看，CP 值高。很多設計師自己家都用這等級，你會說他們沒眼光嗎？

再強調一次，建材沒有貴賤之分，只有適不適用，絕不是貴的就一切都好。

若你就是喜歡亮面門片，廚具工廠業者多推薦選結晶鋼烤門片。亮面門片常見的有水晶、結晶鋼烤與正統鋼琴烤漆。

但「真正的」鋼琴烤漆很貴，不在此次討論範圍。

水晶與結晶鋼烤兩者價差不大，用姥姥開出的 210cm 規格、二線品牌的廚具商報價（先不論一線廠商），水晶門片要加 3,000～5,000 元，結晶鋼烤要加 4,000～5,000 元左右，只差 1,000 多元。但結晶鋼烤的色調是調合在壓克力漆裡，水晶門片則是分層做，飽滿度以結晶鋼烤較佳。結晶鋼烤又分做 5 面與做 6 面，6 面的穩定度更佳。

迷思 3 開放式廚房好開闊，才有豪宅設計的 FU ？

 正確答案：常開伙又愛大火快炒，還是非開放式的較適合，但可盡量以大片玻璃窗降低空間壓迫感。

開放式廚房是這幾年的主流，很多樣品屋也愛這樣設計。開放式設計的原意是希望讓下廚者也能待在一個更大的空間裡，不要自個悶著頭吸油煙。但從網友的經驗看來，因此讓全家一起飽受油煙之苦的也不少。

若是常開伙，也習慣大火快炒的人，開放式廚房就得運用拉門來擋油煙，**若沒預算做拉門、廚房在進風口、還有抽油煙機離窗遠又只想買基本款者，都不太建議用開放式廚房。**不過可以將隔間牆做個玻璃窗或設計大一點的開口，讓視線能向外延伸。

常開伙、或習慣中式料理（油煙較多）的家庭不太適合做開放式廚房。

**姥姥的
裝潢進修所**

設計好用廚櫃的 11 個原則

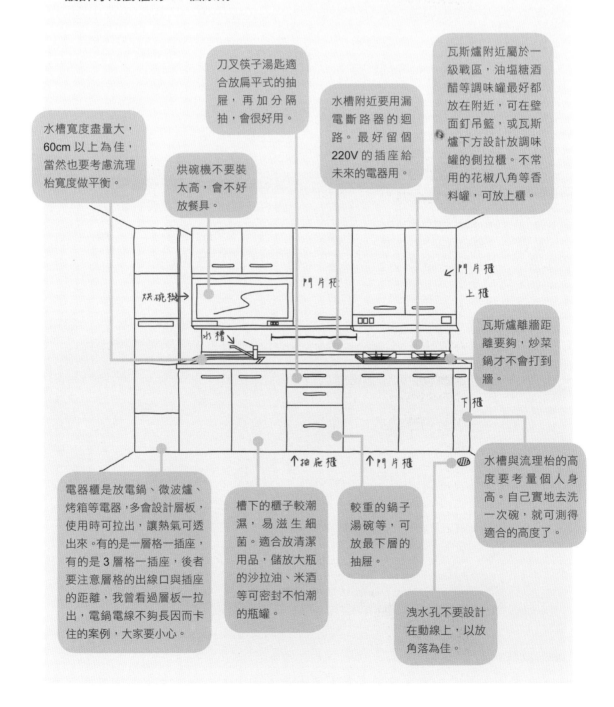

水槽寬度盡量大，60cm 以上為佳，當然也要考慮流理枱寬度做平衡。

烘碗機不要裝太高，會不好放餐具。

刀叉筷子湯匙適合放扁平式的抽屜，再加分隔抽，會很好用。

水槽附近要用漏電斷路器的迴路。最好留個220V 的插座給未來的電器用。

瓦斯爐附近屬於一級戰區，油塩糖酒醋等調味罐最好都放在附近，可在壁面釘吊籃，或瓦斯爐下方設計放調味罐的側拉櫃。不常用的花椒八角等香料罐，可放上櫃。

瓦斯爐離牆距離要夠，炒菜鍋才不會打到牆。

電器櫃是放電鍋、微波爐、烤箱等電器，多會設計層板，使用時可拉出，讓熱氣可透出來。有的是一層格一插座，有的是 3 層格一插座，後者要注意層格的出線口與插座的距離，我曾看過層板一拉出，電鍋電線不夠長因而卡住的案例，大家要小心。

槽下的櫃子較潮濕，易滋生細菌。適合放清潔用品，儲放大瓶的沙拉油、米酒等可密封不怕潮的瓶罐。

較重的鍋子湯碗等，可放最下層的抽屜。

洩水孔不要設計在動線上，以放角落為佳。

水槽與流理枱的高度要考量個人身高。自己實地去洗一次碗，就可測得適合的高度了。

系統廚櫃價格大 PK

姥姥以同大小的廚櫃為例，桶身與門片都採各業者最基本熱賣的款式，也就是最便宜的，請木作師傅與各大系統業者估價，也請 IKEA 估價，來看比較表。（基本規格請參考左頁，但不含左側的電器櫃與右側的側拉籃）。

系統櫃的價格（含水槽）大多比木作櫃便宜 4 ～ 5 萬元（以寬 210cm 計價），大部分單色及木紋門片都不必加錢。各大系統通路商以三商美福開價 11 萬最貴，歐德要 8 萬多，但歐德設計師也說明，是因為他們家用的美耐板枱面可耐高溫 300 多度，比一般系統家具的美耐板等級高。

如果條件允許，把廚房與其他空間的隔間牆打掉，有助家人感情交流，但必須先考慮家裡的料理習慣，以免天天油煙滿屋。（IKEA 提供）

■系統廚具報價

種類	木作廚櫃	系統廚櫃	IKEA 廚櫃
尺寸規格	寬 210cm，深度 60cm，做上下櫃		
桶身板材	木心板	P3 防潮塑合板	普通塑合板
門片材質	木紋門，6 分木心板	木紋門，6 分塑合板（若是喬豐出品的一體成形鄉村風線板，則為密集板）	木紋門，6 分塑合板
鄉村風門片	線板門，6 分木心板	線板門，6 分密集板	線板門，6 分密集板
五金品牌	台製	台製或德製	旗下合作廠，或奧地利 BLUM
木紋門價格	4.2 ～ 4.9 萬	歐德 9.6 萬 三商美福 11 萬 二線品牌 4.2 ～ 5.2 萬	ROCKHAMMAR 面板約 5 萬（含安裝及運費）
鄉村風價格	6 ～ 8 萬	歐德 13.6 萬（加 4 萬） 三商美福 13 萬（加 2 萬） 二線品牌 6.2 ～ 7.4 萬（加 2 ～ 2.4 萬）	STAT 面板約 5.5 萬（含安裝及運費）

比木作的貴

姥姥的
裝潢進修所

鄉村風門片找大盤商

在廚櫃的詢價過程中，我問兩款不同的門片：木紋板及白色鄉村風線板門片，後者價格會多 2 ～ 4 萬元不等，各家價差頗大，但其實品質都差不多。姥姥在衣櫃篇曾提過，這是因為台灣做這種鄉村風門片的只有一家工廠是公認品質最好，幾乎每家通路商都跟那家進貨，名字叫喬豐。

白色鄉村風門片的底材是密集板，就是用木頭纖維經高溫高壓壓製而成，防潮力當然比粒片板差，但是不是就很容易受潮？也不是。而是與封邊的技術有關，理論容後再述，但喬豐的封邊技術看來是很好的，不然各大通路商不會都跟他們進貨。

不過麻煩的是，喬豐並不接受一般消費者訂貨。他們只生產門片與枱面，沒有出五金把

手，也沒有生產桶身，更沒有工班幫你組裝，所以你找他們訂購門片還是要由設計師或木作師傅來統合，或者請二線系統業者做桶身與安裝門片等工程。

以姥姥開出的規格為例，喬豐的門片大概 1.5 ～ 1.8 萬元左右，但系統家具商加這幾片就要 2 萬元起跳，多的則到 4 萬，既然都是喬豐的門片，那當然是我們自己請工班訂才划算。

姥姥查過網路上對於鄉村風廚櫃的風評，看了 10 幾個案例，9 成的女主人都陶醉在白色鄉村風的灑花感當中，這些女格主們至少都已經使用一年以上，沒有人上網貼門片變形或關不起來的照片（當然也可能是姥姥百密一疏沒搜尋到）。但仍有業界人士認為密集板門片變形機率較高，沒變多半只是「時機未到」，5 ～ 10 年後就易反翹，這點供大家參考。

這是設計師孫銘德的設計案。此案廚櫃的桶身還很耐用，只換喬豐的門片。（不然達提供）

重點筆記：

1. 廚櫃不一定要做全套，用層板代替上櫃也很好用。
2. 便宜不代表沒好貨。塑合板門片好清理，也能做出很有質感的廚櫃。

Part 4/6 設計師這樣做：
簡約的鍍鋅板活動廚具

「我家的廚櫃是把上櫃設計成層板，因為上櫃並不好用，放在裡層的東西不好拿又容易被遺忘。改層板後，東西看得到、拿得到，空間感也較開闊。但缺點是收納空間較少，放的東西也會招塵。所以要不要做上櫃，就看每個人

的取捨是什麼。另外較不同的是，我把廚櫃做成活動式，這樣搬家就可帶著走。」

——王鎮

設計師：
集集設計｜王鎮
（02）8780-0968

❶現在的廚房好像穿制服一樣，大家不是水晶面板就是塑合板，10 家有 9 家都長得差不多。但王鎮家的廚具門片可是用鍍鋅鋼板搭不鏽鋼枱面，耐看、實用又有個人風格！❷流理枱下做了活動式廚櫃，日後搬家可拉出來帶著走。❸抽油煙機的風管要如何藏？王鎮在上方設計了個 L 形的黑色木框，遮住風管與出口。

這個超酷廚房不到 5 萬！

廚櫃是用木心板做桶身，但表材採用鍍鋅鐵板，1 尺價格約 5000 元，這個廚櫃長約 3 尺約 1.5 萬元，不鏽鋼檯面 1cm 25 ～ 60 元，算 60 好了，3 尺長是 9,000 元，所以中間櫃子約 2.4 萬元。

陶製的洗水槽是在 IKEA 買的，價格約 7,600 元，請木作師傅配合水槽做成 2 尺寬下廚櫃，整個含水槽約 1.8 萬。不含三機，這整組廚櫃不到 5 萬元。

王鎮認為，不做上櫃改做層板更好用，也讓空間看起來更清爽。

IKEA 的美麗與哀愁
姥姥帶你 Shopping，不買地雷貨！

姥姥〈點評〉 IKEA 系統櫃的價格實在可口，但一不小心可能會踩到地雷，買到令人搥心肝的產品。不過只要懂得挑、知道如何避雷，我認為 IKEA 是 CP 值頗高的選擇。系統櫃體中 PAX 衣櫃、層格 40CM 寬的 Billy 玻璃書櫃，都值得省錢一族考慮考慮。

　　IKEA 在網路上評價兩極化，有人說「便宜沒好貨」，也有人覺得「便宜一樣有好貨」，啊，還有第三種，「誰說它便宜？」OK，價格便不便宜，這與每個人的人生際遇有關。若你偏好逛社區家具行，會覺得 IKEA 真貴，一張雙人沙發，夭壽！竟要 8,000 元！若你常去逛進口家具店，會覺得 IKEA 實在太便宜了，一張雙人沙發，夭壽！只要 8,000 元！

　　姥姥常逛家具店，就先容我把 IKEA 定位在相對便宜的地帶。IKEA 的確不是每樣東西都便宜又好，也有 3 個月就生鏽的「不鏽鋼」垃圾筒。

　　但 IKEA 終究是很大的跨國企業，創辦人坎普拉（Ingvar Kamprad）還曾是全球首富，重點是這位老闆很會向上游供應商砍價（這不是我說的，是曾在 IKEA 工作 20 年的史特納柏說的，還寫了一本書叫《IKEA 的真相》），因此他們家仍有部分產品俗又大碗，在不算貴的價格中可以選到不錯看的設計。

採購規模大　壓低總成本

　　我舉個例子，你知道 IKEA 的廚櫃鉸鏈是奧地利 Blum 的嗎？這五金在建材界算高等級的，但 IKEA 的價格只有外頭的一半。這種好康當然只有在全球化公司才看得到，以台灣本地品牌的規模，很難用這種價格出貨，身為消費者當然要好好利用這種全球化公司的優點。

　　但就像眾多網友說的，不是樣樣好。**網路上 IKEA 的「非典型症候群」包括層板會下陷、網籃會變形、櫃子會搖、不耐潮、門片會晃又關不緊等等，所以知道如何避雷是必要的。**

　　但只要會挑，我認為 IKEA 還是 CP 值頗高的選擇。

　　不過我這篇文章先探討系統櫃的板材材質特性，不論家具。首先來看看 IKEA 板材大家最在乎的兩件事：耐重力與防潮力。

Billy 書櫃在 IKEA 的收納櫃類商品中，拿下全球銷量第一。價格算非常親民（特別是選玻璃門片），但層格要選 40cm 的，承重力較佳。（IKEA 提供）

論板材

Billy 書櫃的介紹卡及層板上寫「實木貼皮」，不是指用實木製成，是指表層貼皮部分為實木。

談耐重力

IKEA 的系統櫃板材，姥姥這次看了 Billy 書櫃、PAX 衣櫃與 FAKTUM 廚櫃。按照 IKEA 的型錄及網站上寫的，櫃體與層板使用的是密集板，背板使用纖維板 FiberBoard。姥姥覺得奇怪，因為密集板與纖維板都是指 FiberBoard，是將木頭打成纖維狀後再經高溫高壓製成，為什麼一樣的東西 IKEA 要寫兩次？

姥姥在 IKEA 賣場拍到的板材斷面，左為櫃子層板，右為廚具櫃體，都是粒片板。

Point 1 ｜基材是粒片板

後來把我家的 IKEA 層板拿出來一看，這明明就是粒片板啊，是小木碎塊壓合成的，我又專程跑去賣場再看一輪，嗯，以上 3 種櫃體都是粒片板，後來上英文版的 IKEA 查了一下，果然，是寫

Particle Board。不過，我想這應是 IKEA 早期譯者對台灣建材的中譯名不是很瞭解造成的。

IKEA 的粒片板上貼覆美耐板，就是塑合板的一種。依照板材進口商的講法以及我查到的資料，IKEA 等歐洲廠商多用

IKEA 的櫃子，在相對低價中提供了堪用的品質與簡潔耐看的造型。（IKEA 提供）

P2 未經防潮處理的板子，並不會用到 P3 防潮板。P2 板 18mm 厚的抗彎強度在 13N/mm²以下，比 P3 的 14N/mm²差，當然更比不上木心板。

Point 2 | 45cm 的層格，抗陷力最強

IKEA 板材耐重有問題的，最常見的是 Billy 書櫃。根據網友們 po 的照片顯示，Billy 書櫃放滿書時中間會下陷；只是 Billy 書櫃真的很便宜，依姥姥開的規格換算下來一尺約 1,725 元（請看下表），多數系統業者要 3,000 元以上；若拼成寬 240cm、高 202cm 的櫃子，1 萬 770 元，白色的 Billy 書櫃更只要 7,170 元，這麼便宜的系統櫃哪裡找啊？

但是層板會下陷怎辦？還好，這可避免——買層格寬度（跨距）在 45cm 以內、層板厚 18mm 的書櫃。基本上，寬度小就支撐力大。姥姥也實地看過幾個案例，不少受訪者都是 IKEA 的愛好者，若買 45cm 以內的櫃子，就算是放書，幾年後層板仍然好好的。但若你硬是要買寬 60cm 以上的層板，而且是要放比較重的東西，姥姥就不敢保證板子不會有微笑曲線啦！

Point 3 | 鑲玻璃門片，CP 值最高

另一個很超值的是 IKEA 的玻璃門片。在台灣，玻璃是屬於比較貴的建材，若要請木作師傅做玻璃門片，價格又會到一個比「站在那人面前他卻不知你愛他」更遙遠的距離。

姥姥推估是因 IKEA 全球採購的關係，玻璃門片對它而言是 a piece of cake，小事一件。

附玻璃的 Billy 櫃，價格換算下來 1 尺不到 2,500 元（約 2,135 元），多數系統或木作業者都要 5,000 元以上！同樣類鄉村風線板玻璃門片的衣櫃，依姥姥開的規格，IKEA 的 Birkeland 衣櫃價格約 2.7 萬元，但系統商皆要 4.5 萬以上，有的還開價到 10 萬，當然 IKEA 的桶身品質沒有那麼耐用，但整體來看，CP 值算高的。

算給你看！！

Billy 書櫃一般為 202cm 高，若要達到姥姥開的規格：200cm 寬 ×237cm 高 ×28cm 深，得加高度延伸櫃用拼接的：
40cm 寬 ×202cm 高的無門片書櫃 1,795 元（算 1,800 元）
1,800×5=9,000 元；
40cm 寬 ×35cm 高的延伸櫃 500 元
+ 500×5=2,500 元

共計約 1 萬 1,500 元 = 約 1 尺 1,725 元

註 1：本章所談所有產品價格會視配備五金不同而調整，並以 IKEA 官網公告價為準。

註 2：若需安裝，需加上商品價格的 6.5%，以此規格的報價為例是 750 元。

談防潮力

談到防潮力，姥姥最在乎的是廚櫃。因為未經防潮處理的 P2 板材根本談不上防潮力，這個等級的粒片板是被設計用在氣候乾燥的地方，在歐盟標準中連 24 小時浸泡吸水厚度膨脹率都沒測試。所以我相當好奇，當歐洲的 P2 板到了海島型潮濕氣候的台灣，到底撐不撐得下去？

我剛好遇到兩位受訪者有用 IKEA 的 FAKTUM 廚櫃，一是普通消費者 Lillian，另一是設計師江明卓。目前為止，前者已使用 5 年，住在台北近郊半山腰、下雨機率高，家裡常 24 小時開著除濕機，但不常開伙；後者選了 STAT 系列線板門片，用了 3 年，住內湖，下雨率比台北市區略高些，一周開伙 3 天左右。

他們兩位對 IKEA 廚櫃的評價目前都還不錯，姥姥也分別在他們家中檢查廚櫃的狀態，目前並沒有發霉或變形。

Point 1 | 封邊若做好，廚櫃不變形

姥姥在 < Part 5 > 會討論板材的防潮力，這裡先透漏一下心得：「封邊的品質與使用者習慣才是會不會受潮的主因」，以此來看，IKEA 廚櫃雖非防潮板，但重點是要觀察封邊是否 OK，若封得好，就不易受潮。

不過有幾個狀況要提醒，第一是曾有網友提出，他們家的 IKEA 板材被洗碗機的熱氣烘到變形；第二，姥姥還沒看過使用 10 年以上的 IKEA 廚櫃，不知能否撐到那麼久不變形。還好，**IKEA 的廚**

櫃亦提供長達 10 年的櫃身保固（不過要注意，櫃體要全套購買才能享有保固，若是只買單櫃或門片的，就不負責！）

簡言之，你家如果不是天天開伙，是可以試試看，尤其是白色鄉村風門片的款式，CP 值頗高。但如果你家天天煮飯，洗菜切菜時流理枱免不了天天碰水積水，或者是住在很潮濕的山上，家裡又沒有習慣除濕，姥姥就不敢說 P2 的板子能 10 年常保「青春」，你還是去找系統家具或木心板釘的廚櫃比較安心！

Point 2 | 收納櫃背板，最容易受潮

再來談系統書櫃及衣櫃。IKEA 收納櫃的罩門在背板，因為背板是採用密集板，密集板是由木纖維經高壓製成，最怕潮；

這是我家的 IKEA 櫃子。從背面近照可看到密集板的背板已受潮，且板材未封邊的部分有碎裂；但是這個使用 5 年的櫃子，仍在我家當書櫃待得好好的。

若住在較潮濕的地方，背板很容易發霉或變形。

以姥姥家為例，IKEA 的 CD 櫃背板已經有點受潮，且因為板材後面全沒有封邊，有點膨起，還有碎屑掉下來。但說實在的，這一桶不到千元的櫃子已用了 5 年，我覺得也夠本了。重點是背板雖然受潮了，但我放書的層板與櫃體並沒有發生下陷或垮掉，我想我應該會繼續用到它鞠躬盡瘁的那一天，而「那一天」目前看來似乎不會太快到來。

談鎖合力

IKEA 櫃子結構與層板都是用粒片板（背板用密集板），內聚強度不太好，也就是螺絲鎖固力沒很強，任何五金配件要鎖螺絲固定時，要「一次鎖好」。切記不能在同一個地方鎖了又拔、拔了又鎖，這樣螺絲容易鎖不緊。

搬家時，也最好不要真的拆開來搬運，這螺絲一卸下來，要再鎖回去就不見得跟以前一樣穩了。還是整個搬，比較保險。

許多網友說 PAX 衣櫃會搖來搖去的，這多是組裝不好造成的。若對自己的功力沒信心，也可以花點錢請 IKEA 的人幫忙安裝。但畢竟板材是粒片板而不是木心板，螺絲保持力有差，平日沒事還是不要去搖櫃子比較好！若還是擔心 IKEA 的耐用度不夠，也可以做木作桶身外搭 IKEA 門片。

談保固期

IKEA 對系統櫃板材的保固期都蠻長的，**衣櫃與廚櫃都長達 10 年**，包括 PAX 衣櫃木抽屜，所以若正常使用下變形了，IKEA 會換新的給你。**不過，展示櫃或書櫃、電視櫃全部都沒有保固。**以前部分系列還有保固的，但後來也取消了（謎之音：這是不是代表櫃體不是很耐用啊？）

衣櫃與廚櫃也不是全部東西都有保固，結構式五金如鉸鍊保固 10 年，但有的網籃或外掛五金只有 1 年或不保固，購買前要細看清楚。

不過，買 IKEA 的東西要有個概念：價格便宜時，很難去要求用料的等級。我在查全球資料時，很多網友（國內外都有）會說 IKEA 品質有多爛。

先不論事實如何，我們從經濟學理論出發，絕不是東西便宜，就能變成全世界最大的家具製造兼通路商。難不成你認為北歐人都是笨蛋？還是瑞典人不龜毛？全世界就 IKEA 一家公司，沒別家跟它競爭？

IKEA 能勝出就是相對低的價格，但給了還可以的品質，與相對不錯的設計感。不然你去二省道的家具店逛逛，他們會給你實心的松木櫃，但造型「美」到讓人不忍卒睹。

所以，若希望買家具來當傳家之寶，那 IKEA 不太適合你；但若喜歡簡潔風，預算又不高，精打細算認真選，就能閃過地雷、避免自己成為「IKEA 非典型症候群」的重症病患。

❶ 與系統家具的滑門衣櫃相比，IKEA 的價格實在太可口，又有 10 年保固，圖為 Anstad 系列的衣櫃。❷ NEXUS 門片配鏡面櫃，依姥姥開的規格含五金為 2 萬 7,830 元。（IKEA 提供）

衣櫃篇

PAX 滑門衣櫃 CP 值高

IKEA 衣櫃在價格上實在太可口，尤其是滑門組。以我列的寬 210cm 高 240cm 的規格來看，別家都要 6 萬多，IKEA 最接近的尺寸是寬 200cm 高 236cm，選 Ånstad 系列的滑門，不到 3 萬元就可以搬回家。若是選最便宜的開闔式門片 BALLSTAD，則整組是 1 萬 8,500 元。

Point 1 ｜櫃體與五金同享 10 年保固

PAX 的櫃體品質不必太擔心，包括櫃框、門板、鉸鍊、抽屜、吊衣桿等，連滑門軌道組都有 10 年保固[1]。有業者會說 IKEA 的滑門五金不好才那麼便宜，但姥姥覺得重點是門片開關不會卡住就堪用了。

重點是，若真的壞了，IKEA 也會負責換新。一個 3 萬元不到的櫃子用個 10 年，應該很夠本了吧！若你希望這價格能有靜音拉門、保障 20 年不壞的軌道，老兄，你應該是住在天龍國[2] 的人吧！

不過 KOMPLEMENT 的網籃、外拉式塑膠抽屜組、吊褲架、鞋架及玻璃層板等就都沒有保固了。KOMPLEMENT 的網籃材質是鋼質，外覆環氧樹脂／聚酯上色粉末塗料，但鋼絲較細，支撐力恐不足，姥姥建議要用的話，**就用寬度不超過 50cm 的比較保險**。

Point 2 ｜網籃不如木抽屜耐用

如果長度超過 50cm，就選用木抽屜，因為承重力較好，也有 10 年保固。以 100cm 寬的網籃與抽屜比，網籃 500 元，抽屜 1,300 元，若買 4 個抽屜價差 3,200 元，但有 10 年保固，我覺得是值得投資的。

記得消費的鐵律：當你不懂材質時，越便宜的東西就選保固期越長的！

註 1：IKEA 的保固年限與產品價格會調整，以官網及型錄上的為準。

註 2：如果你不知道「天龍國」是什麼意思，請參閱漫畫《航海王》，東立出版。

Birkeland 衣櫃。白色桶身，格子玻璃窗門片，依姥姥開的規格含五金為 2 萬 6,930 元，是我覺得很超值的鄉村風產品。（IKEA 提供）

❶ IKEA 的 LYNGDAL 滑門衣櫃，依姥姥開的規格，200cm 約 2 萬 6,380 元，CP 值高。可惜在本書撰稿期間已經絕版。❷ IKEA 網籃雖是鋼製，但支條較細，又沒保固，建議寬度不要超過 50cm 較保險，或者可加點錢選木抽屜。照片中 200cm 寬的衣櫃，含所有配件（不含衣物），1 萬 8,600 元。（IKEA 提供）

廚櫃篇

五金很棒，可挑鄉村風門片

　　IKEA 近幾年來特別推廚房系統櫃，姥姥看了一下，若照型錄的規格真的很便宜，3 萬元就有一套木紋板廚具。但實際詢價後卻非如此。

　　若以姥姥統一的廚具規格，IKEA 木紋板 ROCKHAMMAR 門片報價要 5 萬元左右（含運費及安裝），看來也沒有很便宜。除非是選最便宜的 HÄRLIG 白色門片，約 3.6 萬元。

　　前頭說過了，姥姥採訪過幾位用 IKEA 廚具的屋主，評價都還不錯。我原本最擔心 IKEA 的板材出包，但經過他們的肯定，再加上 IKEA 的 10 年保固，我覺得放心不少。而且，IKEA 廚櫃的五金配件等級超好的。

IKEA 廚櫃型錄與現實配備價差可達萬元以上，要請店員計價才準。圖為 ROCKHAMMAR 面板廚櫃，依姥姥開的規格，約 5 萬元（含運費與安裝）。（IKEA 提供）

Point 1 | Blum 的鉸鍊與滑軌

先談鉸鍊與抽屜滑軌，他們用的是五金界的高材生：奧地利的 Blum。姥姥看到鉸鍊上印的這幾個英文字時，還揉了一下眼睛，怕自己老花看走眼。

但我找遍 IKEA 型錄與網站，都沒有說是用 Blum 的，這很奇怪，反而是寫 INTEGRAL 鉸鍊（IKEA 的配合廠商），難不成這是系列名稱而不是那個 Blum？為此姥姥跟台灣 IKEA 與奧地利的 Blum 總公司求證，對，我直接去問 Blum 有沒有跟 IKEA 合作。

台灣 IKEA 的回覆是，只要產品上有印 Blum，就是那個高材生 Blum！嗯，很好，這代表大家都賺到。奧地利 Blum 則把我的信轉給台灣代理商「劉三五金」，劉老闆在確認我真的是寫文章的人而不是來詐騙的，他說：「Blum 是有幫 IKEA 生產專用的鉸鍊與滑軌，但那是以 IKEA 提供的標準生產，不代表有達到 Blum 自身產品的標準。另外，IKEA 也不是每件產品都會用 Blum 的五金。」

嗯嗯，這段話的意思就是：IKEA 的確是用 Blum 的五金，但只有廚櫃有用喔，其他衣櫃展示櫃電視櫃什麼什麼櫃的，就都沒有；再來，IKEA 配的 Blum 品質可能沒有 Blum 自己的產品好（姥

看到沒，不管是有緩衝或沒緩衝的鉸鍊，都是 Blum 的耶！

姥 OS：但 Blum 總不會砸自己的招牌吧，上頭還是有印商標的）；只是不知 Blum 會跟 IKEA 合作多久，不保證每年的 IKEA 廚櫃出貨都配 Blum 五金。

那有什麼關係，現在有配就是現賺啊，照 IKEA 網站上資料，廚櫃門片與抽屜都可開關拉抽 20 萬次，假設我們一天開關 20 次，一年算 8,000 次好了，這五金可 25 年不壞，我想應該是夠用了。

Point 2 | 水槽瀝水槽太淺

IKEA 的水槽有兩個缺點。第一，幾位屋主都說：「瀝水孔太淺，不好用。」IKEA 水槽是歐規，瀝水孔較淺，中式料理飯菜殘渣多，瀝水孔常會滿出來或塞住不易洩水，要常清理。

第二個是 IKEA 第一線的店員跟我說的，就是他們遇到的維修案中多是「排水管漏水」，雖然我遇到的個案都沒這問題，但這個訊息也供大家參考。

IKEA 的排水孔太淺（左圖），較易積廚渣。台製水槽的瀝水孔較深（右圖）。

姥姥分別在不同屋主家拍到的。同樣使用 5 年左右的瀝水孔，左圖發生水鏽，右圖則還好。

Point 3 │ 請注意保固的範圍

除了 LAGAN 及 FYNDIG 兩大系列，IKEA 所售廚房水龍頭、水槽、美耐板枱面，都只有 1 年保固。至於以下商品則是 10 年保固：FAKTUM 櫃框、門板、INTEGRAL 鉸鍊、RATIONELL 全開式抽屜、強化玻璃和美耐皿層板、網籃等。看到沒？廚櫃的網籃是 10 年保固，但衣櫃的沒有保固喔，廚櫃的網籃看來是比較強的。可惜尺寸兩者不同，不能借用。

Point 4 │ 白色門片 CP 值較高

在系統廚櫃的比價戰中，IKEA 的白色鄉村風門片 STÅT 系列真的 CP 值頗高。這種造型的廚櫃，一般系統家具商的報價要 6 ～ 12 萬元不等，但 IKEA 可以用 5.5 萬左右安裝到好，相對便宜很多。

不過估價的過程，我發現一個怪現象：IKEA 實際估價通常會比型錄上的數字高。以 STÅT 為例，IKEA 簡易目錄上是寫，一字型 220cm 價格含安裝及運費，是 4 萬 2,703 元。但我請 IKEA 店員幫忙規劃 210cm 的廚房（照我開的規格），卻要 5 萬 2,800 元。

為什麼我的尺寸比型錄上的小，價格卻多了 1 萬元？

把手、踢腳板選的款式不同會有價差，但差距不大。差比較大的是型錄上整套都是門片層板組，只有 1 個抽屜，但我要 3 個抽屜，一差就是 3,200 元；另外因櫃體的側板顏色與門片有色差，為求完美，他們會主動加配櫃體蓋板給你，壁櫃蓋板與底櫃蓋板共 2 片要 1,180 元。

還有水槽、水龍頭選的等級也不同（我選的是水槽 3,990 元，水龍頭 2,990 元）。這樣林林總總加起來就會比型錄上的價格多 1 萬，當然還是比系統家具的 6 萬多元便宜。

但若選白色調的 HÄRLIG 門片，因為門片與櫃體顏色相同，可少幾片裝飾蓋板，這樣只要 3.6 萬就可安裝到好。

白色的 HÄRLIG 門片，因色調與桶身相同，可不用裝飾側板，更省。以姥姥開的規格約 3.6 萬元。（IKEA 提供）

白色線板門片的 STÅT 系列，是 IKEA 的熱賣產品。若照姥姥訂的規格做 210cm 一字型，約 5.5 萬元可安裝到好。（IKEA 提供）

把要收納的鍋碗盆列一清單，好好規劃要放在那個抽屜。這樣不只好拿好用，光是看也賞心悅目。（IKEA 提供）

網籃支條數量雖少一點，但夠粗勇，也提供保固。

■ IKEA 廚具的基本安裝費用

廚具總長尺寸	價格（元）
150cm 含以下	4,200
151～200cm	5,250
201～250cm	6,300
251～300cm	7,350
301～350cm	8,400
351～400cm	9,450
401cm 含以上	每 50cm 收 1,050 元

註：以上價格含廚櫃、一般檯面、水槽、瓦斯爐、抽油煙機的安裝；廚具每遇一個轉角扣 30cm；若只安裝底櫃，以 80％計價，但不含瓦斯爐、抽油煙機的安裝。高雄地區價差約 500 元以內。

我又另外算了木紋板的價格，型錄上 ROCKHAMMAR 面板 220cm 含運費及安裝是 3 萬 7,033 元，但照姥姥開的規格弄到好要 5 萬元左右，這個價格就不一定比系統廚具業者便宜了喔，二線系統業者反而更便宜。

所以 IKEA 廚櫃中 CP 值較高的，是鄉村風門片、白色系的門片。但因型錄與實際會有高達 1 萬多元的差距，最保險的做法還是請 IKEA 照你要的規格，重新報價，再來比比看。

姥姥的裝潢進修所

買 IKEA 的祕技

在計價過程中，我又體會出一些買 IKEA 的超高 CP 值省錢法。

（1）上櫃可加點錢換成玻璃門片。IKEA 玻璃門片櫃相對便宜。STÅT 30X70cm 壁櫃，白色格子玻璃門片櫃只比線板門片櫃多 400 元左右。上櫃換玻璃門片，美觀又好用。

（2）多出來的板材記得跟他們要！美耐板枱面只有兩種長度，186cm 和 246cm。若是 210cm 長的枱面，必須選 246cm，IKEA 會幫忙裁切好尺寸，但多餘板材你還是可以留著，美耐板表面很耐刮又好清潔，也可裁成隔熱墊，未來或許用得上。

（3）若還是擔心 IKEA 的櫃體不耐用，可請系統業者或木作師傅打造櫃身，自己去 IKEA 買門片，然後請師傅幫忙裝（若桶身給木作師傅做，1 尺約 2,000 元左右，五金另計）。

或許有人想用 IKEA 五金來配傳統木作櫃，但 IKEA 的門片與五金（如鉸鍊、拉籃等）尺

IKEA 門片相對低價。

寸都不同於台灣常見的尺寸。即使外觀看起來同樣是 60cm 寬的門片或抽屜，IKEA 的就是會差 1 ～ 3cm。若不先量好尺寸，到時櫃身與門片可能會合不上，這點請特別注意！

其實光是 IKEA 本身的衣櫃、廚櫃與書櫃的尺寸都有點差異，我曾經想用廚櫃的網籃去當衣櫃的網籃，尺寸也是差 1 公分，就是不能裝。所以在「混搭」前，一定要跟師傅們溝通好尺寸。

重點筆記：

1. IKEA 系統櫃的板材承重力與耐潮力都不太好，挑對了，CP 值才高，如書櫃層格選 45cm 以下較保險。
2. 選保固期長的產品。像 PAX 衣櫃與廚櫃的板材都有保固 10 年，但展示櫃或書櫃、電視櫃都沒有保固。
3. 若住在潮濕的地方，要認命，IKEA 不是你的白馬王子，不然就要有 3、5 年後會染上「非典型症候群」的心理準備。

註：因 IKEA 產品每年會調整，文章內所提系列產品的價格或保固與否，皆以 IKEA 現況為主。

Part 4 / 8 做櫃子偷吃步
這些細節都可以省！

除了櫃體可省錢外，櫃子後方牆壁用的工法也可再少點銀兩。基本上，牆壁的工資有部分是花在「好看」上，包括貼磚、批土上漆等，但櫃子已經擋住了牆壁，自然這部分的美容費就可省下來了。

貼磚連工帶料（國產品）1 坪約 4,000 元，油漆連工帶料 1 坪約 700 元，廚櫃衣櫃書櫃的壁面加起來多少有 5、6 坪，再加儲藏室、更衣室，就可省下 1 ～ 3 萬元。或許看起來不多，但是眾多小錢累積起來也相當可觀。

Point 1 ｜廚櫃後方牆壁，做到粗胚就好，不必貼磚。

現在最常見的廚具設計，就是上下都有櫃體、中間牆壁加貼烤漆玻璃。因此櫃體後方的牆面可做到水泥粗胚的程度即可，不必粉光，也不必貼磚。牆面磁磚貼工加國產磚的費用，1 坪約 4,000 元，兩坪大的牆就 8,000 元，不無小補。

若只做下櫃，則上半的壁面可選批土油漆，也會比貼磚便宜點，但因為是在廚房，要選耐刷洗的乳膠漆較佳。若可接受水泥粉光牆壁，又能省更多。但無論那種做法，要記得，**在瓦斯爐前方還是建議加貼好清理的烤漆玻璃或美耐皿壁板等，以免卡油汙難清理。**

Point 2 ｜衣櫃及封閉式書櫃後方牆壁、儲藏室的輕隔間牆，都不必批土上漆。但櫃體後方記得加防潮布。

因櫃體擋住牆壁，自然不必再批土上漆。姥姥特別提儲藏室的牆，是因為新建的牆體多是輕隔間牆，面板是矽酸鈣板或石膏板（建議選防潮石膏板，因儲藏室多半較不通風），一般都會在表面批土上漆，以求美觀。

但儲藏室基本上只求功能好用，美觀是其次，可以省去上漆。況且，不上漆對矽酸鈣板與石膏板反而較好，因為板材本身還是有吸放潮氣的功能，批土上漆會塞住毛細孔，反而沒了這項功能。

若櫃體或儲藏室的牆後是浴室或廚房，則建議在櫃體後方加防潮布，因價格便宜，多半不會加價，不要白不要，記得開口問問師傅或設計師，不要放棄升級的機會！

Point 3 ｜更衣室與儲藏室不必做木作櫃，用現成櫃、鉻架或便宜的系統櫃就好。

規劃更衣室要掌握一個原則：就是「人可以走進去的放大版衣櫃」，裡頭的櫃子只要有收納衣物或雜物的基本功能就好，為了美觀做實木皮木板、染色上漆、

❶❷像這個廚房的整面牆都被上下廚櫃、電器櫃與烤漆玻璃遮蔽，看不到的壁面都可粗胚打底就好，不必貼磚。

❸櫃體後方或儲藏室的牆面可不必批土上漆，保留板材原始面貌即可。圖中為石膏板未上漆的樣子。

❹我個人覺得更衣室的門一關，就能遮醜遮亂，所以櫃體用便宜的系統櫃就好。圖中的更衣室造價可不便宜，一樣老話一句：沒錢不要學！

線板等，都屬不必要的花費。可以採用布簾衣櫃的做法，把吊衣桿鎖在牆上，或者直接買 IKEA 或系統家具衣櫃的桶身來用。

儲藏室更是可以用更便宜的鉻架來置物。但要注意品質，特力屋的鉻架雖便宜，但不是不會生鏽喔！

Point 4 ｜櫃子規劃成隔間櫃，可省牆的費用。

姥姥在做隔間牆的隔音實驗後，發現大部分隔間牆都沒有什麼隔音效果。所以不如直接用櫃子當隔間，可大大省一筆開銷。

系統家具
不能說的祕密

價差和板材的真相

System Furniture

姥姥為了寫系統家具,先是以「普通消費者」的身分到各知名系統商與 IKEA 詢價,我想這樣才能知道第一線的業務會說什麼話,大家又會遇到什麼問題。

本已交稿,但當姥姥再以「作者兼記者」的身分,與台灣最上游的板材代理商與貼板廠大老們聊過後,我打電話給出版社總編:「系統家具篇要重寫!」原本定稿的文字全丟進了垃圾筒!

好吧,讓我們來看看,你所不知道的真相——關於系統家具界奇妙的樹狀結構生態,以及會讓你多花冤枉錢的迷思。

（IKEA 提供）

 自己找二線品牌訂做可省多少?

210cm 寬 ×240cm 高的衣櫃:
一線品牌報價約 8 萬元,
採用二線品牌,只須 3 萬左右。
可省下:8 萬 -3 萬 =5 萬元

1 座衣櫃省 5 萬,假設 3 房有同規格衣櫃共 3 座,
可省下:5 萬 ×3=15 萬元!

本書所列價格僅供參考,實際售價請以小院網站公告價為準。

Part 5
1
品牌大閱兵
「我最便宜！」攏是騙人

姥姥
點評

系統家具各品牌的價差很大，甚至高達一倍以上。別相信業務員說的，價差是因為用了國產板材或進口板材，因為台灣根本沒有一家工廠有能力自製塑合板，所有板材通通都是進口貨，成本也不一定比木心板高。

為了介紹系統家具與廚具，姥姥從有名的品牌逛到沒名的品牌，從通路商問到板材商，從基隆跑到屏東，跑得腳都快斷了，可惜沒瘦下半公斤，哈！

系統家具業界與燈泡界有拚，除了江湖上的九大門派，還有上百家較不為人知的小門小派。但與燈泡界不同的是，這些門派小雖小，武功可不一定比知名門派差。只是，為了做生意，不管哪一派，難免有些不良廠商嘴上功夫比手腳功夫強，可以把黑的講成白的。

觀念大反轉

系統家具的 5 大迷思

姥姥把向各家詢價結果做成「系統家具報價、鉸鍊等級大車拚！」表格（請看第 204 頁），果然「數字」比言語及文字誠實多了，原來很多觀念都只是「行銷話術」，事實根本不是那樣。來看看這些常見的迷思吧！

迷思 1　系統家具比木作櫃便宜？

✅ 正確答案：事實上，拿木作工班的報價來比，系統家具商反而有一半都比木工貴。

系統家具本身是好東西，基本的板材是粒片板（Particle Board），是將木頭打成碎塊後，經高壓高溫壓製而成。上頭若貼合美耐皿材質，就成系統家具用的塑合板。

塑合板是將無法利用的木頭邊材或回收的木頭再利用，立意環保，而且可以製作出「比木合板更便宜」的木板材，降低成本。更威的是，還是低甲醛。這不管是對地球，對整個家具產業、對消費者，都是一級棒的產品。再加上系統家具是「固定尺寸」、由工廠系統化「量

系統櫃不一定比木作櫃便宜，還是要看品牌訂價。（小院提供）

產」，有點經濟學知識的都知道，生產成本比「客製尺寸」與手工製作的便宜許多。

但在台灣，卻非如此。最後到消費尾端的價格，不見得與我們認知的相同。唉！早年系統家具是便宜的，但在加入品牌建立的成本後，今非昔比。

姥姥詢價過程中，歐德的設計師算誠實，直接就說自己絕對比木作的貴，貴多少呢？衣櫃、廚櫃的估價皆比找木作師傅釘櫃子貴一倍。其他大部分業者都說比木作師傅便宜，甚至還打出視死如歸般的「我最便宜」口號。當然根本沒有這回事，只是業者自己喊爽的而已。

也有業者跟姥姥說，「我們家貴是因板材與五金用的好，成本比木作高。」——嘿！這些第一線的業務員實在太不了解姥姥機車的個性，衝著這句話，我又去查了板材與五金的價格。

五金：1 組兩個台製川湖的鉸鍊是 75 元，1 組 salice75 元，德製 Hettich90 元，奧地利 Blum160 ～ 180 元。1 座衣櫃 4 片門，德製與台製加總約差 240 元。

板材：木心波麗板 4×8 尺 700 ～ 1,000 元（這是單面波麗板價格），算 1,000 好了，1 才約 32 元；系統塑合板 7×9 尺，1,200 ～ 2,500 元左右，花色圖案會有價差，1 才 19 ～ 39 元，以價格高點的 2,000 元來算（還不是最低價的喔），1 才 32 元左右。請問成本會比木作高多少？

有趣的是，也有不少家居媒體寫著：系統家具價格高低是看國產或進口業者，成本價格不同。但事實上，在台灣，**所**有通路商都是「台灣人」自創的公司，包括歐德，沒有一家是國外品牌駐台灣的分公司。另外，在台灣，所有塑合板都是進口貨，因為台灣沒有一家工廠有能力做塑合板，根本沒有所謂的國產板材，只有在台貼皮裁切封邊而已。

不過姥姥再強調一下，**我並不是說系統家具就不能比木作櫃貴**。就像同樣是人造皮，如果包包上把 L 與 V 這兩個英文字母靠近印在一起，這個包就是比別的品牌貴。

另外在施工品質以及板材的耐溫度上的確有差，歐德的廚櫃枱面可耐 300 多度高溫，別家則都沒提到自家板材能做到這一點。所以我認同有品牌的業者可以定價高，這是自由商業行為，但不能明明比較貴，還在官網上說自己最便宜！

迷思 2　高價是因師傅安裝功夫比較好？

✅ **正確答案：**師傅安裝功夫有分高下，這論點我也贊成。但還好我們是在台灣，若是別的國家我就不敢說以下的話了：台灣系統家具是發展非常成熟的產業。什麼叫發展成熟？**就是工班在施工技術或板材技術上普遍都有一定的水準，不太會出問題。**

不過，姥姥還是隨機上網找了幾家聽都沒聽過的系統家具業者，去看施工品質，再問一些屋主對不知名業者做的系統家具的使用心得，基本上我問到的例

系統家具的保固，不一定是越貴越久。（小院提供／雅娟設計）

子都沒有什麼抱怨。不過我也曾在朋友家中看過非常糟糕的施工，封邊還會掉下來，但他家訂做的櫃子的確價格較低。

比較表上大家都看得到價格，可再打個 8 折，**若衣櫃 1 尺（連五金配件）在3,000 元以下，要當心點**，低於行情只有兩種情形：一是偷工偷料，另一個就是走薄利多銷路線，希望你遇到的是後者。

另一個保障方法，是先去看看這家廠商的施工案例。姥姥要求參觀案例，許多家都說沒問題。只是提醒大家，女生還是要找人陪同前往，畢竟安全第一。

迷思 3　大品牌的系統業者保固期較長？

正確答案：我原本以為有品牌的業者或者價格貴的保固期會較長，所以開價較高，但事實並非如此。歐德價格最貴，但板材只保固 5 年，愛菲爾、都會族等反而有 10 年的保固，只要變形、受潮，可免費更換。五金則相反，一線品牌的綠的傢俱、歐德、三商美福皆保障終身，其他業者則在 3 年以內。

要注意的是，五金的部分多是只有保固「結構式五金」，也就是鉸鍊。其他的五金配件，像滑軌網籃，大家都只保固 1 年。

「那些二線或沒有知名度的公司^註，保

註：本書所提到的「一線品牌」，是指大量在媒體刊登廣告的業者，知名度普遍較高，如歐德、綠的傢俱、三商美福等；「二線品牌」指的是一般消費者不一定聽過、但偶爾打廣告、在業界也算知名的愛菲爾、全廉工坊、都會族等；而「不知名品牌」指的是設計師才會接觸、完全不打廣告、一般人聽都沒聽過的通路商。

固期比公司的年齡還長，你怎知他們不會倒，到時你家板材壞了都沒人維修！」這是某家設計師的說法。

表面上似乎言之成理，但仔細想一下，我們現在是拿木作櫃來當比較基礎。一個櫃子賣 4 萬 2 的保固 1 年，那賣 2 萬 8 的你會希望保固多久？當對方說至少 5 年時，你會不會覺得賺到？

另外許多系統家具廠商雖然名氣不大，但也經營有年。大家可上經濟部網站查詢公司基本資料，就可知公司成立時間。好玩的是，有業者說，「我們是 20 年老店。」我一查，他們公司才登記 9 年，這種會自動增加年紀的說法也很常見，但能超過 5 年不倒的，多少有點底子。

迷思 4　塑合板才不會有蟲蛀？

✓ 正確答案： 這句話只對一半。木工師傅釘的木作櫃會有蟲蛀，是因為低甲醛對人較健康，偏偏對蛀蟲也好。木心板自從規定都要符合 F3 等級後，犯蟲的機率多了一點，不過整體看來還是算低的。至於系統櫃用的塑合板，因為在製程中經過碎裂木頭加上高溫高壓，板材裡的蟲卵都同步投股轉世了；內部犯蟲率幾近於零，但是塑合板仍是木板的一種，「外來蟻患」是無法防範的。

若你家很濕很溫暖，又剛好有一公一母的白蟻決定在你家廝守一世，那系統櫃仍有可能被蟲蟲家族又啃又咬。不過，**以木心板與塑合板比的話，塑合板的蟲蛀率的確較低。**

迷思 5　塑合板的甲醛量比木心板低？

✓ 正確答案： 很多系統商在店裡的說明書、DM 都說木心板、木合板的甲醛量有多高等等。市面上會看到兩種甲醛標示法，一是 F 開頭的，乃採用日本 JIS 與我國的 CNS 標準；一是 E 開頭的，採歐盟的 EN 標準。系統家具用的塑合板是後者，最常見 E1 等級；木心板是前者，最常見 F3 等級。

姥姥去查了各標準的定義後（見下表），發現台灣跟歐盟測試甲醛方法有點不一樣，所以單位有 mg/L 與 mg/100g 的差別。這有點複雜，我也不想講太多空氣量與水溶量的不同，簡言之，基本上不能直接比，但歐盟的 E1 板材能通過台灣 F3 的檢驗等級，**所以可以概稱 E1 等同 F3，也就是塑合板的甲醛含量與木心板是「同一等級」，並沒有比較低！**

不過雖然板材的甲醛含量都是同一等級，但施工過程中，木作師傅可能會用到強力膠黏合板材，會產生較高的揮發性化合物（甲苯為主），建議屋主可改買低苯膠給師傅用。

另一個會渾水摸魚的，是所謂零甲醛的板材。這裡也很謝謝塑合板進口商特別幫姥姥上課，講解「甲醛的全球檢驗標準史」。請大家特別看一下表中的歐盟那一欄，「E0」就是在台灣常聽到業者說的零甲醛板材。為什麼我要用灰色字體？因為歐規根本沒有什麼 E0 的標準！

那奇怪了，為什麼歐盟都沒有的規格，在台灣卻變成零甲醛的代名詞？這一追下去，又發現很好玩的事。先來解釋一下什麼叫「零甲醛」。

零甲醛並不是甲醛量真的等於零，而是量很低很低。根據台灣與日本的標準，甲醛釋放量最低的是 F1 或 F4 顆星，在 0.3mg/L 以下。

但市場上塑合板板材多來自歐洲，歐盟的檢驗標準只到 E1 等級，並沒有測更

低的標準。不過歐盟有沒有出零甲醛等級的板材？有的，只是不叫 F1，也不叫 E0，而是叫 F4 顆星。這是因應日本市場，照日本 JIS 標準出板材，在板材側面也會印 F4 顆星的標示。

那台灣業者為什麼不直接引用 F4 顆星的說法，反而要叫歐洲沒有的 E0[註]？

有進口商跟我解釋，E0 的叫法比較容易記，好行銷。這也沒錯，名字中有個 0，消費者就會知道這是零甲醛板材。但問題來了，若歐盟沒有 E0 的標準，那台灣版 E0 標準在哪裡？

業界有兩種說法，一是在 0.5mg/L 以下，另一是 0.3mg/L 以下，於是也有業者稱後者為 super E0。不過不管是 E0 或 super E0，若沒有政府認定的檢驗單位把關，請問我們怎知到我家的板材是什麼等級？E0 板材的價格比 E1 貴 2～3 成，

姥姥的裝潢進修所 ■甲醛釋出量等級標準

釋出量	台灣 CNS2215	日本 JIS A5908	歐盟 EN120	大陸國家標準《膠合板》
均值 0.3mg/L 以下，最大值 0.4 以下	F1	F★★★★ 4 顆星	E0（super E0）	-----
均值 0.5mg/L 以下，最大值 0.7 以下	F2	F★★★ 3 顆星	（E0）　根本不存在！	E0
均值 1.5mg/L 以下，最大值 2.1 以下	F3	F★★ 2 顆星	E1(8mg/100g 以下)	E1

資料來源：CNS、CEN

註：後來中國大陸的系統家具塑合板有 E0 等級，中國國家標準《膠合板》GB/T9846.1-9846.8-2004，把甲醛釋出量等級分成 3 個級別：E2 ≤ 5.0mg/L，E1 ≤ 1.5 mg/L，E0 ≤ 0.5 mg/L。

但只要業者沒標示他家的 E0 甲醛量在 0.3mg/L 以下，就算是用超標的板材也不算違法。因為 E0 並不是法規規定的標示，只是行銷的稱法。

所以在這個需要自力救濟的年代，想買真的零甲醛板材者，還是請業者出示證明較保險。注意喔，**是台灣 F1 等級或日本 F4 顆星的證明，沒有什麼 E0 的證明。**

塑合板比木心板強的地方，就是有推出 F1 等級的板材。目前台灣有 F1 的品牌是威佐的 EGGER、恩德的 KAINDL、德商露德的 WODEGO 等等。

F1 對大家的健康好，而且更好的是，「板材成本跟木心板差不多」。

這不是太棒了嗎？姥姥原本也很高興，但後來問了通路商，發現有的品牌價格仍比木作櫃貴許多！還好，若你指定用 F1，部分二線業者只在板材加價 2.5 成，總價還是比木作櫃低。

其他業者如三商美福與綠的傢俱等，因原本就是報價 F1 等級的板材，報價就沒有再另外增加。

不過在網路上有個關於 F1 的迷思要釐清一下。有人說 F4 顆星的零甲醛板材不是綠色的（大家常見的防潮板是綠色的），所以防潮力較差、強度也較差──這是錯誤的講法！

根據 EN312 的歐盟標準，P3/E1 板材的吸水厚度膨脹率是 14% 以下（台灣 F3 標準則是 12% 以下），抗彎強度是 8 ～ 13n/mm2。F4 顆星的板材在台灣是 F1 的等級，吸水厚度膨脹率也是在 12% 以下，抗彎強度卻是在 13 以上，EGGER 的板材還可達 18 以上，所以「以標準訂定的數據」來看，F4 顆星並沒有比較弱。但在台灣個別送測的樣品出來的數據卻可看到 P3 的表現比 F4 顆星好，Why ？先賣個關子，下個章節再來聊。

姥姥要提醒，想用 F1 板就是想讓家裡的甲醛量降到最低，**請記得同時要求「其他的木作與家具工程」，全都採用低甲醛產品，如果只做半套，豈不是會破功了？**

但沒有用 F1 的人也別擔心，人間處處有甲醛，你坐的沙發或車子可能都有，現在板材都是符合 F3 低甲醛等級，請別自己嚇自己。

裝潢好後把門窗打開，通風一兩個星期再搬進去，甲醛量也可大幅降低。（綠的傢俱提供）

解讀 F1 板材的 SGS 報告

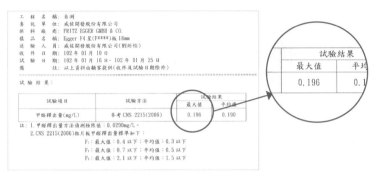

符合日本標準的 F4 顆星板材，甲醛釋放量與台灣的
F1 等級相當，幾近於零。

吸水厚度膨脹率 (%)	1	12 以下
抗彎強度 (N/mm²)	14.2	13.0 以上
木螺釘保持力(N)	528	400 以上
內聚強度 (N/mm²)	0.5	0.2以上

含水率(%)		7
抗彎強度 (N/mm²)		20.6
濕潤抗彎強度 (N/mm²) A試驗		9.5
吸水厚度膨脹率(%)	CNS 2215(2006)	4
內聚強度 (N/mm²)		0.6
木螺釘保持力 (N)		657

從測試報告可看出，威佐的 EGGER（左）與龍
疆的 SPANO（上），F1 等級板材的吸水厚度膨
脹率、抗彎強度、木螺釘保持力等，並沒有比 P3
等級的防潮板差。（威佐與龍疆提供）

重點筆記：

1. 系統家具不一定比木作櫃便宜，要多比價。

2. 櫃體與五金、網籃、吊衣桿等保固期都不同，要問清楚。

3. 零甲醛的板材要看通過台灣 F1 或日本 F4 顆星的檢驗證明。

■系統家具報價、鉸鍊等級大車拼！

	衣櫃總價 （元）	單價 （元 / 尺）	廚具 （元）	單價 （元 / 尺）
木作師傅	4.2 萬	6,000~7,000 （含噴漆）	4.2 萬	6,000~7,000 （含噴漆）
設計公司 木作櫃	4.9 萬	7,000~8,000 （含噴漆）	4.9 萬	7,000 ～ 8,000 （含噴漆）
設計公司 系統櫃	3.2 萬	4,000	多轉給廚具 公司報價	------
歐德	8 萬 1,600 （原價 9 萬 6,000，滿 20 萬打 85 折）	11,657　貴	8 萬 1,600 （原價 9 萬 6,000）	11,657　貴
三商美福	6 萬	8,571	11 萬	15,714　貴
綠的傢俱	8 萬 7,750 （打 75 折後價格）	12,536　貴	不做廚具	------
愛菲爾	4 萬 9,600	7,085	4 萬 9,900	7,141
全廉工坊	5 萬 1,000	7,285	4 萬 9,000	7,000
都會族	3 萬 2,000	4,500　便宜	4 萬 2,298	6,042　便宜
不知名 系統業者	3 萬 1,500	4,500　便宜	4 萬 2,000	6,000
IKEA	PAX 系列 Ballstad 門 片 1 萬 8,440， 滑門 Ånstad 系列 2 萬 7,830	Ballstad 2,766　超超超便宜 Ånstad 4,310	ROCK HAMMER 面板 /5 萬左右	超便宜 7,142

註

1：除了 IKEA 用自家合作廠產品，其他業者的網籃與吊衣桿皆用台製品，保固 1 年。

2：桶身與門片都採各業者基本熱賣款，大部分通路商是 F1 板材加 2 ～ 2.5 成，木紋部分浮雕花色加 1 成，但綠的傢俱與三商美福是用 F1 等級板材，報價不必再加價。

3：廚櫃門片以木紋門報價，不含廚房三機，基本款三機約 3 萬元。

4：板料保固指櫃體結構，不包括板料因滲水而膨脹或發霉；五金指鉸鏈等結構五金，保固為開關不順，若因滲水生鏽等不包括在保固內，另外抽屜或滑軌、拉籃屬外訂品多保固一年。

書櫃（元）	單價（元/尺）	板材品牌	鉸鍊滑軌品牌	保固備註
2.9 萬	3,000~4,000（噴漆 1 才再加 60~100）	台製波麗木心板	台製川湖、火車頭	無保固或 1 年
3.6 萬	4,000~5,000（噴漆 1 才再加 60~100）	台製波麗木心板	台製川湖、火車頭	1 年
------	------	不指定品牌	台製	1 年
4 萬 800（原價4 萬8,000）	5,828	德國 Wodego/ 抽屜部分層板用比利時等其他歐洲板材	德國 Hettich	板材 5 年 五金終身
5 萬 貴	7,143	奧地利 EGGER F1 板 更健康	奧地利 Blum 鉸鍊 但滑軌不是 Blum 棒	板材 5 年 五金鉸鍊終身滑軌 5 年
4.5 萬（打 75 折後價格）	6,428	奧地利 kaindl F1 板 更健康	鉸鍊義大利 Salice 滑軌台製火車頭	板材 10 年 棒 五金終身保固
3 萬 3,430	4,775	龍疆	德國 HAFELE 自動回歸鉸鍊	板材 10 年 五金 3 年
2 萬 6,000	3,714	龍疆 恩德	台製五金 義大利 Salice 或 德製 Hettic	板材 10 年 棒 五金 1 年
2 萬 1,964 超便宜	3,137	龍疆 EGGER	奧地利 Blum 鉸鍊，滑軌用台製川湖，也可指定歐洲品牌 棒	板材 5 年 五金鉸鍊終身保固
2 萬 8,000	4,000	龍疆 EGGER 德國 PFLEIDRER	義大利 Salice	板材 5 年 五金 5 年
Billy 開放式書櫃 200cm×237cm 高，1 萬 1,500 超超超便宜	1,725	IKEA 粒片板 防潮承重較差	KOMPLEMENT 吊衣桿、網籃、抽屜、鉸鍊	板材 10 年 棒 結構五金 10 年

5： 單價是以此規格配備五金除以尺寸而得，每家品牌單價會視配備不同與尺寸大小而異。木作櫃與系統櫃的估價規格： 7尺 ×8尺 × 深 60cm；桶身板材：木作櫃為波麗木心板，系統櫃為 P3 防潮塑合板；五金配件：木作櫃多用台製品，系統櫃採用台製或德製。IKEA 的規格為寬 200cm× 高 236cm× 深 60cm；桶身板材為普通粒片板，背板為密集纖維板；五金則採旗下合作廠。

6： 文內所提各品牌廠商的價格和保固期限等，皆為當年採訪資料，現況各品牌或有調整。

Part 5 / 2 木作櫃與系統櫃，娶誰好？
防潮、承重、價格追追追

姥姥點評

評判防潮力只是較數字高低並沒有意義，只要在 12% 以下皆可。廠商送測試總會挑最完美的產品出征，不代表到你家的貨色一樣棒。而且會不會變形，其實使用者的習慣是很大的關鍵！

「系統櫃還是木作櫃比較耐用啊？」嗯，這個問題可入列是網友愛問榜前三名。姥姥一向愛做實驗，於是跟設計師 A 先生借了木心板與系統櫃用的塑合板來試，一不做二不休，又加進 IKEA 的層板。然後我把板材拿給木作師傅 B 先生做泡水測試。

唉，我老覺得自己八字很硬，每回做實驗都做出嚇到自己又會得罪人的答案。請大家將眼睛瞄一下在本頁下方的實驗

姥姥的裝潢進修所

■各式板材泡水 24 小時後實驗結果

	泡水前厚度 cm	泡水後厚度 cm	膨脹率
木心板（柳桉木）	17.5	17.6	0.57%
木心板（麻六甲）	17.5	18.2	4%
密集板	18.5	20.4	10.2%
塑合板（無封邊）	18.5	20.5	10.8%
塑合板（有封邊）	18.8	18.8	0.00%
IKEA 塑合板（無封邊）	16.7	20.3	21.5%
紅膠夾板	18.0	18.3	1.7%

不易變形。

防水能力一流，泡一天也幾乎沒膨脹。

註：以上資料只能參考，因實驗條件未統一，且防潮與防水是兩回事，根據使用者經驗，若在一般非潮溼地區，連 IKEA 的板材都不易受潮。

像這樣把板材浸水 24 小時後，用游標尺量泡水前後的厚度差別。

塑合板的膨脹程度比木心板厲害。

結果，天啊，我之前還以為系統家具塑合板防潮力最好，但泡水後的變形率卻比木心板大。當然我知道防潮跟防水是兩回事，不能把板材拿去泡水，但我一直傻傻的以為系統家具比木作櫃耐潮，現在看來並不是這麼一回事。

我知道這種小實驗是幼稚園等級的扮家家酒，不能下什麼評斷，但我一看到結果就想去找出真正的實驗數據來看看。於是，我又去調了 CNS 的數據，對，現在 CNS 已經變成我家後院，姥姥三不五時就去串門子。

防潮、承重：木心板勝

系統家具用的塑合板與 IKEA 層板，都屬於粒片板，檢測項目是 CNS2215，木心板屬於合板，項目是 CNS1349，但這兩種的測試項目不同，後者並沒規定要測吸水厚度膨脹率，一樣無法比較。

還好，台灣學界有研究木板材的專家。姥姥打電話請教台大森林系王松永教授，他說，不管防潮力或強度，都是木心板較好。

因為塑合板是將木塊打成碎屑壓合而成，表面再貼上耐磨的美耐皿，底材木碎塊間孔隙多，比較會吸水，耐潮力與強度都較差。而木心板是小木塊組成，木塊的結構力比木屑好，所以鎖合力與承重力、抗彎強度等都較佳，也就是比較不易下陷，耐用度較佳。

不過從姥姥委託木工師傅做的實驗來看，有封邊「且封得好」的塑合板，泡

木心板，木作師傅做櫃子用的板材，是小木塊組合而成。

IKEA 用的塑合板，底材與系統家具同，只是未經防潮處理。

系統家具用的塑合板，由木屑碎塊經高壓高溫壓製而成。綠色為有防潮能力的板材。

❶密集板（左）是由比塑合板的木碎塊更細的木纖維高壓壓製而成，板材更平整結實。

❷這是有封邊的塑合板，防潮力佳，泡水後幾乎沒變形。

一天幾乎沒膨脹，防水力反而比木心板好。而且根據使用者經驗，若是衣櫃、展示櫃、廚櫃等，系統家具的耐用度是夠的，只要不是在非常潮濕的地區，用個 15、20 年都沒問題。

價格與施工時間 ：系統櫃勝

但系統家具勝在關鍵優勢：價格相對便宜，施工快速，犯蟲率低，現場粉塵少較乾淨（相對便宜，是指二線廠商而言，知名品牌的價格是比木作高的，留待後文細談）。系統家具因是在工廠製作好，現場只有組裝，不像木作是現場裁切，所以施工時間會較短，三房兩廳的櫃體可在一周內完工。

施工粉塵：系統櫃較少

系統櫃施工時較少粉塵，但這是相對木作櫃而言，現場還是會有。都會族系統櫃的組裝師傅阿良說明，系統櫃現場會裁切的地方，除了插座、過電線等洞外，天花板、地板、牆與櫃子之間的封板或踢腳板也要現場裁切。

根據小院基地的經驗，若是老屋，通常水泥牆會不平，因此封板與踢腳板也可能會多次裁切，好配合那個「不平」，這時粉塵量就會較多了。

設計師孫銘德建議，希望粉塵少，可找有吸塵機及願意做防護的施工廠商（但通常要求做防護會另計價）。

犯蟲率：木心板高

前一章已分析過，木心板犯蟲機率高於塑合板。

甲醛量：別太相信網路舊資料

若各位上網找資料的話，會看到系統業者很愛貼的一個比較表，包括 V313、E1、E0 與木心板的比較，因為太多人貼來貼去，已搞不清楚來源是誰，但姥姥跟大家說，那些表的數據實在不可靠，經考證後都有問題（我連中華民國合板公會都去問過了），如木心板甲醛量寫超過 10mg/L，這不知是民國哪一年的產品，現在木心板都是在 1.5 以下，其他密度等數據也有問題。

所以， 塑合板比較強的這個結論沒什麼參考價值。前一章也已提過了，塑合板與木心板都一樣，是 F3 等級，但若需要 F1 等級，反而木心板中的炭化板表現比較好。

給選擇障礙的人

有讀者說還是不清楚怎麼選，有沒有更「指示性強一點的」建議，好吧，姥姥乾脆以條列式做結論：

1. 怕蟲的，選系統家具塑合板，但要注意廠商的封邊，層板要四邊都要封。

2. 有承重需求的，像放書，選木作櫃用木心板；若選系統家具，最好用 25mm 塑合板，或層板寬度在 40 公分左右的。但衣櫃展示櫃等，沒有太大承重要求的，就真的沒什麼差了。

3. 希望甲醛量比 F3 再少的，選塑合板 F4 顆星等級；希望更接近零甲醛的，選木作櫃用 F1 炭化板料，可達到近零甲醛，但價格會比較貴。

4. 怕潮濕變形的，可選木心板，但問問是否是「心仔」做的；或選系統家具，要選封邊封得好的廠商。

5. 用於廚房，是另種思考邏輯，選系統廠商但並不一定會用塑合板，如果怕廚房抽屜變形發霉的，選承重力高的鋁抽屜，或水槽下選發泡板或不鏽鋼桶身。選木作櫃的，是一樣的建議。

6. 希望自家廚房耐用到 20 年不壞的，選不鏽鋼，注意要選 304 的，請廠商開證明，不然有廠商會用 403 系列。

■ 木作櫃與系統櫃大 PK

	木作櫃	系統櫃
板材	6 分 18mm 木心板為例	P3 18mm 厚塑合板為例
防潮力	較佳　勝	較差
承重力	較佳　勝	較差
價格	衣櫃 1 尺 5,500 ～ 8,000 元	1 尺 4,000 ～ 1 萬多元，價差差很大
甲醛量	F3，但木心板的良率比較低，也就是無法保證每家品質都很穩定，另外門片要貼木皮者，強力膠等黏著劑有較高的揮發性物質，F1 板較貴	E1（與 F3 同等級），品管較好；若選 F4 顆星板材（約與 F1 同等級），價格較 F1 木心板便宜
犯蟲率	較高	較低　蟲蟲少
施工時間	較長	較短　快
清潔	現場施工，木屑多（但也有在工廠做好的師傅，現場組裝，與系統家具同）	工廠施工，現場組裝，環境粉塵較少，但若有需要現場裁切的，現場還是有不少木屑
空間利用率	較佳，畸零地或尺寸怪異的空間都能做最佳利用　有彈性	較差，尺寸固定；但也有業者是完全客製與木作櫃相同，但在畸零地的處理仍輸木作
造型	門片可做仿舊或用實木皮板，很有質感；但若選美耐板或塑膠皮板則與系統櫃同	要慎選門片花色，單色太平面者會很像塑膠，但已有逼真度極佳的木紋板，比實木皮板便宜
導角 R 角	若是選貼皮門片，做導角要另計價	層板與門片都能有 R 角

防潮
標準

追！系統櫃防潮，夠不夠力？

評判防潮力雖要看吸水厚度變化率報告，但比較數字高低並沒有意義，只要在 12% 以下皆可。而且會不會變形，其實使用習慣的影響還是大於數據證明。

系統家具是用塑合板當基材，有關防潮力的說明，姥姥在網路上逛了一圈，發現許多通路商的定義都有誤，例如官網上會告訴你，塑合板依防潮力不同，可分為 V313、V100 和 V20 的板材。以下是最常看到的定義版本（**其實是錯的**）：

將板材放在高溫水中 3 天，在低溫 1 天，3 天乾燥後，吸水厚度膨脹率在 6% 以下的叫 V313，6 ～ 12% 的是 V100，超過 12% 的是 V20。

但當姥姥去問進口板材商，結果好玩了，他們給的資料與網路上的大相逕庭。龍疆總經理吳聰穎語重心長地表示，V313 並不是一種規格，而是一種耐濕循環的測試方法。根據歐洲品牌 spano 提供的資料，是指板材經過常溫（約 20°c）以上的水中浸泡 3 天，再於零下 12°c 環境中冷凍一天，最後在 70°c 以上環境中乾燥放 3 天。以上過程重複 3 次，再讓這板材在相對濕度 65% 與 20°c 環境中氣候化後，來測試其性質。而且根據龍疆

提供的資料來看，V313 的吸水厚度膨脹率也不是 6% 以下，而是在 12% 以下。

吸水厚度膨脹率 ≦ 14%

不過經過歐盟統一標準後，現在塑合板的測試規格改採 EN312。EN312 的檢測依防潮力與結構強度分為 7 個等級，其中 P3、P5、P7 都具防潮力，18mm 的

比較防潮力，專家認為系統櫃的板材還是略遜木心板。但只要通過國內檢驗，吸水厚度膨脹率在 12% 以下就可以了！

P3 需在 14% 以下，P5 需在 12% 以下。P2 因為不是防潮板，因此沒有任何防潮的規範。而國內做系統家具的的板材都是 P3 的等級。

所以歐洲防潮板現在不該叫 V313，而是要叫 P3，並需通過台灣的 CNS2215 標準（我們是設定吸水厚度膨脹率在 12%以下）。目前國內送檢的 P3 板材吸水厚度膨脹率在台測試多在 9%，並非像網路上說的是 6% 以下。

姥姥也看過拿著 A 與 B 的板材測試報告在比誰的吸水厚度膨脹率低，嗯，我

再提一個盲點：**一個 18mm 厚 50x50mm 大小的樣品比較低，不代表一貨櫃 500 立方米的板材都是一樣的結果。**姥姥能理解，在商業模式下，總是會挑最完美的產品展示，但這不代表最後從倉庫出貨到你家的也是那麼完美。

另外，測試報告的數據可信度也是可討論的議題。我不是要懷疑皇后的貞操，但也看過「理論上應不會存在的數據」。是這樣的，某家業者的 13 型 F3 等級的粒片板送檢報告（99 年），吸水厚度膨脹率是 0.4%，是姥姥看過最低的。我後

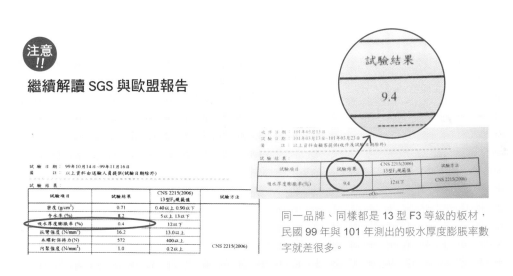

注意!!

繼續解讀 SGS 與歐盟報告

同一品牌、同樣都是 13 型 F3 等級的板材，民國 99 年與 101 年測出的吸水厚度膨脹率數字就差很多。

Table 6: Classification requirements P3 (see EN 312, table 4):

Mechanical properties Average board values	Unit	Board thicknesses						
Thickness ranges	[mm]	3-4	>4-6	>6-13	>13-20	>20-25	>25-32	>32-40
Raw density	[kg/m³]	-	-	720	675	660	645	635
Transverse tensile strength EN 319	[N/mm²]	0.5	0.5	0.45	0.45	0.40	0.35	0.3
Bending strength EN 310	[N/mm²]	13	14	15	14	12	11	9
Bending elasticity modulus EN 310	[N/mm²]	1800	1950	2050	1950	1850	1700	1550
24h swelling EN 317	[%]	17	16	14	14	13	13	12

這是姥姥自行從 EGGER 網站上調出的歐盟測試標準，其中台灣系統業者多是引進 18mm 厚的 P3 防潮板（俗稱 V313），吸水厚度膨脹率要在 14% 以下，根本不是網路上說 的 6% 以下。

來去問 CNS 標準局與台大教授，大家都說這是「極端罕見」的數據；但在 101 年的檢驗報告，同一型的板子吸水厚度膨脹率變成 9.4%，差的夠大吧。

但不管是 0.4% 或 9.4%，業者仍有因受潮要維修的紀錄。

從這件事可知，比較「樣品報告」的吸水厚度膨脹率高低並沒有多大意義，部分系統商鐵口直斷誰比較好，是不太周全的。應該要回歸到重點，板材只要有通過標準規定的 12% 以下就 OK。

防潮力的現實考驗

說法 1 ｜防潮力非絕對，封邊和使用習慣才重要

不過板材的防潮力到底有沒有很重要？以上姥姥想釐清的只是數據，我覺得不論是吸水厚度膨脹率或抗彎強度，數字是多少就寫多少，不該誇大不實。但吸水厚度膨脹率是 9% 的話，防潮力究竟是強是弱呢？我想還是來看看「現實環境」的考驗卡實在。

一樣，姥姥我跑了一輪，看了一輪，問了一輪。我把結論分成兩派，一是認為防潮力不那麼重要派。有這樣看法的人包括一般系統通路業者、板材 EGGER、WODEGO 等進口商，以及 IKEA 的使用者。

大家的結論相當一致：很少有板材是因受潮而變形的。 就連兩位 IKEA 廚櫃使用者的心得都是：「很好啊，沒什麼問題。」（IKEA 用的板材是沒有防潮功能的 P2 板）。

反而有受潮的主因則是：封邊不佳。姥姥的一位朋友家，就發生廚櫃封邊掉下來後，板材變形。在前頭提過的板材泡水實驗中，我後來又調來封邊板試試，果然膨脹率很低，低到游標尺都量不出來，可見好的封邊是能讓板材吸水率大幅降低的關鍵。

**姥姥的
裝潢進修所**

綠色 ≠ 防潮力

綠色板材不代表一定是防潮板，原色也不代表沒防潮。網路上有人說只要看到是綠色的板材，就是防潮板。這樣的說法不太正確。專家們表示，板材內的色彩只是種顏料，讓歐洲的工廠能分辨板材的性質，但顏料本身是沒有防潮力的。

台灣太多系統通路商都一直宣傳綠色板是唯一辨識方法，結果，聽業者說，有不肖廠商會亂加綠色，但防潮表現並不好；或者是防潮能力比 P3 好，但沒有加綠色顏料，就被誤認是無防潮力，許多 F1 板材就是這樣。所以千萬不要再以為綠色板才有防潮力喔！

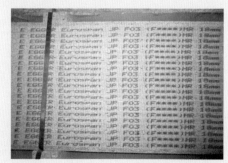

綠不綠色沒關係！歐洲的零甲醛板材在斷面處，會印上 F4 顆星的標示。且板材為原木色，但防潮力並沒有比 P3 防潮板差。（威佐提供）

德國品牌 WODEGO 亞洲代表也表示，雖然廚房向來是較潮濕的地方，但歐洲廚櫃卻多是用 P2 未經防潮處理的板材，他們的經驗是：**只要封邊好，並不易受潮。**（封邊是什麼？以下會再介紹）

不過，姥姥在跑工地時，發現系統板材也不是每一面都會封邊。一般背板、抽屜板側面都是沒封邊的，我曾問組裝師傅：「這樣不會容易受潮嗎？水氣會進去吧？」他回答：「小姐，不用擔心，這裡不會露出來，會藏在裡頭。」原來，看得到的就有封邊，看不到的就沒封邊，而且是「大家都這樣做」。

所以也有業者認為：**使用者習慣才是受潮主因。**一般衣櫃、展示櫃、書櫃的存在環境較少接近水氣，即使沒封邊也不易受潮。

但廚櫃是最常接觸水的地方，若你家根本不常開伙，或者習慣良好，一沾水就擦乾，櫃子受潮的機率相對就低；反之若常常讓枱面上積水，或水滴入抽屜時也不立刻擦乾，久了櫃子就易受潮。

說法 2 ｜ 防潮力很重要，因為台灣易反潮

也有板材商認為防潮力還是很重要，以龍疆為主。「台灣偶爾會發生反潮現象，水氣會凝結在櫃子上，就易從封邊滲進去，造成板材變形。」龍疆吳聰穎總經理說，比例雖不高，但仍會發生。龍疆因此建議使用 P5 等級的板材，P5 主要是用於建築，防潮力與抗彎強度都比 P3 板好。不過進口 P5 多年的秉均公司則表示，在他們的經驗裡，P3 的防潮力已足夠，只要封邊好，並不需要用到 P5。

以上兩派說法，我想大家都是有獨立思考判斷的人，自己選邊站吧！但也不必太煩惱，畢竟在您看文章之前的 20 年，P3 的板材占台灣系統市場的 9 成 9，大部分的櫃子都沒事，不然系統家具光被怨念攻擊早就一一倒地了，也不會盛行如此多年，您說是吧！

系統櫃的板材在你看不到的地方都是沒封邊的，例如背板的組裝溝槽❶，還有在現場裁切的水電管線開口❷，都沒有封邊。

重點筆記：

1. 以防潮力來看，木心板優於塑合板。
2. 封邊技術與使用者習慣，才是影響塑合板防潮力高低的主因。
3. 比較檢驗報告的數字高低只具參考價值，不代表送到你家的也有那麼好的品質。

Part 5 / 3 如何選購系統櫃？
找二線廠省超多

姥姥點評

以 CP 值來看，找二線品牌較優。但要小心別踩到地雷，以免用到不良品或被偷工偷料。記得寫明板材的產地與規格，確認施工方法，才有保障。

看完前兩篇，大家可能會想：「系統櫃材質上沒有木作櫃勇壯，防潮力與強度也沒有木作櫃好，價格又沒比較便宜的話，那我們幹麼選它呢？」咳咳，當然就是因為系統櫃仍有許多優點啊！

系統櫃的最大優點，是比較健康。第一，**系統櫃整體施工的揮發性化合物釋放量仍比較低**，再來，蛀蟲比較不喜歡它，**系統櫃也不必在現場施工，家裡不會木屑粉塵到處飛，乾淨，對氣管好。**再再來，美耐板表面好清潔又不易刮傷，不管是家庭主婦或職業婦女，可以有更多時間翹著二郎腿到姥姥的網站上閒逛打屁、交換婆媽裝修經。

最重要的，只要挑得對，系統櫃還是能買到比木作櫃便宜的好貨啊！

指定板料

選品牌，就有一定保障

大家可再去看一下大車拚表格，以衣

櫃為例，一線品牌的單價從 1 尺 8,500 元起跳，最貴的超過 1.2 萬；二線品牌則是 1 尺 4,000 ～ 7,200 元，看來要找便宜又好的系統家具，得從二線品牌下手。

但一線廠通路商的設計師也會好心提醒：「那些沒名的業者比較便宜，是因板材不好，甚至會混用大陸板或東南亞板。」

這句話某種程度是事實，有品牌的業者的確不會亂來，他們沒必要為一塊 1,000 多元的板材砸壞自己的招牌。但並不是每一家二線廠都會亂來，也有很認真在做生意的，更好的是，姥姥發現有方法可防範這個問題。這得從台灣的系統家具業生態談起。

台灣目前沒有任何工廠能生產粒片板，所以系統家具的板材都是從國外進口。**幸運的是，有能力進口國外原廠產品的業者，全台灣用兩隻手就數得完，而進口的歐洲品牌也是用兩隻手就可數完。**為什麼說幸運呢？因為這讓我們普通人有機會用便宜的價格買到好的東西。

板材進口商又分：（1）進口國外原廠已貼皮處理、不需再加工的板材；（2）

國外品牌網站上有許多參考情境圖，搭配組合的方式有多種變化，頗好看，可多花時間去逛逛。（龍疆提供）

進口裸材後在台加工貼皮。

　前者只有兩家：一是代理奧地利 EGGER 的威佐公司，一是代理奧地利 KAINDL 的恩德公司，這兩家公司都是來自奧地利的品牌，但在網路上，也有不少系統通路商會說成是德國的品牌。

　至於進口裸材在台加工貼皮的，家數就比較多，如德商露德、龍疆、彰美、弘錩、麒豐等。這種在台加工後製的板材，包括底板與表面圖案紙兩種材料都需仰賴進口。

　以表層紙來說，龍疆的材料多來自馬來西亞，其他品牌則是來自德國、奧地利等等。

　裸材底板進口的來源就分布更廣了。德商露德進口德國品牌 WODEGO、PFLEIDRER 等；龍疆以西班牙 Sonae 與比利時的 SPANO 為主，SPANO 主要是進 F1 零甲醛板材；其他品牌也有進 Sonae，還有英國 Kronospan、歐洲 Unilim 等；其他的貼皮廠則是進 Sonae

的 P3 裸板最多，因為在歐洲板材中它較便宜。

　但大體而言歐洲板的底板價差並不算大，反而是表面花色的逼真度會影響價格。像價格較高的 EGGER，是因板材從底材到貼皮都是在國外加工製成，花色印刷講究，再加上品牌的全球知名度高，所以價格較高。

　大陸與東南亞的產製品，價格就比歐洲板便宜更多，台灣也有廠商進口。大陸製不一定不好，但照龍疆企業總經理吳聰穎說的，大陸和東南亞製的產品控管較差，不能確定每片的甲醛量都在合格標準內，且用久較易脫膠、彎曲。

　好，以上都是板材進口商，全台灣叫得出名字與叫不出名字的系統家具通路業者，不管是直接或間接都必須向他們進料（因為有的是跟封邊貼皮廠進料）。根據龍疆的估計，台灣一個月的需求是400 個貨櫃，其中龍疆、恩德、威佐、德商露德與歐德這幾家就佔了過半的市場。

看到這，有沒有看出裡頭的神論了啊？讓姥姥說得更明白點，這裡有個 CP 值很高的省錢之道：**只要指定上述國外品牌，即使我們找報價較便宜的二線業者施工，系統櫃的品質也不會差到哪裡去。**

是的，來，再看一次這些牌子：

EGGER、KAINDL、Sonae、SPANO、Kronospan 、WODEGO（歐德就用這家的板材）、PFLEIDRER（是 WODEGO 的母公司，後來分裂成 3 個子集團，WODEGO 是旗下一支，也有幾家通路商會採用。

不肖業者的騙人手法

但二線業者會不會有誆人的？當然也有，每行都有幾顆老鼠屎。剛好，被姥姥知道幾個渾水摸魚的狀況。

懸案 1 | 大陸貨去哪了？

姥姥靠線民幫忙，知道有家系統板材進口商從大陸進了一貨櫃的 V313 板材，但奇怪的是，我問了 20 幾家系統業者都沒人說自己有用大陸製板材，那這些大陸製板材會流到何處呢？

哈！別想太多，**這些板材最後當然還是進到你與我的家裡**，只是不知是經由設計師之手，抑或是系統家具通路商。難不成你有在裝潢估價單上看到板材寫明是哪個國外品牌嗎？（其實也有許多設計師與下游店家壓根不知自己已用到大陸貨，常要等到業主喊變形時才知道）。

懸案 2 | 那是什麼詭異的五金品牌？

二線業者中大部分也都配備不錯的五金，如鉸鍊用奧地利 Blum、義大利 salice、德製 Hettich 等，台製品也會用到川湖或火車頭，滑軌就大多是用台製品。以上品牌都 OK，但是我也曾見過「聽都沒聽過的品牌」，五金品質差很大，所以指定品牌仍是上策。

懸案 3 | 不知名或有自己工廠的報價會更便宜？

在大車拚表格中，有一欄是「不知名系統業者」，就是從不打廣告、業界與一般人都沒聽過的品牌。有些人會以為沒打廣告的業者應該價格會較低，但現實的答案是：不一定。姥姥選刊的這家業者的報價，比一般二線低，但也不是最低；所以比較保險的做法，還是要貨比三家。

我在詢價中，也常聽到二線品牌的業務員說：「我們公司有自己的工廠，中間沒有再轉一手，所以價格會比較便宜。」這個也是聽聽就好，數字證明，就算有自己的貼皮裁切工廠，也不見得會很便宜。

懸案 4 | 板材狸貓換太子

這個也是有讀者來函說他們的經驗才知道的，他們兩位都是指定 F 四顆星的 EGGER 品牌。一位是板料到現場時，發現同品牌基材有兩種不同色調，一是原木色一是綠色，EGGER 的 F 四顆星板料都是原木色，沒有綠色的。追問後，業

者才解釋桶身是用 EGGER 的，但門片是用別家的。

另一位則是要求看產品出貨證明，發現業者提供的是 4 年前的，跟代理商求證發現有異，最後業者才承認板料不是 EGGER 的。

板料送到工地時，通常都已裁切好，不一定看得到商標印字，所以要求出具「產品出貨證明」是不錯的方法，上頭也會註明您家的地址、施工日期等等，甚至連使用花色色號規格數量都有，更有保障。

另外到一般系統家具店面時，也可要求看板料「進口報關單」，在「賣方國家代碼」欄，可看是哪個國家或港口出

EGGER 的 F 四顆星板料基材是原木色，沒有綠色底的。（讀者 E 先生提供）

■產品出貨證明範例

威佐開發股份有限公司
出貨證明書

公司名稱	
施工單位	
工程名稱	
工程負責人	
工程地址	桃園縣
色號 規格 數量	EGGER F☆☆☆☆板材 F425　8*2800*2070mm　51.57 才 F425　18*2800*2070mm　150.52 才 H3760　8*2800*2070mm　165.41 才 H3760　18*2800*2070mm　600.80 才 H3760　25*2800*2070mm　47.72 才 W952　8*2800*2070mm　21.43 才 W952　18*2800*2070mm　103.63 才
用途	
施工日期	
完工日期	108 年 02 月 27 日

特此證明。

1. 本證明文件僅到本公司販售之 EGGER F☆☆☆☆板材有效。
2. 本證明文件須加蓋威佐開發股份有限公司印章，始為原公司核發之證明文件，所有影印本或塗改均視同無效。
3. 本出廠證明有效期限為民國 108 年 4 月 23 日到 108 年 7 月 22 日。

台灣總代理　　　　　負責人

中 華 民 國 108 年 4 月 23 日

〈威佐提供〉

貨的，也可看到是哪個品牌的產品，即知是歐洲板或東南亞板[註]。

不過有系統業者會說別家作假，因為報關單上的「納稅義務人」一欄裡寫的不是自家名字，而是別家公司的名稱。我舉個例子，如你進去的店家叫「姥姥的店」，但店家拿的進口報關單上的名稱會寫「姑姑股份有限公司」。

我幫這些業者澄清一下，這不一定是作假，而是既然全台灣的通路商都是向代理商批貨，單據上自然會標明「代理商的名稱」。有時比較大的通路商也可

註：全球各國國家英文代碼可查詢 http://www.wyes.mlc.edu.tw/phpfile/national_code.php/

■進口報關單範例

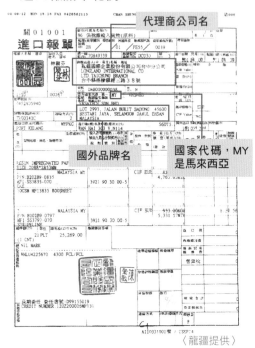

代理商公司名

國外品牌名

國家代碼，MY
是馬來西亞

〈龍疆提供〉

以用自己的公司名下單，但仍要透過代理商幫忙，所以有自己名字的也不代表這板材就是他代理的。像歐德的設計師跟姥姥說他們公司自己進口板材（進口的品牌是德國 WODEGO），還

拿出進口報關單。但後來姥姥再去找 WODEGO 代理商德商露德求證，歐德其實也是跟他們進貨，並不是真的自己有代理。

估價單上加註「保證品牌」

如果你覺得以上方法太麻煩，而且說實在，你也看不出來到底送到你家的貨有沒有被調包，還有一招，是在法律界混過多年的 H 君教的，**在估價單或出貨單、收據上註明，「保證所提供／使用之板材均為 xx 品牌，若有未相符之情事，願賠償 10 倍價金之違約金。」**我想應該沒有業者願為個 2 萬元的櫃子就冒刑事偽造文書與民事賠償的險。

記得要好好保存品牌出貨單，若二線系統商真的倒了，也可以找這幾家板材商幫忙轉介業者維修，不過可能視情況要加點費用就是了。只是全台的二線系統商也超過百家，若不知要找哪家二線系統商較好，也可向板材代理商詢問。我把板材代理商的聯絡方式給大家：

■找板材進口商？看這邊！

板材品牌	進口商	聯絡電話	品牌官網
奧地利 EGGER	威佐公司	點入官網 查詢經銷廠商	http://www.kingleader.com.tw/ http://www.egger.com/EX_en/index.htm
西班牙 Sonae	龍疆	0800-010966	http://www.longland.com.tw/
德國 PFLEIDRER、WODEGO	德商露德	02-27857790	http://bcwest.pfleiderer.com/en/
奧地利 KAIDAL	恩德公司	04-26595866	http://www.kaindl.com/en/

**封邊
學問大**

先說明一下封邊是什麼，板材因尺寸不同總有切邊，切邊的地方用封邊條以熱溶膠黏合就叫「封邊」。好的封邊就能不讓水氣進入板材，自然板材就不易變形。

封邊又分厚封邊與薄封邊，系統櫃門片多是用厚封邊，邊緣處會有點小 R 角，就不易割傷人。層板則多用薄封邊，厚薄只與美觀以及觸感有關，厚封邊好看

摸起來也觸感佳。

好的封邊切邊整齊平滑，不會有鋸齒狀邊緣，也不會有大大的粗黑縫，覆蓋完整看不到裡頭的基材。另外層板最好是四面都封邊，有的廠商是只封看得到的一面，其他三面都不封。一般沒封邊的是背板的切溝，還有抽屜背板，以及要現場裁切的地方，如插座開孔、電線過線孔與封板踢腳板等等。

■ **好的封邊，平整看不到內裡**

■ **不好的封邊，讓廚櫃進病房**

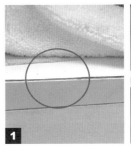 

❶從封邊縫的「粗線條」，可看出廠商封邊技術不是很好。❷果然幾年後，其中一條封邊條就整條掉下來，去西方極樂世界了。

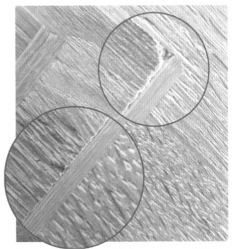

呈現鋸齒狀也有崩角。（讀者 Chi Cheng 提供）

系統
美不美

配色設計決勝負

全球的建材發展都是尋找更便宜的替代品，但又能不犧牲品質與美感。這大概也是資本主義最令人激賞的商業行為，各位聰明的消費者一定要善用這一點。基本上，系統家具的塑合板材就是這樣

櫃子只要配色得宜，就很漂亮。（尤噠唯設計提供）

的產品。不過面對上百家系統家具通路商，到底選哪一家好？**我覺得第一可看保固期，越長的越好。第二，要看設計師的配色能力。**

之前跟大家討論那麼多板材的物理特性，其實是希望大家別浪費時間在板材上，我認為防潮力與強度等都是其次，重要的是「**如何能善用配色搭得好看**」，因為許多二線業者無論是系統家具或系統廚具，工程方面是專業，但一談到設計美感，似乎就不夠到位，所以一定要多參考專業設計師的作品，不然省錢省到最後，卻換來「很台」的 Fu，會嘔死。

EGGER 的仿木紋板，細膩真實

說實在話，姥姥原本並不太喜歡系統櫃的色調，總覺得那色調花色都有點假（這是因為姥姥眼睛有問題，絕不是對各店家的品味有什麼不敬的想法，別想太多）。尤其是單色板質感實在太像塑膠（國外品牌高級感單色板好像也不多），木紋板的線條又平又呆板僵直，一副怕人家不知是人造的樣子。

不過，後來我在奧地利板材 EGGER 的台灣代理商那裡，看到仿實木紋的花色，表面竟然還有凹凸壓紋，仿真度真的讓我大開眼界！不但經消光處理（我個人實在不喜歡那種光滑閃光的調調），木紋變化中還加入裂痕與仿舊處理（我喜歡舊舊的），木紋直中有彎，在山形紋中夾帶一兩個樹節，這質感與觸感都實在很好。若用系統櫃的價格能買到這

房間衣櫃常會做跳色處理，但能不能不要這麼台？這種平面單色的色塊看起來很塑膠，最好搭配木紋板，反正都不加錢，但會好看許多。

通路商展示的花色板數量不一，大部分都是較普通或沒什麼層次變化的色板。以木紋板為例，我要求看有深淺壓紋的，各通路商只能提供 2～4 塊，但在板材代理商那，卻可看到多出一倍數量的選擇。

種板材，CP 值真的頗高。

但不是每家都有這種花色。大部分都是平面的木紋，沒有浮雕或像手刮板的紋路；不只 EGGER，KAINDL、Sonae 等國外品牌亦然，下游通路商進的板材花色都不盡相同。

有業者告訴我可以調板材，但要加大約 2 成 5 的價格，還好，仍比木作櫃便宜。不過大部分系統櫃設計師都是直接告訴姥姥，「對不起喔！美女，沒有妳說的這種花色，請在現有花色中再挑挑吧！」

上板材商網站找花色

好啦，當通路商拿 ABC 給我們挑時，我們有什麼辦法看到還有藏在別處的 DEF 呢？

目前唯一的方法是找板材代理商的網站，裡頭有列出旗下所有花色，你若看到喜歡的，可以記下產品編號，再去找通路商問。除了姥姥很推薦的高仿真實木木紋板外，各品牌的石紋板質感也很好，有仿天然石紋、也有仿鏽磚紋，只

系統櫃也能超有質感。奧地利品牌 EGGER 板材的木紋較自然，還有深淺層次變化，可改變你對系統櫃呆板配色的印象。（威佐公司提供）

能說，這些研發人員實在太令人敬佩了。

不過網路上看到的花樣難免與現實有些落差，且不是每個花色都有「完整的、大面積」的展示。我自己跑了一圈通路商後，發現逾 8 成的店裡能大面積展示的只有一兩款熱賣品，其餘「花色盤」只有一塊塊 20×20cm 或 20×30cm 的樣板，這種樣板與整片牆貼出來的模樣差異之大，很可能讓貂蟬當場變母豬！所以若真的沒展示品可看，記得拿出妳買新衣的精神，打破砂鍋問問有沒有實景照片，總好過只看花色盤樣品。

計價方式

分櫃與加板費用怎麼算？

系統家具的計價方式有點複雜，店家太多，有各式各樣的計價方式，不像木作工程多慣用櫃子的長寬高深度來計價。先弄懂系統家具的行話，可以拉近彼此距離。

以下整理業內常見的計價方式和單位供大家參考，但不代表所有廠商都是這樣報價，各家仍有不同唷！

1. 桶身算法

各店家最大公約數，就是量桶身的長寬高尺寸，用 1 尺多少元計價。標準配備含系統門板、吊衣桿 2 支、固定層格 1 個等等。1 尺（一般指台尺）多以 30 公分換算，有的店家是 1 尺不足算 1 尺，有的是半尺不足算半尺。

（都會族提供）

2. 抽屜或拉籃數量

抽屜又分造型與材質，木抽屜、木框玻璃抽、鋁抽，各有身價。抽屜側板叫抽牆，抽牆加高即深度變高、收納空間增大，會另計費用。

抽牆。

抽牆加高。

3. 分櫃與延伸櫃

高度標配多為 240 公分，超過除了依尺寸加價，還有一筆「分櫃」費用。

分櫃：因為設計需求，將標準高度 240 公分的桶身，分成上下兩座。分櫃要不要加價、如何加價，視各廠商訂定。像是做櫃體上方的棉被櫃，就會有分櫃費用，另外為了設計好看，將 240 公分高的櫃子，分成下櫃 75 公分＋上櫃 165 公分，也屬分櫃。

延伸櫃：超出標準高度的櫃體，就叫延伸櫃，會依高度計價。

（都會族提供）

分櫃　　　　延伸櫃

4. 層板數量

層板又分活格與固格，可調動高低位置的層板叫活格，固定式不能調整者就是固格。超過標配就要加費用。

5. 五金鉸鍊

固定於門片內，讓門片開闔的五金。進階版有緩衝式鉸鍊，關上門片時，門片最後一點角度會慢慢闔上。大部分廠商升級到緩衝鉸鍊要加價。緩衝式鉸鍊有分內建型與外掛型，外掛型就是與鉸鍊分別安裝的「緩衝棒」，以免緩衝部位故障時，整座門片的鉸鍊要拆下重新安裝，容易傷板材。

一般鉸鍊。　　　　外掛緩衝鉸鍊。

6. 抽屜滑軌

一般抽屜滑軌標配為國產三節滑軌，若選有緩衝或歐洲進口品牌都要加價。另外一般滑軌是安裝在抽屜盒側邊，有另一種固定在抽屜下方的隱藏式滑軌，抽屜空間寬度會增加，高度減少，選此滑軌形式都另計費用。

隱藏式滑軌藏在抽屜底部。

7. 門片種類

塑合板門片為標配，若選鋼琴烤漆、陶瓷烤漆或定形造型板等，價格另計，這個大家都能理解。有時是同樣塑合板門片，但以下情形也會加價，包括特殊色、要求木紋要對紋等，另外若指定的門片非廠商的產品，要委外叫料，也會價格較高。

8. 運費

看店家的政策，有的是出車就算，因此在同一縣市，仍會收運費，有的是外縣市才算。至於無電梯加樓層搬運費用，有的用人次計價，也有的用車次算。

9. 加板

凡是標配桶身之外，要增加的板料。加板包括以下幾種：

中立板：加在寬度太長的層板之間，以防下陷。例如 100 公分寬的層板，通常中間 50 公分處會加中立板。

（都會族提供）

背拉桿：若櫃體要固定在牆上，就會加背拉桿，標備是高櫃一支，矮櫃沒有。

側板或背板補板：用在櫃體側面或背面，多是要求側板與門片或枱面同色時要補板，為修飾性功能。

（都會族提供）

假門片：裡面沒櫃體桶身，只是表面修飾造型封板。常用在抽油煙機上方，或水槽前的假抽屜門片。

封板：常用在天花板與櫃體中間。

（綠的傢俱提供）

補板：櫃體定位後，為了抓水平，櫃體側面或背面可能會和牆壁有幾公分間隙，這是因為原牆面地面可能不平或不直，會看情況用木心板或同色塑合板填補空隙，再以矽利康填縫固定。

（綠的傢俱提供）

10. 其他配件

KD和木榫：用來鎖合板材結構結合處，KD多半鎖在底板和側板結合處。

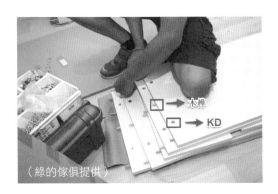

（綠的傢俱提供）

共用側板：一個桶身包含左右兩片側板組成外框，再由連續幾個桶身組成一座櫃子，無門片開放書櫃從立面看去，相連兩塊側板的線條厚度，會與櫃體最外側兩片側板厚度不同。有時為了美觀會讓相連桶身共用側板，維持立面線條粗細一致。與中立板不同，共用側板有結構力，是插入上下頂板與底板內，中立板無結構力，純是支撐層板不變形。

（都會族提供）

系統櫃的施工重點

外觀＞＞看櫃體作工

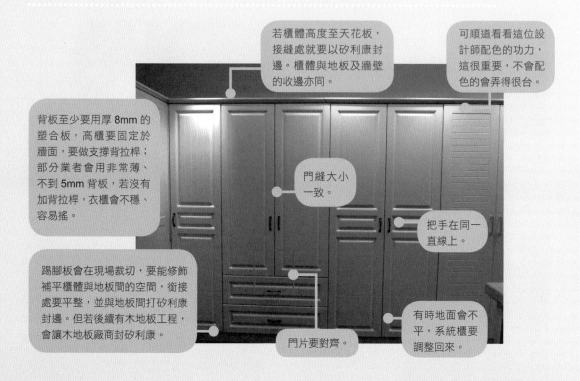

若櫃體高度至天花板，接縫處就要以矽利康封邊。櫃體與地板及牆壁的收邊亦同。

可順道看看這位設計師配色的功力，這很重要，不會配色的會弄得很台。

背板至少要用厚 8mm 的塑合板，高櫃要固定於牆面，要做支撐背拉桿；部分業者會用非常薄、不到 5mm 背板，若沒有加背拉桿，衣櫃會不穩、容易搖。

門縫大小一致。

把手在同一直線上。

踢腳板會在現場裁切，要能修飾補平櫃體與地板間的空間，銜接處要平整，並與地板間打矽利康封邊。但若後續有木地板工程，會讓木地板廠商封矽利康。

門片要對齊。

有時地面會不平，系統櫃要調整回來。

縫隙補板

　　牆與櫃子中間有縫，會用矽利康或補板補平。但是這部分還蠻多爭議，因為我們素人不太懂，為何櫃子放進去後，與牆距離「有那麼大的縫」？或是為什麼明明是個 150 公分的洞，但系統櫃只做 145 公分？是不是廠商尺寸量錯？

　　工務達人究室設計李曜庄解釋，雖然系統櫃是在工廠裁切製作，出來的板料 99% 就是直的，但牆卻可能是歪的，尤其是老屋的磚牆或水泥牆，所以系統櫃丈量時，一般會左右多扣一點，以防止櫃體因為空間不夠正角或是牆壁歪斜、內凹或是外凸，或是內有樑柱，櫃體塞不進去。

　　一般會留縫 3 ～ 20mm，用矽利康封掉，若縫大到 3 公分以上，就改用系統板料來補板，再以矽利康收邊。至於為何木作牆也會有縫呢？如果是斜單邊，可能是水平儀的誤差，其實每台水平儀都有些許誤差，不要超過 1 ～ 3 mm，都是可接受範圍。

縫太大了，請解決

（網友 Jimmy 提供）

內裝＞＞看五金品牌與細節

1. 鉸鍊品牌

之前姥姥曾碰過山塞版鉸鍊冒充知名鉸鍊的案例，請看一下是否與估價單上寫的相同。

看品牌

看一下鉸鍊的品牌，是否與業者說的相同。

2. 排孔要對齊

NG

應該要對稱排列的排孔，兩邊數量不同，或者孔洞沒對齊。（網友 Y 小姐提供）

NG

除了正常的排孔之外，還有 4 個挖錯的孔，其中一個還用活格粒塞住。（網友 W 小姐提供）

3. 固定櫃體的 KD 或螺絲

KD 是鎖合結構用，也就是底板與側板結合處，一般側板、背板與牆之間是螺絲固定。

一般正常KD或螺絲會與板面平，如再鎖進去一點也是 OK 的。

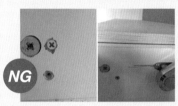

NG

櫃體 KD 處碎裂，還有螺絲鎖錯。不過鎖螺絲或 KD 時，有毛邊算很常見，廠商多會用貼紙修飾。工地難免有疏失，但一般會在退場前，用接近色的修補筆修補完成，但小的如蚊釘是不修的，只有大一點的洞才會用修補筆或補土處理。（網友 KATE 提供）

4. 上下掀門片的支撐桿

兩側應都安裝支撐捍五金，不能只裝一側，如此開關門片時受力才平均，門片才不容易歪斜或脫落。絕大多數廠商是雙側都會裝五金桿。

NG

下掀門片只裝單側支撐桿。絕大多數廠商是雙側都會裝五金桿。（網友 W 小姐提供）

5. 緩衝型鉸鍊開合度

緩衝效果可讓門片在「最後一段」慢慢自動關上，但屋主對「最後一段」常有不同認知，緩衝型鉸鍊有的可調角度，想快一點或慢一點關起來，建議事先跟師傅討論，以免完工後有爭議。此外，在進入「緩衝段」前，門並不會自動關起來，有許多人誤以為緩衝就是「輕推一下就自動關起來」，或許有的品牌可以達到，但至少大部分不是這樣，包括奧地利的 Blum，門片得先推到緩衝點後，自動關上的功能才會啟動。一般門片是上下兩個鉸鍊，但通常只會裝 1 個緩衝器，因為裝太多門片可能關不起來。

6. 長枱面接縫

枱面長度超過 7 尺時，板料中間可能會有接縫，要先討論。系統櫃板材則因封邊裁切機台尺寸、或考量到搬運過程能否載運、送入電梯，會先切割，再到現場銜接。在意有接縫的人，可事前先跟廠商討論「要到哪裡為斷點 / 銜接點」、「如何銜接」以及「如何美化修飾」。

這些，
也都可以不要做

有氣質的素顏，勝過亂花錢的濃妝

Optional

美國有個不務正業一天到晚創業的怪咖：古利博（Chirs Guillebeau）。他的成名之作《不服從的創新》中有段話也很適用在家居裝潢：

「如果你無法決定自己該過怎麼樣的生活，那麼最後會有其他一些人決定你的命運。」

其他一些人就是指設計師、工班師傅、出頭期款的爸媽、特愛寫廣編稿的媒體，啊，差點漏掉最重要的一位：風水師。若身為屋主的你無法有自知自見，在頗專業的裝潢的過程中，被牽著鼻子走的機率有 9 成。

當然，不要誤會，姥姥不是要大家真的什麼都不做，而是要去想：為什麼要做？這工程跟我、跟家人有什麼相關？而不是別人家都有做，我家也要有。

除了前面說過的天花板、地板、櫃子，再來看看有什麼可以不要做的？當然，若預算夠或有個人理由，要做也還是有把錢花得更有效率的方法。

（尤噠唯設計提供）

$ 不做這些，可省多少？

＊不做裝飾性木作電視櫃：2 ～ 20 萬元
＊不裝窗簾：10 ～ 20 萬元
＊不做床頭板繃布：4,000 元～ 8,000 元
＊不做木皮裝飾牆：1 尺約 2,000 元
＊保護工程自己做：6,000 元～ 1 萬元

本書所列價格僅供參考，實際價格請以小院網站公告價為準。

Part 6 不做裝飾木作電視牆
1 小資氣質提升術

姥姥 點評

有人會將電視牆歸類到「刀口項目」，因是視覺焦點，可投資多點預算。這理論表面上我也認同，但當我看過許多案子後，不免搖頭。唉，明明是畫龍點睛的美化工程，往往卻不從人願，反變成拖垮全屋氣質的致命點，不可不慎！

　　電視牆是空間的視覺焦點，設計得好與不好，對一個家的格調影響甚鉅，偏偏預算少的人通常請不起昂貴的設計師，只能找工頭本著傳統做法來施工。再強調一次，姥姥並不是說傳統的裝飾牆一定不好，但如果屋主自己缺乏美學概念，電視牆就比其他項目更容易變成一場災難！

　　電視牆的設計有兩種，一是做電視櫃，一是純做裝飾。前者還具備實用收納機能，要做整面牆姥姥都沒意見；但後者，就值得討論了。

　　沒錢，還做什麼「不實用又俗氣」的裝飾？這句話一說，有不少人都會點頭，但請隨便去翻一下「100 大設計師年鑑」，這種大部頭書裡，正有許多又昂貴又不美，讓人忍不住皺眉頭的案例。說穿了，這種書是設計師有錢就可以買版面。常可看到框金又包銀的電視牆，中間一個仿照壁爐的金框放電視，外頭再來一個銀框，整個閃到不行！文字介紹還說明這叫古典貴族風。

　　但姥姥也知道，有時做或不做真不是屋主能帥氣決定的。我朋友小慧請的是木作師傅當工頭，因為預算很緊，原本沒有打算做電視牆，但經不起工頭一再遊說：

　　「不做電視牆整體空間好像沒做裝潢一樣。」

　　「你錢都花那麼多了，還像沒做裝潢，會給別人笑沒質感。」

　　「你沒一次做起來日後一定會後悔。」

　　「這樣啦，櫃子我都做了，電視牆半做半相送，原本算 4 萬的算你 2 萬就好，反正我人都在這裡了，算你便宜點。」

　　就這樣，小慧做了一片貼木作大框的電視牆。這樣不只木作工程有錢賺，後頭還有油漆工程可再賺一筆，1 尺收 3,000 元，整個小小 7 尺牆帳面營業額就是 2 萬 1。是啊，反正木作師傅都已在做櫃子了，多個電視牆又有進帳多好！但小慧住進去半年就後悔了，美不美是其次，為了收納電視與音響設備，她還得再花錢買電視櫃擺在前頭擋著。

　　這發生在 2012 年的真人真事，告訴我們的血淚教訓就是：沒錢、沒有美學天份的，少做裝潢會比多做好，還是把錢

留下來吧！

姥姥家的電視牆進化史

　　教大家省錢，不代表我們對家的夢想就置之一旁，而是要以時間換空間。預算有限時能做的或買的東西，通常都沒什麼好質感。所以，先湊合著用，不必用太好的（但用太醜的，每天看心情也不好）。

　　姥姥年輕時剛買房子，沒錢做電視櫃，也沒錢買好一點的電視櫃，就去特X屋買了個便宜的密集板貼塑膠皮的櫃子。說實在話，每天一進門看到那塑膠味，總覺得委屈自己了；那時的姥姥還沒修煉成天山童姥，是隻恐龍妹，對家居裝潢的一切都還在史前時代的無知狀態。

　　後來，仍然沒錢，哈哈，但是長了點知識，我用不到 3,000 元，買了幾塊水泥磚與實木層板，架起一個電視櫃。雖然看得出是臨時建物，但至少有「潮感」。其實到現在，水泥磚加實木層板仍是我常用的道具。

　　再後來手頭比較寬了，我家打造了一座系統家具電視櫃。那是災難的開始，花了 3 萬銀兩。我家客廳面寬就只有 3 米，一整面 40cm 深的系統牆，真的很有壓迫感。但做都做了，也只有認了。

　　這個經驗是想跟大家分享，為什麼裝潢寧可少做、不要多做。這麼說吧，衣服、手錶與男人，都可以買了以後，不喜歡就說聲 bye-bye 回收或送人，但裝潢做的櫃子或一道牆，可是會一直待在你家，你就算再看不順眼也得將就。因為沒錢拆除，更沒錢買新的。天天你看我我看你，心情就不太好。

　　但也別太擔心，我們都會老，老的唯一好處是錢也會變多。姥姥在 5 年後，終於手頭寬裕了，還真的就去買了一座跟整面電視櫃差不多價錢的美西側柏實木電視櫃，開心是很開心，但你看，我還得再花幾千元請人來拆掉舊電視櫃。

　　人生很長，有的人就是要等到風景都看透，才能陪你看細水長流；裝潢也是的，別急著把一切都一次做好，有的東西就是要等段日子，才能陪你一輩子。

花了錢，有點後悔⋯⋯

CASE

要價兩萬多的九宮格白牆！

苦主：朋友小慧

　　如照片所示，這樣的大木框內加噴漆九宮格的電視牆裝飾，要花 2 萬多元。屋主還得自己再另外買電視櫃放影音產品。統包工頭常會向屋主推銷「加碼工程」。但工頭的美感有限，大家一定要心如止水，不然很容易後悔。

小氣 電視牆

設計師愛用的 4 種氣質設計

不做木作裝飾、不貼木皮的電視牆還可以怎麼做才好看呢？以下為專家達人們的經驗談。

第 1 招 | 善用油漆配色

不少設計師都跟我這麼說，像設計師王鎮自宅的電視牆，就是簡單層板加上色彩的好模範，小小的花費即可讓整個空間活了起來！

油漆上色，是最經濟實惠的方式。好處是就算配色失敗，只要買桶油漆，主牆的面貌就可再度改頭換面，東施變西施。

第 2 招 | 素顏最美

其實想不到要做什麼的，就乾脆留面乾淨的牆，只要做收納影音設備的最低量體電視矮櫃，可以用木作的，也可沿用家裡舊櫃子，又省一筆費用。

第 3 招 | 做磚牆

主牆設計除了用塗料上色之外，另一個常見的是裸露原始壁材，如磚牆或水泥基底。不過真的砌面磚牆太貴，功能若只有純裝飾，既不環保又會增加建築重量，怎麼看都不是我們這種兩袖清風的文人雅士會做的選擇，但倒有幾種折衷做法，

來看一下怎麼做最省錢。

1. 留原磚牆。 若主牆就是道老磚牆，可請拆除師傅把表面油漆層剝除。但要小心拆，保留原磚牆的磚面。喜歡紅磚牆的，可以上透明漆，喜歡白磚牆的，可上白漆，就很有鄉村風的 Fu。上漆也分兩派，一種是好好的全漆成白色，一種是很隨意的亂亂漆，不一定要把紅磚的紅色全蓋掉，各有各的風味。

2. 用文化石。 文化石近年來也晉升成主流壁材之一。至於逼真度嘛，看法還蠻

利用色彩，帶出空間的個性。（集集設計提供）

現在最常見的是留白電視牆，只有最低限度的電視櫃平台。用一塊實木板，再加不鏽鋼櫃腳，也很好看。（PMK 設計 Kevin 提供）

兩極的，有人覺得不錯，但也有人覺得有點假假的。所以做之前，最好去看一下實品。

以最常見的白磚型文化石為例，通常一面牆多數不到 3 坪，自己 DIY 的話，可省下 8,000 ～ 1 萬多的費用。但自己 DIY 的老詹說，其實文化石的工法並沒有想像中的簡單。姥姥研究了一下，也認同這說法，若預算還算寬裕，還是找專業工班施作比較不易失敗。

找師傅做時，最好指定文化石的品牌。 台灣做文化石的工廠較知名、口碑也較好的，台北是沛特，高雄是星宏石業。台中有家叫沙宣，價格較低。但根據經銷商的說法，顏色穩定度較差，不同批貨會有色差，重量與密度也差一點，所以較易碎。

一般若沒指定品牌，師傅是看哪個便宜用哪家的，但也不一定不好，文化石的質感與色調呈現各品牌是有差，購買前可以拿各家的樣品來比較，只要你能接受，用便宜的也沒什麼不好。

若希望文化石牆看起來較自然，有幾個小撇步：讓失敗率降低的正確施工步驟圖解，請見下一頁。

第一是選磚體花樣較少重覆的。 有些文化石會讓人覺得假，就是因為「樣子會重覆」。有的是 10 塊中有 3 塊重覆，有的是 5 塊中就有 3 塊重覆，那當然選前者較佳。

第二是選切邊較不平整的。 有的磚會留自然邊，有的則會四四方方的，選前者會較佳。

第三是選表面有破裂或斑駁的。 天然的磚，邊緣處易有破碎，或表面不太平整不規則的孔洞，有的文化石連這些特色都仿；但有的文化石則是表面較平滑，整面牆貼出來會比較沒變化。不過這一點也見仁見智，若你就是喜歡平滑、整齊的表面也是未嘗不可。

第四，色調可選有漸層變色的。 有的一塊磚上有幾種顏色，從白到灰黑，或從紅到黃黑，每塊變色的地方還不一樣，這樣的牆面也會看起來較自然，但要注意有的看起來會太亂。

3. 貼磚石圖案的壁紙。 市面上也有推出仿紅磚或文化石的壁紙，網路上就可買到。1m（寬度 92cm）單價約 300 ～ 320 元，可以 DIY 或請店家貼。

拆磚牆時小心拆，把表面水泥層刮除後❶，再漆上白漆，就能變成美麗的白磚牆❷。

在估算用料量時要注意，因為這種壁紙的寬度多是 92cm，也就是若寬 320cm 的牆，320÷92=3.4，就得用 4 片壁紙。高度則多無限制，但要留損料，因為貼的時候要注意對花。第 1 片貼好後，第 2 片要對縫，就會產生損料。通常 240cm 高的牆面，最好上下都預留 15cm，所以要抓 270cm 高。

以 3 坪大的牆面，料（加損料）錢約 4,000 元，寬 3 米高 3 米以下的牆面施工費約 2,500 ～ 3,000 元，所以連工帶料約 7,000 元左右，比請人貼文化石可省下 1 萬 4,000 元左右。

但即使仿磚壁紙的逼真度有進步，紋路有立體感，不少設計師樂於採用，拍照或錄影也很好看，幾可亂真；不過我到現場看過，質感還是差真的磚牆有段距離。或許乍看覺得還不錯，但看久了，就會覺得假；不過，美感這東西每個人都有不同的詮釋，建議要看過實品，再下訂，以免後悔。

文化石牆在這幾年成主牆裝飾的主要建材之一。（孫銘德設計提供）

■ 文化石價格

報價	價格	以 3 坪牆（約 10 ㎡）試算
工班／連工帶料（不指定品牌）	1 坪 7,000 元左右	2 萬 1,000 元
業者（沛特）／不含料的工資	1 坪 2,700 元（3 坪以上）3 坪以下，一次 8,000 元 文化石磚石類材料費 1 ㎡ 1,200 ～ 2,000 元	工 8,000 元＋ 料 1,200 元 X10 ㎡ = 2 萬元
自己 DIY	文化石磚石類材料費 沛特 1 ㎡約 1,000 ～ 2,000 元 星宏 1 ㎡ 750 ～ 800 元（板橋店報價） 沙宣 1 ㎡約 700 ～ 750 元	以 1,000 元等級來算，1,000X10=1 萬元，再加 1,000 元的工具費，約 1.1 萬元；比請師傅貼可省下 1 萬元左右

註：以上工班與業者報價，會視空間狀況而調整，如轉角多的牆面費用會更高。

這樣施工才 OK
文化石牆面 DIY

After

Before

1 老詹和不然達自己 DIY 完成的客廳文化牆。

2 常見的磚石類一箱約可貼 1 平方米，有些廠商可接受退貨，有的則是拆箱就不退，購買前要問清楚。文化石要黏之前，可在磚石後方塗益膠泥，增加接著力，特別是大型文化石。但若牆上已塗了，磚後方不塗也是可以的。

（照片／老詹與不然達提供，工法解析／孫銘德設計師 ）

3 若是有上漆的牆面，要把粉光層打掉。若有貼磁磚也要先打除磁磚（但不必見底），也就是粗糙面才能貼文化石，像粗胚水泥牆即可不必打毛。

4 牆面要先「打毛」，DIY 打毛的做法，是拿鐵槌敲打牆面，表面敲成一個洞一個洞有點裂即可。

5 塗黏著劑。沛特公司表示，底層黏著劑有兩種，益膠泥或水泥漿加海菜粉都可以。孫銘德表示，益膠泥直接加水即可使用。益膠泥有水泥色及白色。不過不管是哪一種，都要用痕刮刀刮出紋路，黏著性更好。

6 打樣，一般是彈紅線或用雷射光，標示出文化石要貼位置，避免貼歪。另外泥作林師傅建議，若是木作輕隔間牆等，矽酸鈣板可用背面來貼，附著力更好。

7 貼磚的順序，最好從上往下，從轉角往內；沛特表示，從上往下的好處是，最底層的磚裁切後較不好看，可以被家具擋著。貼文化石，按壓是重要的動作，可以使磚黏著得更緊。

8 但大部分的磚還是會往下滑，要用小木片抵著固定好（右圖）。孫銘德說可以跟建材行買3分木條來裁成小木片。

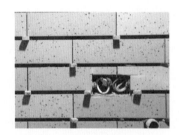

9 有插座或開關的地方，先留好位置。

10 全部貼好後，要等乾，再來填縫；最好要等24小時，隔天再來填縫，以免裡頭含水氣，日後易變色。（圖中左側為尚未填縫的樣子）

11 老詹他們家是用南星填縫劑，還自製可拋棄式擠花袋。這擠花袋可在網路或烘焙器材店買得到，規格以16吋或18吋為宜。

12 填縫時要當心，不要沾上磚，若不小心沾上要立刻擦，不然就擦不掉了。設計師孫銘德建議，填縫劑的色調最好與磚石同色調，這樣若一時失手，也不會太明顯。

13 填縫劑剛填入時會不平，需要勾縫工具幫忙弄平整。

第 4 招 | 做收納電視櫃，但越小越好

姥姥講個趨勢：這幾年，電視櫃是愈做越小。國外知名的家居雜誌選中的個案，大部分只有底座的基台或矮櫃，會做滿整面牆的電視櫃已較少見了。當然這跟電視的尺寸有關。現在的電視尺寸越來越大，價格越來越便宜，所以電視櫃最好不要做太滿，以免日後沒地方放新電視。

若有收納的考量，想做整面電視牆，則要注意深度與要不要門片，都需與你家客廳大小做整體考量。若客廳不大，建議櫃體深度最好在 30cm 以下，也不要全都有門片，可以部分做開放式設計，不然可能會產生狹小密閉空間恐懼症。

若有收納考量，可將收納櫃規劃在電視牆旁，並設計成部分為開放式櫃體，就能讓牆面看起來較輕盈。（力口建築提供）

姥姥的裝潢進修所

電線管道槽不可省略！

裝飾電視牆可不做，但電線管道槽還是要做。現代影音設備多，壁掛電視、投影機、音響擴大機等，電線一堆，還是做個家給他們，他們才會乖乖待好，不會搗亂。

若有做木作電視櫃者，可以將管道槽藏在後頭；若只做下方的平台矮櫃，但電視又掛的比較高，也可直接在水泥牆鑿溝埋入管道槽。

另外最好在總開關箱中留一個專用的迴路給影音設備區。好的電源品牌可大大提供音響的好聲程度，日後只要加裝 10 萬元的音響，就有 20 萬元的音質喔。

❶ 有做木作電視櫃的，可將電線槽設計在木作櫃中。（尤噠唯設計提供）

❷ 若不做木作電視牆者，可直接在水泥牆中鑿溝，放入 PVC 電線管即可。

❸ 木作電視櫃的好處，是可以直接把影音設備的插座設計在櫃體中。

重點筆記：

1. 太複雜又花錢的裝飾電視牆，不如不做，以免拖垮全家的格調。
2. 油漆上色，是最簡單又實惠的電視牆設計；或者只做最低限度的電視枱面，保留乾淨的牆面也很好看。
3. 電視櫃的趨勢是愈做愈小，若做整面牆要注意深度不要超過 30cm，較不會有壓迫感。
4. 記得設計電線管道槽，可讓亂亂跑的電線化整為零。

Part 6／2 暫時留白，會更好
7 項可以優先刪預算的工程

姥姥點評

本篇談到的 7 大項目，無論是對展示你的個人品味或居家實用性而言，影響都不算太大（當然不能說沒影響），但若預算夠或有個人理由（例如不裝窗簾就覺得跟沒穿衣服一樣），真要花錢姥姥也不反對。

不要窗簾

窗簾非做不可的理由有幾個：一是隱私。與鄰居太近，在家裡做什麼都會被看光光，甚至熱得半死的夏天想少穿件衣服都得一再考慮——裝吧！另一是為遮陽，不裝的話，晚上回到家，一開門迎接你的不是愛犬而是一團鋪天蓋地的熱氣，這也是讓人超級受不了的——裝吧！

其他的原因就多半是跟美化空間有關，但姥姥要勸你一句，裝不裝窗簾與空間美不美未必能畫上等號。姥姥第一次裝潢時也花了 10 萬做窗簾，5 年後全部拆光光，因為窗簾變成我家的超大型集塵器，我又懶得每個月送洗一次（這也很花錢啊），結果我兒小蹄一直哈啾哈啾過敏打噴涕，只好拆了。

但沒了窗簾後姥姥家也沒變醜幾分啊，因為窗簾並不是空間的關鍵決定元素。的確，窗簾會讓空間看起來更美更溫馨，但沒有它，仍可以靠家具去支撐空間。所以不裝窗簾可不可以，當然可以！

做床頭板不一定有加分效果，就省下這筆錢吧！

不要床頭板

木作的床頭板是近幾年盛行的設計手法，不管是採主牆貼木皮裝飾，還是直接把床頭板繃布繃皮，所在多有。但切記，當你的設計師估價估到這一條時，你要在心裡默念：這絕不是必需品！姥姥又要提出萬年不變的理論：若你遇到 A 咖設計師，這玩意叫錦上添花；若遇到 C 咖設計師就可能是雪上加霜了，花了錢也沒有好效果。更何況，床頭板繃

床頭整面牆繃布，會日積月累的招塵，這是無法拆洗的。你睡在下面，剛好當人體吸塵器。

實木皮用得好是可以為空間加分，但選料時要小心，圖為傳出多起變色或出現黑斑問題的梧桐木皮。（網友 Ying 提供）

布還會招塵，又不能拆下來洗，週週拿吸塵器吸也麻煩，萬一家裡有調皮小孩拿筆給你畫上一道彩虹，保證你清理清到欲哭無淚！除非你喜歡金碧輝煌或五彩繽紛的 Motel 風格，否則何苦花錢找罪受？

少貼木皮裝飾

現在常見電視牆用木皮做裝飾，姥姥承認，有些設計師選的實木紋的確非常漂亮，能為空間品味加分不少。這種取自實木的木皮，與傳統印刷的塑料木紋皮相比，不管是觸感或視覺感受都美上好幾分。

姥姥在幾年前第一次看到實木皮做電視牆的設計案時也大為驚豔。當年設計案貼木皮的區塊多是面寬不到 3 米的電視牆或衣櫃門片，面積不大。但隨著媒體大量曝光，實木皮被亂用的例子也很多，我就常看到四面牆、走道都貼木皮，甚至一路貼到天花板上。

這到底美不美姑且不論，你必須先了解：木皮是怎麼貼在牆上或天花板上呢？用強力膠。我有回去網友 hana 家造訪，她家都是採用 F3 低甲醛建材，但仍有一股強烈的刺鼻味，就是貼大面木皮使用的黏著劑產生的！

但實木皮板並不是很便宜的建材，而若改用塑膠皮板，質感上就又差了一些。除了材料之外，還要釘底板、貼皮的工資，若選到未塗裝的人造實木皮板，還有油漆的費用。整體來看，花費會較多，若想省錢，還是不如用塗料。

另外頗受歡迎的梧桐木皮近年來問題也愈來愈多，沒幾年就變黑或發霉的案例時有所聞，若用在櫃體上還可整片換掉，若貼在天花板上的，工程就浩大了！所以要貼實木板者，應要慎重考慮居家環境是否適合。

不丟舊家具、不丟舊門片

老桌老椅若結構還可以者，重新上個漆，又是一條好漢，有的椅子可以變小几，家具的用法有很多，可幫他們想想可有第二春。

老屋裝修時，房間門常是被拆除的項目之一。但若原本的門還好好的，可以只要前後貼新的木皮板，就可打造新的門片。

重新做一扇門加門框，要 9,000 ～ 1 萬 5,000 元不等，若用舊門片改造，含油漆就只要 5,000 ～ 6,000 元（看師傅定價），價格可省一半以上。另也可把舊門片做成桌子桌板使用，與改造門片一樣的做法，但單面貼木皮板就好。

木皮板的價格會隨表層木皮的厚度與木種不同（是指天然木皮）。一般厚度為 60 條，紋路要更明顯的則要 200 ～ 250 條不等（100 條等於 1mm）。價格以 4×8 尺計價，表層木紋的花樣也會造成價格有差，直紋的較便宜，另外有塗裝的會較貴，但耐磨度較好。

表層未上漆者較便宜的，是栓木或集層材約 500 ～ 600 元左右，柚木約 1,040 ～ 1,065 元，梧桐木鋼刷 200 條則約 1,500 ～ 2,000 元，塗裝品則為 2,000 ～ 2,500 元左右。若覺得天然原木皮太貴，也可選塑料皮的，4×8 尺最便宜的約 350 元。

木皮板哪裡買？科彰、科定、通越、固陞幾家廠商都有生產。

裝飾牆美不美？你自己判斷！

❶在這種複雜條紋的壁面下，能化好妝、看得下書或睡好覺嗎？❷不是叫牆壁的都要框金包銀，貼一堆假木皮來表示自己高檔。

高貴的台式裝飾板，沒錢的小資一族千萬別湊熱鬧。

❶為舊的門片，❷為貼上木皮板後染色上漆的新門片。費用可比新做木門再低些。

不做淋浴間，浴室選浴缸

　　浴室也是常見浴缸與淋浴間都有的設計，姥姥之前的老家就是這樣。但我觀察家人的習慣與問了眾多朋友後，大部分的人都只常用其中一種。既然如此，預算有限時，就選一種就好。

　　選哪一種呢？姥姥個人建議選浴缸。主因是浴缸可淋浴可儲水，功能齊全；從日後清潔保養來看，淋浴拉門的玻璃水漬較難清，浴缸的水垢好清很多。而且若不做淋浴間，省下淋浴拉門的錢就可以換個貴妃型單體浴缸（或稱古典浴缸），雖比一般壓克力浴缸貴，但可以省下泥作的錢，搬家時又能帶著走，省下下一次裝潢的錢，加加減減就沒有比壓克力浴缸貴很多了。

不假他手，保護工程自己做

　　設計師孫銘德教的省錢招數。保護工程是什麼？就是在要保護的地板或大門，鋪上瓦楞板、一分厚木夾板，以免裝潢師傅機具進場時撞壞門或地磚，另外大樓電梯與走道也要貼。要注意，地坪若是亮面拋光磚（特別是黑色）、大理石等，建議可先鋪一層防潮布，以防 PP 塑膠瓦楞板拆除後，亮面拋光磚會有瓦楞板的一條一條痕跡。

　　保護工程會收多少呢？這部分報價很亂，一坪 200 ～ 400 元都有，30 坪有的估價單是「1 式」6,000 元（電梯公共區域另外報 3,500 ～ 6,000 元），也有的達 2 萬元以上。「但實際上這只是將瓦楞板交疊貼在一起而已，小學生都會。」設計師孫銘德建議，若想省下這筆開銷（當報價超過 1 萬時），就自己去買料，30 坪的用料才 6,000 元，一家三口只要花一個下午，就能把整屋子貼好。不但省錢，還能增進親子感情兼運動瘦身，不是很美好嗎？

這樣施工才 OK
保護工程好簡單

1 先大概鋪個位置固定好。

2 板與板之間要重疊約 10cm，以防砂石跑進去。

3 再加鋪 1 分夾板，才真的具有保護功效。有的工班為省錢，就會不鋪木板了。

Chapter

2

要做什麼？

——做好 5 件事，讓錢花對地方

「不做什麼」是減法的思維，讓我們重新思考裝潢各工程的必要性。但想要住得舒適，絕不是怕花錢就什麼都不做、盲目地一減再減，這個章節想說的就是「要做什麼」。

姥姥覺得該做的事就是定格局、做好通風採光與隔熱，還有要留時間好好寫估價單與簽約。

若是預算充裕的人，可以找位設計師好好討論，但我知很多手頭有點緊的人是沒辦法請設計師的，姥姥年輕時也是這樣，口袋的錢都給了房子，根本沒什麼預算裝潢，所以這個章節也是特別為跟姥姥一樣的小資一族而寫──當沒有設計師可諮詢時，如何自己來定格局、做通風採光與隔熱？當然，還有如何看懂比愛因斯坦相對論還難的估價單！

Part 7 要好好**規劃**

不當被坑的盤子，學會找地雷！

Estimate

「姥姥，這問題有點急，我想改格局來不來得及？」
「姥姥，這問題有點急，明天水電就要撤場，我家總電量是 50A
夠不夠用啊？」

我的臉書固定會請專家達人來回答裝潢的各式疑難雜症，以上是
常見的留言。看來許多網友都是沒想好就開工，徒然花大錢又浪
費時間。今天我們若只有辛辛苦苦攢下的 100 萬，要改造 30 坪
的房子，哪裡受得了重做？更受不了後續的追加工程。

改格局，平面圖要重畫；要水電多來一天，也要多付一天的錢。
不管是請國父孫中山或小朋友出來買單，都是 $$$$ 啊，所以請
務必「想好 8 成再動手」，不要跟自己的錢過不去。

根據網友的提問，姥姥整理出最常被忽略、沒有事先考慮好的項
目。但好巧不巧，我發現剛好就是「估價單」上的必列項目。
這件事又告訴我們什麼人生大道理？就是這估價單與圖樣，才是
少林寺的易筋經、丐幫的降龍十八掌祕笈、明教的乾坤大挪移，
堪稱省錢裝潢真正的關鍵。

（尤噠唯設計提供）

 可省多少？

1. 寫好估價單，把建材規格寫清楚，可避免被灌水，降低日後盲目
   追加的費用。
2. 好好規劃格局與工班談工法，可減少日後出包而重做的機率。
3. 只要簽好約，可減少訴訟的機率，省下上法院的時間與金錢。

本書所列價格僅供參考，實際售價請以小院網站公告價為準。

Part 7 / 1 估價單的奧義
6 大工程的常見地雷

姥姥 點評

在整理上百份估價單的過程中，我發現最可怕的不是水電一個迴路開價 6,000 元這種外太空價，而是同一份估價單上竟有 16 項「根本不存在」的項目！小資族，你還能不認真學會看懂估價單嗎？

在進行拆除前，拜託請留 1 ～ 3 個月的時間好好規劃，最好從你想買房子開始，想格局看建材考慮找設計師或工班等。記得，想得越清楚，能省下的銀子就越多。

先規劃好估價單不僅可省錢，也讓我們對預算分配有更通盤的考量，例如不做天花板是要把錢拿去改書房的格局，不做電視牆是要把錢拿去做水電，把每項工程做與不做的背後意義想清楚，這樣才不會工程做到一半時，只因為設計師或工頭跟你說電視牆一定要做，就茫茫然跟著做了。

問題估價單是誰造成的？

在開始本章之前，姥姥想先說兩點：第一，請大家先別急著罵設計師灌水或工班黑心。

第二，300 萬以上的案子和 130 萬的案子兩相比較，前者被黑被坑的程度多很多！（真希望那些專黑豪宅案的設計公司都是羅賓漢開的）其實，設計公司會開出「你認為太貴」的估價單，姥姥覺得一大部分是大環境整體的問題，而且屋主本身往往就是問題核心。

台灣的屋主有超過 5 成不想付設計費，超過 9 成一定會殺價，而且是不管三七二十一亂殺一通。

這兩種行為會造成的結果：一、不付設計費，設計公司要靠什麼活？當然就是從工程賺回來。這又再次證明百年不敗的真理：不收費的最貴。

有問題的估價單中，很多是不收設計費的，尤其是找建商配合的樣品屋設計公司。並不是這種設計公司都不好，但有問題出狀況的不少，往往只會多做不會少做，因為多做才有得賺，少做就只能喝西北風。估價單上能多列的工程，就不會少列。

不過，我也能理解屋主的另一個質疑：我付設計費後，設計公司就不會從工程費中偷工減料再賺一筆嗎？的確，我也沒辦法給答案。因為設計界就如人間，

有黑有白。但我相信慢慢的，這些情形一定會有所改變。

先開高價讓你殺

談到屋主亂殺價，這更是裝潢設計永遠的難題。屋主多半是不懂工法不懂建材的麻瓜，比價只能從價格下手。所以設計公司只好先提高價格，再讓屋主打個8折。畢竟以台灣人的習慣，十個屋主有九個半（另外半個多半是哥兒們或親戚，但裝潢後撕破臉的也不少）就是會殺價，設計公司若不讓殺，就接不到案子。

更慘的是，有良心、估價實在的設計師無法壓低價格，但另一家願意降價競爭，結果屋主就選了後者。

或者，若一開始不提高價格，後續又不能追加，工程期間變數多，萬一到時賠本做，就變成劣幣驅逐良幣，有良心的反而先倒！

但屋主也有其難處。以人性而言，都是習慣先看到估價單，屋主才敢下定決心看要給哪家設計公司做。但平面圖都還沒定好、建材還沒選好，甚至屋主自己到底有多少預算都還沒個概念，這階段就要設計公司開估價單，**一張連工班師傅都還沒去現場看過就開出的估價單，自然問題一堆、追加是遲早的事。**

這也無法全怪屋主，若不知這家設計公司估價多少，怎知會不會超過預算？而這個問題則又是跟設計業的運作有關。理論上，對，就是理論上，厲害的設計師應是在我們的預算內達到設計的功能。

也就是說，500萬有500萬的做法，但100萬應也有100萬的做法，好設計師可以幫我們找到更省錢的建材或工法，來達成我們對家的期望。

當然，基本工程有一定的底價，手上只有30萬想做30坪的全套老屋翻新，這個願望只有神燈能幫你（一般至少要100萬）。

沒辦法，這是裝潢行情，就像車市也有行情，若姥姥跟人說想用30萬買輛法拉利，連小一學生都會斜眼看我：「阿姨，妳還是多存點錢吧！」

但在台灣的裝潢設計界，理論和現實是兩條平行線。你會發現，多數設計師只會委婉提醒你：

「X先生、X太太，您預算不足只能先做到這程度唷！」

會主動想點子幫你省錢的好設計師不是沒有，但你多半碰不到！現在台灣的裝潢業比較像是美妝美髮業，A設計師剪髮1,800元，B設計師200元，我們無法找A去剪200元的頭，更麻煩的是，你不知道A與B，哪一位才是剪200的（因為價格不公開），這就造成屋主一定得先看到估價單，才敢找設計公司或工班。

所以，若你期待設計公司誠實地開估價單，**姥姥也只能「期望」你一開始就跟設計師講好：「我不砍價，但會比價，請你務必好好估價。」**

不過姥姥也無法保證這麼做就天下太平了。因為設計界還太亂，不殺價的屋主遇到亂開價的設計公司機率還是有的。

有位屋主 M，一家都是很良善的人，不但寄給我估價單，還提供給我許多資訊。他們並沒有胡亂殺價，但估價單上仍被灌水了。

M 最後問我：「為什麼不知道的人就是被當肥羊，知道的人就必須風聲鶴唳、草木皆兵，這樣的消費環境真的讓人很累。」

看到這裡，大家千萬別灰心。姥姥知道，室內設計工會、建築師公會等組織正在建立制度，努力讓大環境更好，也有許多設計師在自己的位置上做到最好，推廣正確的裝潢知識（歡迎上官網查詢）；設計界其實有更多有心的人默默地付出。

真希望有一天，台灣有個「設計師不必擔心屋主殺紅眼」和「屋主不必懂很多也不會被誆」的裝潢市場，這路是很長，但我們已經起步，相信終有一天會到達。

看懂估價單

小心避險！灌水無所不在

很久很久以前，姥姥我曾想建個估價單資料庫。承蒙各位幫忙，這幾年回報、採訪收到的估價單真不少，原本想靠大數據分析出全國開價行情，但九成寄來的估價單都沒有附上施工規範與建材等級，也就是不知道是怎麼做、工有多細，所以只能參考，並無法當成比價基準。

之前曾有網友想用其他家的估價單跟自己談的設計公司殺價——沒用的，好公司不缺案子，每家公司都有不同的行情，或者也有網友殺完價，工班就亂亂做。再提醒一次，沒有施工建材規範、沒有圖面、沒有合約，價格都不一定能與品質畫上等號。

那姥姥為什麼還在官網上一直貼估價單給大家參考？就是因為我希望從各家估價單能讓大家認命理解，報價的方式有百百種，蘋果與橘子都是水果但不能直接相比，北中南區的報價也會有價差。

以前天真的以為多少有些原則可比，看多了，就知道這個領域沒有真正的行情原則；看多了，就知道每家的價格有高報也有低報；看多了，就知道 30 坪老屋全室換新，動輒得先存個 100 萬 ^^。我們只能從基本面去理解估價單，先問清楚每一條項目在做什麼，所以我的建議是：

1. 確認單項工程細節後，比總價就好。單項價格總是有高有低，有的單價雖高但數量算得少，所以比總價最實在。

2. 弄清楚每條項目在做什麼，以免重覆報價。這很重要，不管材質、尺寸或任何項目，看不懂就問廠商業務或設計師，不要不好意思，也不用覺得問了好像有不信任對方的感覺，要記得，發問，是我們的權益。一份老屋翻新的工程估價單講解到清楚，根據我們的經驗，需要至少兩次討論，各 3 小時左右。

工 程 報 價 單		本報價有效期限30天
名稱：		報價日期108年1月1日

編號	工程名稱		
壹	拆除/保護工程	0	本報價單經雙方同意
貳	水電工程	0	作為簽訂合約的報價依據
叁	泥作工程	0	甲方：
肆	木作工程	0	乙方：
伍	油漆工程	0	日期：
陸	玻璃工程	0	
柒	鐵件及鋁門窗工程	0	
捌	清潔工程	0	
玖	暗架及樓梯木作工程	0	
拾	外包工程	0	
	無電梯搬運補貼	0	
總價		0	
稅額		0	
工程總價		0	
總計：新台幣佰拾萬佰仟佰拾圓整			

水電	工程名稱	單位	數量	單價	總價	備註
	總開關箱整理更新	式			0	更新成匯流排配電箱換新breaker,採用士林電機無熔線漏電斷路器
					0	
出線口	插座出線口	處			0	不含面板
出線口	插座出線口	處			0	不含面板,(依現有迴路移位或新增)
	電視*1,電話*1 插座出線口	處			0	不含面板,
	網路*2插座出線口	處			0	網路線cat-6
	地板插座	個			0	
迴路	110V插座迴路	迴			0	太平洋2.0實心線
	開關出線口	處			0	不含面板
	雙切開關迴路	式			0	
燈具	燈具出線口及配管	處			0	配管配線
迴路	燈具出線口及配管	處			0	配明管(PVC)
	110V燈具迴路	迴			0	太平洋2.0實心線
	2.0專用迴路	迴			0	太平洋2.0實心線
	5.5專用迴路	迴			0	太平洋5.5平方絞線
	8平方專用迴路	迴			0	太平洋8平方絞線
	冷氣電源220V	處			0	太平洋5.5平方絞線
	漏電斷路器	處			0	
	安裝開關／插座面板	個			0	含星光面板
	燈具安裝	式			0	安裝時依業主提供的燈具按照狀況報價
	圓形開孔	處			0	
	軌道燈安裝	支			0	
	電鈴移線	式			0	

估價單有幾種格式，這是最常見的一種，會列出各工程細項與數量。

3. 準備好設計圖、施工規範、建材規格以及驗收標準，比價才有意義。

4. 找願意簽約與負責任的，前者靠合約，後者靠你人生累積的看人功力。

5. 簽名就代表都看過了也認同了。只要超過20歲，法官就會認定簽名就要負責，若抬出「我看不懂」這理由，雖是事實沒錯，但就是要弄懂後才簽名啊！

估價單常見灌水手法

1. 數量與現實不符：這個是排名第一的手法。從地板壁面坪數、水電迴路、燈具數量等。但要注意的是，地壁面不管是貼磚或木地板，是會多算損料，通常是以坪數多加1成，如20坪的地板，叫料要叫22坪，這不算灌水。

但一般常見情況是「還沒做完設計就先開估價單」，很多房子尤其是老屋，拆除前與拆除後恍若女人卸妝前與卸妝後，尺寸是差很多的，而且廠商去現場第一次丈量時，多半還不確定能否接到案子，所以也是粗量，在尺寸上難免有誤差。不過數量不對也不用太擔心，裝修做多做少全在你家，不會跑的。只要記得在合約上註明「最後依現場實作數量計價」就可以了。

2. 數量含糊帶過：另一種則是什麼項目都寫「一式」，沒有數量，也沒有建材規格，這種常是日後糾紛的源頭。不過有些「範圍明確的」，是可以寫一式的，如「陽台防水貼磚一式」，或「全屋櫃體」拆除，或「油漆全室一式」等等。

但像水電迴路幾迴、插座幾個，寫一式就較易有爭議，驗收時若與廠商看法不同，又沒有設計圖，那到底是說10個還是9個？光吵這些也很花時間。

但有趣的是，有時寫一式的總價反而會低一些（甚至低很多），所以要不要堅持一項一項列單價？當然不要啊，大家一定要懂得變通（哈）。

原則上只要在估價單上寫清楚要做的項目與數量即可，如要避免日後追加項目時被獅子大開口，談好追加減的單價依據，可更保險。

3. 沒做的項目也收費：有個案例是新成屋，但估價單列了「整理總開關箱」的費用，問了設計師後，才知道根本什麼都沒有要換，只是檢查線路，但也開出了收費項目。所以一定要瞭解每項項目在做什麼內容。

4. 沒寫工法怎麼做：一般屋主很容易忽略的一點，就是工法怎麼做沒寫清楚，防水層是幾道、整理電箱包不包括換匯

工程報價單

業　主：				聯絡電話：	
地　址：				傳真電話：	
專案負責				報單日期：	
工程名稱：				工程地址	

項目	品名	單位	數量	單價	金額	備註
一	拆除工程	式	1	73,700	73,700	
二	水電工程	式	1	16,000	16,000	
三	電源工程	式	1	37,000	37,000	
四	網路 電話線路 工程	式	1	16,000	16,000	
五	燈具設備	式	1	11,450	11,450	
六	衛浴設備	式	1	82,600	82,600	
七	水泥工程	式	1	153,000	153,000	
八	磁磚費用	式	1	51,000	51,000	
九	廚具工程	式	1	101,500	101,500	
十	鋁門窗工程	式	1	64,500	64,500	
十一	木作工程	式	1	83,400	83,400	
十二	系統櫃	式	1	175,000	175,000	
十三	木地板工程	式	1	66,500	66,500	
十四	餐廳天花板工程	式	1	9,000	9,000	
十五	油漆工程	式	1	52,200	52,200	
十六	清潔工程	式	1	19,400	19,400	
十七	冷氣工程	式	1	136,250	136,250	
十八	設計及工程管理費	式	1	68,000	68,000	
			合計	折台幣	1,216,500	元整(未稅金額)

這種估價單全都只寫一式，沒有細項內容，日後較易有爭議。

項目	名　　稱	單位	數量	單　價	複　價	備　註
1	**拆除工程**					
	1.全室地面拉起60公分打到見磚					
	2.全室門斗.門.鋁窗					
	3.後陽台圍牆及汙水灌高處					
	4.廚房.廁所全部見紅磚					
	5.前陽台壁磚.地磚剝除					
	6.下地下室旁RC矮牆					
	7.前陽台鐵門上方水泥平台					
	8.廚房及飯廳漏水處打到見磚				103,000	
	拆除工程追加					
	1.後陽台地面全部拆除					
	2.餐廳前面見紅磚				24,000	
2	**水電工程**					不含衛浴
	1.申請加大電箱.					
	2.全室電線.網路線.電視線.開關線更新					
	3.全室冷熱水管更新從頂樓重拉					冷熱水管白鐵壓接
	4.全室燈具挖洞安裝					
	5.室內電箱更新					
	6.鐵捲門.廚房.冷氣專用迴路重新配置					
	7.廚房.廁所排風管重新配置					
	8.全室排水管重新配置					
	9.打鑿工資				256,000	

若有寫出工程細項與數量，則只報一式的價格也是可以的。

流排配電箱、油漆批土是全批還是局部批等，因為工序的繁複程度會影響價格，不能都空著，日後若有糾紛很難處理。

5. 工程重覆收費：這個次常見。因為大家對師傅在做什麼，往往都不是很瞭，容易出現同樣項目以不同的名目出現，再收一次錢。像有拋光石英磚的貼磚工資已含水泥砂打底，就不該再列一次打底的費用；或是木作櫃費用中已含五金，就不能在後頭又列五金費用。要注意的是，**這種工程重覆計費有時候不會放在同一頁，會相隔好幾頁**，通常會在後頭的燈具五金雜項中再度出現。

6. 總價算錯：這是網友 Sam 的經驗，壁紙 1 尺 1,200 元，他家臥室主牆是 7 尺長左右，總價理論上是 8,400，卻列出 1 萬多，後來設計公司回覆：是助理打錯了，會改。所以總價最好也看一下有沒有算錯。

7. 建材等級沒指定：凡建材都要寫明品牌與規格，例如電線最好指明要太平洋電線，磁磚則要寫拋光磚 60×60 公分／國產品牌如冠軍普羅旺斯系列紅色，天花板的矽酸鈣板要列出是日製或國產等等，不然有可能會收到「沒聽過品牌的建材」，像姥姥家的燈泡就是個例子。

但姥姥跟各位說：只要估價單上沒寫什麼品牌，您是不能要求因品牌不對而退貨的，最多只能是品質不好而退貨。

另一點要注意的是，有的廠商會寫「或使用同級品」，同級品的定義很模糊，像磁磚冠軍與白馬算不算同級品？國浦跟中日矽酸鈣板能不能算同級品？有的廠商會說，價格一樣即算同級品，但價格是指哪個價格，有些建材聽都沒聽過但賣價貴死人，或者國外賣很便宜、台灣賣很貴，這樣怎麼看呢？「同級品」的定義易有爭議，最好避免，但有時某些建材就是缺貨，所以比較保險的寫法是：「同級品須經屋主同意才能使用」，這樣就不必擔心混到次級品了。

**項目
解析**

常見地雷 20 處！

一項一項來看估價單的內容，大家就會了解師傅們在做什麼事。估價單上會列出所有工程，一般會有拆除、水電、泥作、鋁門窗、木作、系統櫃、冷氣、衛浴廚房設備等大項，另再搭玻璃、鐵作、石材等小項目。每個項目中要寫明的內容有：一、地點：客廳餐廳或廚房，二、建材規格，三、施工方式。寫越清楚，日後發生糾紛的機率越低。

不過，估價單就像九陰真經，若沒有配合正確心法，只會練成女鬼梅超風或不上不下的周芷若，而沒辦法變成大俠郭靖。以下我就分門別類談各個細項、各種工程會埋藏的地雷，以及如何計價會更省的小技巧。

■拆除工程：不該動的要註明

工程編號	工程名稱	單位	單價	數量	總價	備註
全室	原有磚牆拆除 🅐	坪				☐ 紅磚牆或輕質水泥牆 ☐ 不得拆到結構承重牆或剪力牆 🅑
	原有RC牆拆除	坪				☐ 價格另計 ☐ 需先取得結構技師簽證，始得估價施工
	壁癌剔除	處				☐ 剔除到結構體表面，水泥層刮除
	全室地坪拆除	坪				☐ 地磚拆除含剔除舊水泥見底，或只剔除表層磁磚 ☐ 若為墊高地板價格另計
	原有大門拆除	處				☐ 連門框門檻一併拆除
	全室舊有鋁門窗拆除	處				☐ 窗框拆除時，若採濕式施工者，內角水泥層一起剔除，乾式則不必 🅓
	全室櫃體拆除	式				☐ 依數量多寡價格另計
	衛浴壁地面磁磚拆除	式				☐ 含設備，1坪以下 ☐ 地壁面都拆除舊水泥見底 ☐ 小心不敲破排糞管（但一般會破）🅑 ☐ 含不含清運
	衛浴設備拆除	處				☐ 只有設備，如馬桶、洗手枱、水龍頭 ☐ 含不含浴缸、其他五金等
	廚房壁地面磁磚拆除	式				☐ 含設備，1.5坪以下 ☐ 地壁面都拆除舊水泥見底 🅒
	廚具拆除	處				☐ 只有設備，如廚櫃、水槽等

🅐 一般拆除項目備註欄要寫明拆哪裡，如臥室廚房牆拆除。

🅑 「不能拆哪裡」也要寫，例如櫃子桶身要保留、廚房隔間牆打一半等，尤其是結構牆與排糞管常被誤打（排糞管常被打破，有補就好），有的師傅會連鋼筋都直接剪斷，這樣不行，要先說好，若打破不該打的，請「負責恢復原狀」。

🅒 舊地磚拆除，有分打掉磁磚表層或打到底，要標示清楚。

🅓 要換鋁窗，先確定好是乾式或濕式施工，濕式要打掉內角水泥一圈，之後灌入的水泥才能一體成型。有些電焊立框的鋁窗，非常難拆除，有的廠商報價也

會較貴。但是要到拆的時候才知道是不是點焊立框，因此可能會在拆窗後再追加。

🅔 拆除的師傅多半是粗拆，若需要較細的拆除，如在牆中開孔，最好找較細心的泥作工班施作。

🅕 目前收集到的估價單，30 坪老屋室內全拆，含隔間牆、門窗、地板拆到底、衛浴含設備全拆大約在 10 ～ 15 萬元之間。有時拆除費用會較高，多半是那種幾乎全室拆，但要保留某些東西的。因為要加保護工程，像保留地板，又要拆牆，就會變成拆除要小心拆，因此提高了單價。

保護工程的範圍也要一一確認。（集集設計提供）

項次 Item	名稱 及 規格 Description	單位 Unit	數量 Qty	單價 Unit Price	總價 Amount
	假設工程				
1	室外電梯+走道鋪PVC防護板	式	10.0	2,000	20,000
2	全室室內地坪鋪1分夾板+PVC防護板	坪	20.0	400	8,000
3	室內衛浴設備鋪PVC防護板	式	1.0	3,000	3,000
4	現場放樣	式			
5	工地保險	式			
6	施工申請	式			
7					

Orz!! 保護工程的單價是別人的 10 倍？

做保護工程的瓦楞板（PVC 防護板）單價要 2,000，嗯，很誇張。後來設計師回覆是打錯了，200 元才對！

Orz!! 沒動到的地方也要保護？

同個案子，這是新屋根本沒有動到衛浴工程，衛浴也有門擋著，為何還要為衛浴設備鋪防護板？後來也說是「打錯了」。

小叮嚀：可請泥作或水電找拆除工班

　　30 坪老屋全屋拆除，價格從 7～15 萬都有，基本上拆除並沒有太高深的技巧，只要心細點即可，選低價的無妨，有簽約都不用怕，我發現整體一起算的總價往往會比一項一項算來得低，建議也可請泥作或水電廠商找拆除，這樣若有問題時，師傅也比較願意再來一趟。

　　不過，要先想好格局，再來定拆除項目。以免到時拆了後要再砌回來。

　　接下來看哪裡是可以「不用拆的」。姥姥之前跑過幾個工地，不少都是全室拆光光，但有很多東東都還可以用，全都丟掉實在太浪費也對地球不好。

　　咳咳，基於悲天憫人的情懷，我就曾在工地中「救回」不少好物帶回家，如衣櫃的網籃、烘碗機內的置碗架與置筷架，原本連窗簾都想撿回家用，可惜我兒小蹄有過敏就算了。

　　現場師傅說，也曾「救回」台灣檜木做的實木桌椅實木櫃（可惡，我竟然沒撿到這種超好康的）、衛浴用的不鏽鋼置物三層架、後陽台不鏽鋼洗衣枱；設計師孫銘德則曾「救回」竹製掛簾、榻榻米、小學課桌椅、舊木窗、舊木門（相比之下我真的比較歹命，只能撿到小東西）。

　　你看，你們家不要的，都是我們眼裡的好東西。所以，你要不要在拆除前再多看它們一眼？像還好好可以用的室內門、衣櫃桶身、廚櫃桶身、地磚、樓梯板材，都可以保留再利用，若不知怎麼用也歡迎到小院網站上來問，只要少拆東西，不僅省到荷包，也可減少垃圾，對地球或對下一代都好。

■ 水電工程的計價重點

工程編號	工程名稱	單位	單價	數量	總價	備註
	總開關箱全換新	式				☐ 更新成匯流排配電箱，幾P **A** ☐ 一般是26p以上會另計費用 ☐ 全換新NFB（無熔絲開關），品牌：士林電機 **B** ☐ 有水的迴路加漏電斷路器：廚房、衛浴、工作陽台 ☐ 含結線、整理電線 ☐ 做接地線 ☐ 老屋無進戶接地線者，是否採中性端子排與接地排短接 ☐ 局部換新不換電箱者，也有以一迴為數量計價
	弱電箱電箱安裝	式				☐ 只有安裝箱體
	台電申請加大電量，錶後幹線換新	式				☐ 看幾層樓高 ☐ 換多粗的線徑，60A/22平，50A/14平 **F** ☐ 要由有證照的甲級水電申請
	垃圾清運	車				☐ 水電的垃圾，是否可與泥作或木作的一起清一車
迴路	新增110V或專用迴路	迴				☐ 配電線、110V用太平洋2.0實心線 **D** ☐ 配電管，PVC或CD硬管(暗為硬管，明可用軟管) ☐ 牆壁打鑿管線是先切後打，還是不切 **H**
	新增220V或專用迴路	迴				☐ 220V用太平洋5.5平方絞線 **G** ☐ 其他同上

A 換新配電箱，匯流排配電箱要寫明是多少批數，一般 30 坪以下居家，視所用電器多寡大概會用到 18 ～ 26p 左右，有的廠商超過 26P 會加價。此外批數最好再預留2P空間，因為家電研發日新月異，留待日後增加時可用。有的配電箱整理在 6,000 元以下的，通常並沒有換配電箱，而是電線更新而已。

B 總開關箱整理更新的項目中，有沒有含無熔絲開關更新與漏電斷路器。要注意的是，有的廠商是「不含」漏電斷路器的，因漏電斷路器價格較高，一個為 400 ～ 550 元，或是超過 2 顆要加價，所以這裡要問清楚。一定要指明有水的迴路要用漏電斷路器，也要要求為 2 合 1 產品，而且最好說明是裝在配電箱中的各個分路，而不是裝在總開關處。

C 配電箱一般是鐵製外烤粉體塗裝，若要求要不鏽鋼型要先說，但如果不是住海邊或溫泉區這種容易生鏽的地區，就不太需要。

D 新增迴路的更新電線重點在於指定品牌，例如太平洋電纜，製造日期在一或兩年內較好。

E 弱電箱整理更新項目，一般是只有安裝弱電箱體才會列出，若沒有安裝箱體，只是將電視電話網路等統整放到櫃體內或某個地方，就不會列出這項，費用會算在弱電迴路那一塊。到底要不要裝弱電箱呢？我是覺得若櫃子抽屜也能整理弱電設備，不一定需要的。

F 老房子的進戶電流量可能才 30A，已

無法符合現代電器使用量。一般會申請加大到 50A 或 60A，須向台電申請。但入戶幹線線徑也需要同步升級，會視樓層高低與現場施作難易度來報價，1 ～ 3 樓為 1.5 ～ 3 萬元不等。

G 迴路是指從配電箱出發到插座或開關的電線路徑，迴路有兩種，一個是 110V 用 2.0 的線，另一個是 220V 用 5.5 的線，若是要配 110V 用 5.5 的線，就會以 5.5 的迴路計價。

H 迴路含不含管線打鑿費用，有的廠商會含，有的會另列，以工計價。打鑿是先切再打，還是不切，也有差別。先切再打能控制破壞面積，之後回填也較易施作。通常切溝師傅會另外再請，所以會另外計費。

■ 插座開關與燈具

	水電管槽切溝打鑿	工				□ 牆壁鑿槽先切後打 □ 有的報價沒有此項
	全室電線更新	式				□ 不換配電箱不換NFB，只換電線，用舊管道，若有配電箱更新者不會有此項 □ 也有工班以幾迴迴路計價，不算出線口
出線口	新增／移位插座出線口	處				□ 含不含面板與面板安裝 □ 面板標配為Panasonic國際牌，或其他品牌 **A** □ 含接線工資
	新增電視,電話 網路插座出線口	處				□ 含不含面板與面板安裝 □ 網路：一出口一迴路（較好），還是共用迴路 **C** □ 電視插座末端型（獨立迴）或中繼型（共迴） □ 含接線工資
	地板插座安裝	個				□ 含不含面板與面板安裝 □ 含接線工資
	新增／移位開關出線口	處				□ 含不含面板與面板安裝 □ 含接線工資
	安裝開關／插座面板	個				□ 若出線口未含安裝者，會再加此項；有的工班報價沒有此項
	雙切開關	式				□ 指雙邊控制，非面板 **B** □ 有的價格同出線口 □ 搖控版主燈無此項

A 插座、開關等出線口的寫法都雷同，註明面板品牌，若要升級，可以補差額。價格高低的關鍵在有沒有含面板以及面板安裝，有的會另列一條項目。若是住在較潮濕地區，可以指定出線盒要不鏽鋼製。

B 開關是控制燈具的，雙邊控制指的是兩個不同位置的開關但控制同一盞燈。一般會用在樓梯上下端、臥室床頭開關、客廳主燈開關等，因為較一般費工，價格會貴一點。現在很多臥室主燈採用搖控，就可不必做雙邊控制。

C 弱電包括網路、電話與電視，網路與電視施作重點在要求一出口一迴路，最好不要共一迴路，訊號會變弱。

燈具	新增燈具出線口及配管	處				☐ 含配管配線 ☐ 含不含開孔與嵌燈安裝 **D**
	新增燈具出線口及配管 （走明線）	處				☐ 走明管，用PVC或EMT，價格不同 **E** ☐ 90度轉彎用另件彎管 ☐ EMT管不上漆，進場時間為油漆後 ☐ 有的工班用燈具迴路來計價 ☐ 有的EMT配管會以管長幾米長計價
	燈具安裝	式				☐ 有的用一式或燈數，也有用施工天數計價
	圓形開孔	處				☐ 也有一式報價 ☐ 方型開孔為木作施作，圓型開孔為水電
	電鈴移線	式				
消防瓦斯	消防管線移位安裝	處				☐ 消防別亂移位，改高低可，但要小心 ☐ 灑水頭最好不換，要換者要測試功能 ☐ 改1寸管價格另計
	瓦斯偵測器移位安裝	處				☐ 延伸或新裝 ☐ 瓦斯管為瓦斯公司負責；走室內須無接管

D 燈具出線口的價差會看含不含天花板開孔，含不含燈具安裝。有的師傅都含，也有只含開孔、或者都不含的。水電都是圓形開孔，若是方型嵌燈開孔要請木作施作。

E 若要做明線明管設計，出線口的價格會高一些，明管分 PVC 管與 EMT 管，EMT 管最好油漆後再進場。而且最好有燈具明管配置設計圖，不然有的師傅仍用暗管的方法配管，不會走直角，不好看也易有糾紛。

■ 水路：記得測水壓

水管	全室冷水管更新(PVC給水) **F**	處				☐ 含地壁面打槽鑿溝 ☐ PVC管（品牌：南亞）或不鏽鋼披覆保溫材雙壓接管 **G** ☐ 主支6分，分支4分 ☐ PVC管與不鏽鋼交疊處，加墊保溫材 **H** ☐ 水電放管完測水壓，PVC管7公斤/1小時，不鏽鋼管10公斤/1小時 **I** ☐ 做明管，走天花板價格另計 ☐ 水管布管完成會封口，以免沙石落入 **J**

F 冷水管多用 PVC 管，但也有的會用披覆保溫材的不鏽鋼壓接管。要注意要用水管（W 管），有的竟會用電管（E 管）混充，水管的檢測項目與電管不同，不能混用。

G 不鏽鋼管要選披覆保溫材的，熱水才不易降溫。水管尺寸再分主幹粗支幹細，可加大末端水壓。壓接頭還有分單壓接與雙壓接，彎角配件廠牌有台製「北名」，韓製 BEIMING，日製 BENKAN，價差可達 3.5 倍。

H 因不鏽鋼熱水管有保溫材，冷熱水管靠近也影響不大，但若有交疊處，底下要墊保溫材。

Ⓘ 不管價格高低,很多廠商都不測水壓,但測水壓能看出水管是否漏水,多半廠商是「只要你有先講就做」,所以提醒大家,一定要在施作前先說要測水壓。記得 PVC 管測 7 公斤 /1 小時,不鏽鋼管 10 公斤 /1 小時,測水壓不是測極限值,千萬不要加壓太大,反而易造成沒漏水的也漏水了。

Ⓙ 水管布線完成後,可先倒水試水,看是否有漏出,之後要把開口封起來,用水管蓋或麻布手套或火烤封管皆可,火烤最保險,可防水管被倒廢水砂石。

Ⓚ 排糞管若有位移,遇有 90 度轉彎時,最好以 45 度彎管相接。

Ⓛ 兩馬桶配置太近,或老屋裝「水龍捲式馬桶」都要安裝排氣管,也要注意建物是否有管道間排氣,或需要洗洞排出。

弄清楚估價單上的項目在做什麼是最重要的。(集集設計提供)

全室熱水管更新(不鏽鋼)	處				□ 含打槽、同上; □ 保溫材不含彎角披覆,要的話要先提出。 □ 品牌:美亞或其他品牌 □ 水電放管完測水壓,同上 Ⓘ □ 做明管,走天花板,價格另計 □ 水管布管完成會封口,以免沙石落入 Ⓙ
全室排水管更新(移位)	處				□ 結構體排水管,直插或移位, □ 也有的是直插或移位兩者同價 □ 90度轉彎能否以45度配件相接 □ 水管布管完成會封口,以免沙石落入
排糞管	處				□ 結構體排水管,直插或移位 □ 移位者會因距離長與施作難度不同計價 □ 移位距離長者若有90度轉彎需以45度相接 Ⓚ □ 水管布管完成會封口,以免沙石落入 Ⓙ
浴室換氣扇配管配線	處				□ 若是抽風扇含不含機體,暖風機另購 □ 含不含安裝機體 □ 含不含4寸排風管洗洞
冷氣排水	處				□ 指老屋新增冷氣排水至室內排水幹管 □ 多是冷氣廠商負責施作,有的會給水電
對講機/配空管	式				□ 一般不含機體,只配空管. □ 由大樓對講機廠商更換拉線

囧 這裡有地雷

Orz!! 新成屋還要總電源的查線工資？

三、			水電工程(不含對講機位移&浴廁配件安裝)	
總電源查線工資 (含拉電源線材)	式	1	7000	$7,000
新增110V電源插座迴路	式	5	900	$4,500
新增110V電燈迴路	式	14	900	$12,600
重拉AV端子(客廳)	式	1	1500	$1,500
重設網路端子	式	2	1800	$3,600

這是網友 Mciky 的估價單，是新屋。理論上，總開關箱的電線應是沒什麼問題，除非要加迴路（但估價單上也有列出迴路的費用），所以不知總電源是查什麼線。請網友去問設計公司後回覆得知：他們並沒有要換匯流排底配電箱，也沒有增加總開關箱新的迴路，但仍要收 7,000 元。

什麼？沒有要增加迴路，那後面列的迴路是什麼？這先賣個關子後頭再聊。

那設計師說 7,000 元是去幹嘛呢？是查電線有沒有問題，以及換電線的線材費。但是新成屋喔，若還需要做建商樣品屋的設計公司去查電線，那應該是建商要付錢，不是屋主付錢吧！至於換電線的說法更有趣，剛交屋的全新房子是要換什麼舊電線？

不過 Mciky 與對方溝通後，對方仍說要收這筆費用，「因為這是公司規定的。」嗯，姥姥也能理解，這是專做樣品屋的設計公司，又打出不收設計費的活動，所以只好藉由這些項目變相收費。這樣大家看懂了嗎？「不收費」的背後還是有隻隱形的手會伸向你的口袋的。

Orz!! 新成屋要電路修改？

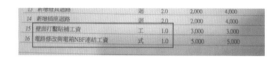

13	拆帶舊有迴路	迴	2.0	2,000	4,000
14	新增插座迴路	迴	2.0	2,000	4,000
15	牆面打鑿貼補工資	工	1.0	3,000	3,000
16	電路修改與電箱NBF連結工資	式	1.0	5,000	5,000

另一個案子也一樣，也是新成屋，但列出什麼「電路修改與電箱 NBF 連結工資」，我看不懂，就自己打電話過去問，設計師回覆：「就是換舊電線或新增迴路的電線要與電箱連結。」啊，前面不是已列迴路的錢了，且這是新屋沒有要換舊電線啊。後來對方改口說，那好吧，這項可以刪除⋯⋯

Orz!! 說好換匯流排配電箱，完工後仍然是舊的橫式 10P 配電箱？

這是網友 July 與網友文青家發生的事。就是估價單上有寫要整理總開關箱、換新的匯流排配電箱，但完工後，打開總開關箱一看，怎麼還是之前那個橫式的配電箱呢？

對，就是有師傅會賭賭看屋主懂不懂什麼叫匯流排配電箱。

July 家的師傅立即就說，若要換成匯流排，那要加 3,000 元（之前開價 4,000 元，的確有較低）；文青家就比較慘烈，師傅與設計師一開始還說，這就是匯流排新電箱，後來文青拍照片到姥姥臉書詢問達人後，對方就改說牆太薄厚度不夠、匯流排電箱太大以致無法施工等等理由，姥姥看了真是昏倒，怎麼會有這種人，估價單寫了還想賴。

還好台灣還有許多很好心又技術高超的水電配電士，一步步教文青如何回應。姥姥真的很佩服這群師傅，完全無所求地在幫忙，所以姥姥也想再說一次，雖然這世界有黑箱作業，但我可以非常肯定地跟大家說，也有超棒的師傅與設計師，真正在幫大家的都是他們，他們的熱忱真的非常令人感動，謝謝所有的師傅與設計師。

Orz!! 根本沒新增迴路，也算入新增迴路

項次 Item	名稱及規格 Description	單位 Unit	數量 Qty	單價 Unit Price	總價 Amount	小計 Rer
11	新增廚房專用迴路	迴	2.0	2,000	4,000	2.0m*2
12	新增冷氣專用迴路	迴	2.0	3,000	6,000	
13	新增燈具迴路	迴	2.0	2,000	4,000	
14	新增插座迴路	迴	2.0			

估價單上開了新增冷氣迴路 2 迴，因這位屋主是姥姥朋友，對方把總開關箱拍照給我，他家預計裝 4 台冷氣，但建商原本留的迴路中就有 4 個是給冷氣的，還附一個 220V 備用的，這樣是夠的啊，應該不用新增的。我跟設計師討論時，對方回說：「真的嗎？我沒仔細看配電箱，那到時會拿掉這個項目，到時再調整。」

Orz!! 燈具迴路有 43 個？

嗯，有的估價單上燈具、插座與開關的迴路數都超過 10 個，甚至 30 個，我也覺得奇怪，匯流排大部分都是裝 18P，多一點的裝 26P，怎麼可能會有 30 幾個迴路呢？

後來打電話詢問後，就發現了：原來

	水電工程				
1	新增敷設及重整	式	1	$15,000	$15,000
2	全室電源插座	式	50	$2,000	$100,000
3	全室資訊出口	式	9	$2,200	$19,800
4	對講機系統	式	1	另計	
5	音響設備套管	式	1	$9,000	$9,000
6	全室弱設灯具電源出口	式	72	$1,650	$118,800
7	全室新設灯具開關迴路	式	43	$2,500	$107,500
8	灯具挖孔安裝	式	82	$400	$32,800
9	專用電源迴路	式	4	$4,000	$16,000
10	AC專用電源	式	1	$6,000	$6,000
11	全室新增給排水	式	44	$2,500	$110,000
12	衛浴設備安裝	式	3	$12,000	$36,000
13	可拉拉設備及施工	式	1	$35,000	$35,000
14	水電用材料	式	1	$47,500	$47,500

根本沒有要新增迴路，那些都只是「出線口」工程。什麼是出線口，就是讓電線從牆裡出來後不會電到我們的保護工程。以插座出線口為例，就是牆壁挖個孔，再放保護電線的出線盒，外面再加插座的面板。

那為什麼要把出線口的工程寫成迴路工程？有的設計公司是習慣這樣寫，價格與出線口相同，但是有的就價格不一樣了，且差很多。

通常一個插座迴路超過 1,000 元，出線口則 500 ～ 800 元，但寫成迴路之後，明明是出線口價格就可高達 900 ～ 1,200元。

有個師傅「偷偷」跟我說，大家都知屋主會比價，寫成「迴路」，不但單價比出線口高，與其他家真正的迴路價格相比又便宜，屋主又不懂，就以為這家開價較低，真的是掛羊頭賣狗肉，屋主還吃得高高興興。

還記得前頭提的樣品屋設計公司的案子嗎？姥姥跟大家講，別以為只有他們會這樣開，我在好幾個豪宅案的估價單上也看到同樣的開法，最貴的那個「假冒迴路」是 2,500 元（實際上是燈具開關，

一般單價是 500 ～ 800 元），數量是 43 個，這家的插座等出線口單價也比一般高出一倍，而且都還是不含材料的工資（後頭有一項水電用材料費 4 萬 7,500 元）。我不懂，難不成一間 40 坪的老房子，會因位於大安區最高級的地段，出線口的工法就不同嗎？真是讓我大開眼界。

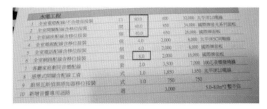

Orz!! 迴路、出線口報價都含材料了，為何還有「水電材料費或開關面板費」？

看估價單，要知道每項項目在寫什麼。有的廠商會把同一工程分開寫，或工料分開寫，比價時就要合併一起算。

像插座與開關的出線口工程中，有的報價是含面板，也有不含的。那一樣，只要獨立列出的 9 成都比較貴。一般出線口一個 500 ～ 900 元都有人報，上面這張估價單比較有趣的是，在列開關出線口工程時已經把面板列入報價了，一個 850 元，但你看，後面又列出開關面板費用 1 萬元，問屋主後也確認是星光牌，並沒有用到較貴的等級。

所以若只看出線口費用，會以為還在行情內，但若把面板費用算進來就是豪宅等級了。

另外提一下，姥姥曾提過估價單最好工、料分開，但這些年來研究多份資料後，發現分開估的結果反而是總價會提高，那當然就不要分開估（但也有工料分開估後總價變低的）。但工料分開估的好處，是當我們想換建材時，可以知道要補多少差價，也不必擔心工資會同步上漲。所以我想到的方法，**是工料合算（看總價不列單價），但把建材規格與價錢寫清楚，這樣就可兼顧便宜總價以及換建材的優點啦！**

Orz!! 40 坪新屋，新增燈具 80 個？插座 40 個？

一樣是朋友的家。他拿兩份估價單給我，A 廠商新增燈具 80 個，插座 40，開關 40 個，網路出口還 8 個（他家又不是開公司）；另一份 B 廠商估價單，是燈具 40 個，插座與關關各 10 個，也就是 A 廠商規劃的燈具插座開關數量都多很多。

40 坪空間，設計師當然可以規劃 80 幾盞燈，但實際真的有裝那麼多盞嗎？或者實際真的需要那麼多盞嗎？有位設計師朋友對姥姥說明了業界的難處，因為工程估價單多是在「未設計完成」前就須開出去，為了預防漏估某些項目，業

估價單上的插座與開關數量，可現場清點。（小院提供／雅娟設計）

者多半會「多估一點」，以防被業主說是低價接單後又追加的不良廠商。

聽起來也能理解，但有網友接著問，「那最後多估的會再退款嗎？」嗯，這個答案大家就無法保證了。因此我建議在估價單註明：**「依實際安裝數量再做追加減帳。」**這樣就能解決雙方擔心的狀況發生，對屋主也較有保障。

Orz!! 音響迴路 1 迴開價 9,000 元？

姥姥之前建議大家留一個專用迴路給音響，品質會較好，但你家音響如果只有兩顆喇叭放在電視櫃，沒有另外 4 個喇叭要裝在天花板，專用迴路電線就是從總開關箱出發到電視櫃，就是一個裝 2.0 實心線、110V 的插座迴路給擴大機、CD player 用，一般開價 1,500 ～ 2,500 元。

因為這種迴路就跟一般插座迴路的做法一樣，若是 220V 規格的擴大機，那最多就比照冷氣 220V 迴路 2,200 ～ 3,500 元（用 5.5 平方絞線）。但客廳音響的位置通常是離總開關箱較近的，搞不好比

冷氣迴路的「路程」都短，所以工資不應該高過冷氣迴路。但影音設備與喇叭之間，有的要配管走線。若你家是好幾個喇叭要長途跋涉過千山萬水才到達各處天花板角落，配管的工資貴就會比較高。

有的廠商會把「專用迴路」當成搖錢樹，可能是名字聽起來高檔，就覺得能收多一點。但必須說，「專用迴路」就是「一般的迴路」，甚至工法更簡單，一般迴路一路上還要給好幾個插座或開關共用，但專用迴路只給一個插座或電器使用。

就算是百萬音響，音響電源的重點在「電壓穩定、電源乾淨」即可，專迴並不是必要的，所以裝個 110V 或 220V 的迴路就好。

不過不管是師傅或設計師，有的會一聽到是音響用的，價格立刻三級跳；所以也可完全不要說這迴路是給音響用的，就請對方做一個「專用迴路」給電視櫃就好。

■ 泥作工程的計價重點

工程編號	工程名稱	單位	單價	數量	總價	備註
浴室地坪	浴室地坪粗底打底	坪				□ 浴室報價為地坪1.5坪或1.2坪以內 □ 1：3水泥漿打底，只有粗底沒有粉光 □ 做止水墩 Ⓐ □ 含洩水坡 □ 水泥的品牌：用品牌或幸福或信大 □ 含不含防水材料 Ⓑ
	地坪墊高	間				□ 墊高高度不同計價，10公分或15公分以下 □ 馬桶移位大多需墊高地坪 □ 1：3水泥漿打底或加小石混凝土
防水	浴室防水工程	間				□ 地坪1.5坪以內 □ 打底或墊高地板先做或後做 □ L角角隅加不加玻纖網（不用不織布）Ⓔ □ 上不上底油或底漆（有的用彈泥稀釋） □ 防水材彈性水泥，是壓克力雙劑或EVA單液，品牌為何 Ⓓ □ 彈泥幾道，一般兩道薄塗，不要厚塗易裂； □ 每道乾了後才能下一道工序 □ 防水層從地板到天花板或高210cm；Ⓕ □ L角角隅會不會再加黑膠等加強防水 □ 完成後等乾，試水1~3天不漏。Ⓖ
地磚	地磚貼磚（一般磚）Ⓗ	坪				□ 濕底或半乾濕工法或硬底 Ⓘ □ 磚的尺寸：30x30。30x60，40x40 □ 硬底工法有的會加價 □ 含水泥砂，不含面磚 □ 含磁磚填縫（特殊品牌費用另計）Ⓙ □ 磁磚驗收方法為何 Ⓒ

浴室打底：要不要加防水材？

Ⓐ 浴室因為坪數多在 1.5 坪以下，範圍固定，還蠻多廠商會用 1 間來算，而不是用坪。浴室打底整平或墊高地板時，要確認一下門檻處要做止水墩。止水墩是要兩端與牆一體成形，高度至少要達未來的完成面。

Ⓑ 浴室水泥層傳統是 1：3 水泥砂漿，不含防水材，但若有墊高地板者，會建議加防水材料，可加強水泥斥水性。防水材有防水粉或矽酸質都可以。

Ⓒ 打底打得好打得平，之後貼磚不管什麼工法都不易膨拱，打底的平整度很重要，完工後最好到現場檢驗。

浴室防水：要提出試水

Ⓓ 彈性水泥的品牌價差較大，以耐水解耐久性來看，壓克力材質比 EVA 好，但只要師傅工藝好，好好塗（薄塗不要厚），好好等乾，EVA 加角隅黑膠補強，防水也能做得好。上彈泥前，要以底漆當介面，彈泥附著力會更好，也比之後彈泥上 10 道來得重要。彈泥要塗至少兩道，但重點要等乾後再塗下一道，如果沒有等乾就上多道，厚塗反而易裂。

Ⓔ 角隅加玻纖網，可讓水泥層遇地震時較不易開裂。有的廠商是地面牆面角隅和門檻都貼，有的廠商只貼地面。

Ⓕ 防水層的高度做到水龍頭或花灑上方

	地磚（特殊磚）	坪			☐ 1.5坪以下。其他同上 ☐ 非以上尺寸的磚，如木紋磚 ☐ 軟底或半騷底或硬底工法 ☐ 是否用整平器，會另計價格
	地壁磚材料	坪			☐ 型號品牌與尺寸 ☐ 若屋主自己叫料，建材又只送到樓下，有的會加搬運費
	磁磚切割或打磨費用	式			☐ 看數量與切割方式
	落水頭	個			☐ 多半含在泥作工程裡，也有水電施作者 ☐ 品牌為何 ☐ 切水管不可切太短導致水泥層外露，或用鐵槌敲斷易導致水管封口不平或開裂
牆面	牆面粗底或粗底粉光	坪			☐ 浴室紅磚牆要先做粗底，再做防水 ☐ 一般牆面有的粗底與粉光分別計價，有的一起計價

20 公分處就夠了，當然要做到天花板也可以。若是非濕區，做到 150 公分高也行。有的廠商施作面積多與少都一個價，有的會依面積計價。

G 試水很重要，一定要試，才知防水有沒有做好。將地板放滿水，看是否有漏水之處，滿水高度至少要達未來的完成面，並要做水位記號。試水至少 1 天，多則 3 天 7 天，之後把水吸乾，等彈泥乾了後再貼磚。有做試水者，大部分工資會提高，因為要等天數，會延長工期，所以要先提出。

貼磚：圖案影響價格

H 貼磚的工法會視磁磚大小片不同，可詢問廠商師傅。有的廠商不同工法價格不同，有的都一樣。常會另計價格的有：使用整平器、採用硬底工法等。

I 貼磚重點在每塊磚黏貼時，益膠泥或泥漿要鋪滿背磚，且用木槌或他物敲緊磚體與泥漿的密合度。可提出磁磚驗收

標準，但要在貼磚前就提出。

J 若貼磚後直接填縫，內部水氣未散，日後易變色。至少要等 24 小時後才能填縫。大部分泥作廠商施工費用含填縫，除非是要升級到防水填縫劑，材料部分多半由屋主自備。

拼花或指定圖案貼法，會另計價格。

	地坪水泥粉光	坪			☐ 1：3水泥漿打底，表層灑水泥粉粉光填實 ☐ 若特別要求裸露當表材者，要先說 ☐ 是否使用預拌土 Ⓐ ☐ 一般是做給塑膠地板或超耐磨地板的底材 ☐ 粉光平整度高低差在3mm之內，順平；
	簡易防水 Ⓒ	坪			☐ 看坪數大小與施作方式、面積而定，
	貼拋光石英磚工資	坪			☐ 貼60x60或80X80cm尺寸拋光石英磚， ☐ 帶水泥沙，不含面磚 ☐ 大理石式工法含打底 ☐ 硬底做法大片磚後要加益膠泥等黏著劑 ☐ 是否含整平器，會另計價格 ☐ 貼磚時要用木槌或他物敲緊磚體結合泥漿 ☐ 磚縫最少留2mm ☐ 含填縫，至少等24小時後才填縫，最好等48小時
砌牆	砌1/2磚牆	坪			☐ 砌牆3米高不能一天砌完，至少兩天，一天高度不超過1.5米； ☐ 新舊牆間要打釘或植筋；約45公分一支植筋或植釘 ☐ 需拉線，雷射定水平垂直，直角雙十線定位 ☐ 滿縫程度，水平縫滿，垂直縫大部分無法要求 ☐ 牆砌好至少3天等乾才切溝， ☐ 至少3周以上才能上漆 ☐ 工法要求多，有時也沒用，表面依然漆裂 ☐ 含不含粗底粉光，雙面或單面 Ⓑ
	原門洞封牆	式			☐ 看洞大小 ☐ 與用什麼材料封洞，一般紅磚
填縫	鋁門窗框灌水泥漿填縫 Ⓓ	處			☐ 看面積，窗的大小有分 ☐ 用1:3或1:2水泥砂漿填縫 ☐ 水泥砂漿加不加防水材 ☐ 需要用水泥槍灌滿縫隙，可達9成以上灌滿 ☐ 外牆四角要不要塗防水材 ☐ 矽利康塞水路為鋁窗工程 ☐ 四角裂無法保固，結構體問題

客廳地坪打底

Ⓐ 地面打底有分粗底或粉光，看表層面材而定，要先問清楚需要哪一種。若是鋪塑膠地板或超耐磨地板，會很注重地坪的平整度，就得提供「粉光地板」。有的廠商會先以 1：3 水泥砂漿打底，表面再灑水泥粉粉光，也有廠商直接使用 1：2 水泥砂已調好的乾拌料，品質穩定又省時，但料錢會貴一點。

Ⓑ 牆面粉光有的廠商是打底與粉光各算一次價格，有的兩者合算一個價。要注意的是，若後續沒有要再上油漆者，想把粉光層直接當面材，要先跟廠商說，因為施作的細緻度不同。

Ⓒ 客廳地坪要不要做簡易防水？曾遇過漏水漏到樓下的案例，若客廳要施作磁磚地坪，建議還是加簡易防水較保險。

Ⓓ 窗框或門框水泥填補，要用槍灌進去到溢出為止，才能確實填滿縫隙。舊窗框的內角水泥要打掉，不然上了新水泥後，新舊水泥恐結合不好，易造成裂縫漏水。除了面積大小，是否在水泥加入防水材也有價差。

Orz!! 砌磚工程，是一項還是要再加粗底粉光的費用？

泥作工程因工序能拆得比較細，各廠商報價會依各自習慣，有的會一個項目拆成三項分開報，只注意單項價格的屋主，就會落入「這份估價單報得比較便宜」的錯覺。以圖示估價單的砌磚工程來舉例，A廠商是砌牆加粗底粉光是同一項，B廠商就是砌牆與粗底粉光分成兩項來列。姥姥我也曾見過第三種，牆體與粗底與粉光是分三項來列的。

一道磚牆從砌到完成有幾個工序：砌牆→粗胚打底→粉光→批土→上漆；我們來看A廠商與B廠商到底誰便宜呢？

第一，B廠商是分成砌牆與粗底粉光兩項工序，所以若以同工程來算，1平方米是1,600+800=2,400元。第二，B廠商採用了較小的計價單位，還原成1坪的單位後，1坪約7,900元，其實是比A廠商1坪7,500元貴的。

A廠商

	泥作工程				
1	全室_地坪基礎防水工程 (公共空間/廚房)	29	坪	800	23,200
2	全室_新砌1/2B磚牆含水泥粉光	15	坪	7,500	112,500
3	全室_原牆面拆除補水泥粉光	15	坪	2,300	34,500
4	浴室_貼壁磚工資	12	坪	3,300	39,600	不含磁磚與黏著劑
5	浴室_貼地磚工資	2	間	8,000	16,000	不含磁磚與黏著劑
6	浴室_全面性防水工程 (標準地坪1.5~2坪)	2	間	18,000	36,000	單坪水 差額算 不含料

B廠商

	附件二：泥作工程					
1	新砌開間磚牆	7	m2	1,600	11,200	1平米是2400，1坪7900
2	新砌牆水泥沙漿粉光	5	m2	800	4,000	
3	浴室淋浴間防水坡度新作	1	間	3,000	3,000	
4	浴室新作防水(高度超過210)	1	間	9,000	9,000	
5	浴室1:3水泥沙漿粗胚打底	27	m2	800	21,600	
6	浴室地壁面貼磁磚工資(不含磁磚)	27	m2	1,200	32,400	含水泥砂價(不含磁磚)
7	廚房1:3水泥沙漿粗胚打底	32	m2	800	25,600	
8	廚房地壁面貼磚工資	32	m2	1,200	38,400	含水泥砂價(不含磁磚)
9	浴室門大理石門檻落知	1	組	4,500	4,500	
10	浴室牆磁磚磨邊角加工	1	式	9,000	9,000	
11	配管後牆面和地面局部修補	1	式	20,000	20,000	含水泥砂價

許多屋主搞不清楚砌牆與粗底粉光是「要一起做的」，只會看砌牆那一項，但被分開列時單價就會較低，有的還會誤以為便宜，但實際上卻是相反。因此還是建議大家，要請對方把估價單的項目都一起算，不要分開列比較好。

那砌牆工資7,900元算不算貴呢？

其實姥姥對單價高低沒有任何意見。好工藝的師傅收費當然要比較高，就像請林志玲拍廣告的價碼一定高於請姥姥啊，有點智商的人應該不會說林志玲黑心吧，竟然秀個大腿就要200萬。

同樣的，有師傅一項工程就是收別人的兩倍價格，我覺得那是他的本事。可是很多網友就會跑去網路貼文罵人，我覺得很奇怪，你若沒錢請他，可以再去找別人啊，天底下又不是只有林志玲會拍廣告，是不是？

這是自由市場。所以請不要再嫌設計公司開價太高，那是我們沒有找到對的人、適合我們等級的施工方。不過，怎麼知道對方有沒有開太高？很簡單，你找3家來比價就會知道了，哈。這業內競爭激烈，大部分公司都是在行情價內，姥姥看那麼多份估價單，會超過行情1倍的多是豪宅案，其他的多在1~3成的差別，所以做決定前，確定清楚估價單的內容就好。

Orz!! 同個工班同個工法，廚房貼壁磚1坪2,000，但浴室貼壁磚要2,500元？

大部分的估價單在貼磚的工資（不含料），都是地磚一個價，壁磚一個價，

不會因是廚房或浴室而有差別。會有差別的，一是貼什麼尺寸的磚，二是用什麼工法，三是驗收標準。

像客廳貼拋光石英磚，80×80 大片磚會比 60×60 的工資貴，有的進口磚也會比較貴，因為表面不平整需要整平器，而整平器隔天才能拆，會讓工期多一天。浴室的話貼 30×60 的磚較便宜，若是貼 90×15 的木紋磚價格 1 坪可能會多 1,500 ～ 2,000 元。

工法也有關係，軟底、半騷底、硬底就會有不同工資；驗收標準更是會影響，若提出「只要有一點空心就要拆掉」，工資可能會變 2 倍。一般廠商的驗收只有「要平」的標準，有的會連用木槌敲磚驗收法都不清楚，所以驗收標準一定要先講，不然多會演變成爭議事件。

如果工法一樣、磚的尺寸也相同，大部份師傅的工資是一樣的。但也有廠商會看施工區域是否太小不好施作，或是否有防水，或磁磚有造型變化，而有不同的報價，問清楚即可。

Orz!! 浴室防水一般是 5,000 元，這個設計公司要收 1 萬 5？

3	全室石英地磚貼工	式	33	$3,500	$115,500
4	上項基礎防水工程	式	1	$12,000	$12,000
5	上項進口石英磚	式	38	$7,500	$285,000
6	浴室加強防水工程	式	3	$15,000	$45,000
7	浴室貼磚敲打底	式	25	$2,500	$62,500
8	浴室地壁磚貼工	式	25	$3,500	$87,500
9	浴室國產大面磁磚	式	30	$2,800	$84,000
10	浴室地面灑漿塞縫	式	1	$25,000	$25,000

5,000 元等級的防水，一般就是用金絲猴品牌（最常見）的 EVA 彈性水泥塗 2 道，高度做 180 公分高，要從地板做到天花板的也有。但說實在的，這就是基

本款配備，買車的入門款等級。

若是找技藝較好的師傅，認真的師傅，再加耐久性較好的防水材，當然價格就會往上跳；什麼叫技藝好，第一，他會憑良心真的等底材乾了後，再幫你做下一道工序；二，他是真的照比例調防水材的配比，而不是「靠眼力或感覺」；三，他會好好做洩水坡與止水墩。四，他願意試水三天，試水後再等乾才貼磚。

若你遇到這等好師傅再搭配高檔防水材，花個 1 萬 5 也是 OK 的。當然 1 萬 5 如果只是以上的基本款配備與不認真的師傅，那就另當別論了。

Orz!! 貼磚與粉光等都有列費用了，以上還不含水泥砂？

有時項目分得太細真的很麻煩，在 100

14	水泥用料等等				
	Sub Total				
	泥作工程				
1	全室修補粉光	式	1	$40,000	$40,000
2	全室水泥砂	式	1	$33,000	$33,000
3	全室石英地磚貼工	式	33	$3,500	$115,500
4	上項基礎防水工程	式	1	$12,000	$12,000
5	上項進口石英磚	式	38	$7,500	$285,000
6	浴室加強防水工程	式	3	$15,000	$45,000

多份估價單中，只有這一份是另外列出水泥沙的費用。客廳貼拋光石英磚多用大理石工法（或稱騷底），貼磚費用就會含打底水泥砂，一般不會再列一條打底整平，也沒有再列水泥沙費用。

水泥的品牌中「品牌水泥」算好的，每包 50 公斤不到 200 元，這樣說好了，1 坪水泥加沙的費用應不會超過 500 元，但此報價報到單價 1,000 元（33 坪 3 萬 3,000 元）。當然有可能是設計公司用到從美國運送回台的超高檔水泥啦。

但可不可以列出水泥砂的項目？當然可以，我們能不能說報太高？不行，老話重提：設計公司開得出來還有人買單，這是他的本事。我只能跟大家講，我們沒錢的，受不了這種開法，還是請工班內含，比較便宜。

■ 木作工程估價單

工程編號	工程名稱	單位	單價	數量	總價	備註
天花板	平鋪天花板 Ⓐ	坪				□ 矽酸鈣板品牌：6mm厚，尺寸：3*6尺，品牌：日本麗士或國產台灣麗仕日通 □ 角材品牌：F3集層成角材或實木角料，尺寸為3.2*3*244cm（1寸2）品牌為何 □ 角料二直6橫，長邊每1.2尺或1.5尺1支 Ⓑ □ 吊筋每2支角材1支 □ 板料有沒有上膠，再打釘固定在角料上 Ⓑ □ 掛燈處要加強 Ⓑ
	造型天花板 Ⓐ	坪				□ 視造型難易度而定
	間接照明	尺				□ 看造型做法，角料下法與上同 □ 下方加不加嵌燈
	窗簾盒	尺				□ 依尺寸計價 □ 上方加不加夾板（若有拉門軌道者）
	線板	米/尺				□ 看型號花色
門相關	房間門+門框	樘				□ 前後貼4mm足夾板 □ 內部結構：框架加角料，角料每1.2尺1支 □ 門框為兩片15mm夾板加面材，外側7mm夾板再加上面材 Ⓓ □ 門框需離地5mm左右，避開潮濕腐蝕 □ 氣密條安裝，另加1000元 □ 門的表材，貼實木皮或塑膠皮；實木皮的品牌與木種 Ⓒ □ 上下左右皆封邊或不封上下 Ⓓ □ 是否採用現品門片 Ⓒ
	房間拉門	樘或片				□ 前後貼4mm夾板再加面材 □ 內結構：框架加角料 □ 五金：台製重型靜音軌道及滑輪

天花板與門片

Ⓐ 影響天花板價格的第一要素，是平鋪或有造型（就是做高低差或圓形），有造型1坪多要4,000起跳，平鋪就2,500～3,500都有人報，價差主要在矽酸鈣板的品牌，日本貨高於台製品。

Ⓑ 天花板結構工法宜先討論，不要師傅估價後再要求，因為工法會影響價格，像天花板角材是1.2尺或1.5尺1支，或矽酸鈣板打釘前要不要上膠，再或吊筋是隔2支角材要1支，這些都會影響到報價，一定要在開工前就問清楚。

Ⓒ 室內門的表面材質，是決定價差的關鍵因素。若挑選到實木皮塗裝板，價錢就會較高。若想便宜一些，可採用現成品門片，因為少了部分工序，價格能降下來。

Ⓓ 室內門一般門片封邊是不含上下邊的，因此要求貼四邊的要先講。另外門框的厚度與面貼什麼表材，也要問清楚。

	隱藏門	樘					☐ 前後貼4mm夾板再加面材 ☐ 內部結構：框架加角料 ☐ 五金：採自動迴歸門鉸鏈/品牌：日東或其他
	木作拉門外框內嵌玻璃 **F**	樘					☐ 玻璃價格另計 ☐ 木外框以角材加夾板或是木芯板交錯，以造型選擇工法施作
牆	木作隔間牆（單面）	尺					☐ 1.8寸角材為骨架 ☐ 單面面板封一層6mm或9mm矽酸鈣板，矽酸鈣板品牌為何 **E** ☐ 需吊掛者，面板內再加4mm夾板 **E** ☐ 加不加吸音棉，60k岩棉或24k玻璃棉 ☐ 結構角料是1.2尺1支或1.5尺1支
	木作隔間牆（雙面）	尺					☐ 同上 ☐ 雙面面板
	木作造型牆	尺					☐ 面材為實木皮板或塑膠皮板，或美耐皿板，價格不同 ☐ 以單面隔間的方式下角材，依面材種類封4~9mm的夾板，再施作面材
	木作踢腳板	尺					☐ 底板下夾板＋線板； ☐ 材質：木心板或塑膠板，塑合板
	和室架高木地板	尺					☐ 含不含抽屜 ☐ 地板高度高25公分或40公分 ☐ 底層放防潮布 ☐ 上掀門片五金為扣合式或吸盤式；手動式和室桌
木作櫃子	主臥衣櫃、鞋櫃、	尺					☐ 依設計複雜度計價；**F** ☐ 高度尺寸5尺以上或以下 ☐ 桶身：6分波麗木心板，背板4mm ☐ 門片為塑膠皮板或實木皮板 ☐ 門片3尺以上內部結構為框架加角料，角料每1.5尺1支 **G** ☐ 層格孔洞加銅珠； ☐ 五金鉸鏈品牌；吊衣桿不鏽鋼或鋁製 ☐ 抽屜幾個；拉籃幾個； ☐ 後牆為浴室，櫃後是否加防潮布
	無門片開放櫃	尺					☐ 同上 ☐ 價格跟有門片差不多，因裡頭要貼皮，但若選塑膠皮板就便宜
	層板	尺					☐ 看做法，封邊3面或4面或1面 ☐ 要不要加燈槽
	窗下臥榻	尺					☐ 尺寸，價格與櫃體類似，看深度比例 ☐ 含不含抽屜，數量 ☐ 櫃後是否加防潮布 **H**
浴室門	浴室門(塑鋼門)	樘					☐ 安裝灌漿，立斗 ☐ 是否含門片、門斗、門鎖費用
浴櫃	浴鏡櫃	尺					☐ 尺寸規格 ☐ 材質為發泡板或木心板
	浴櫃	尺					☐ 尺寸規格 ☐ 材質為發泡板或木心板

隔間牆：注意建材規格

E 隔間牆相當於倒下來的天花板做法，工法注意事項雷同，反倒是在建材上要注意規格。一般若不指明，就是 6mm 的矽酸鈣板，9mm 的可防火 1 小時，建議大家還是用 9mm 的好。角材在天花板是用 1 寸 2，隔間牆則要用 1 寸 8 較佳，間距 1.5 尺 1 支。

另外矽酸鈣板無法吊掛物品，所以要掛電視或掛重物處，後方會加 6 分夾板，面積要比所掛之物大，安裝時就不必到處找角料了。有的隔間牆規格是還含一面 4 分夾板，有了這個屋主就可以任意打釘，當然價格就會較貴。

木作櫃：造型影響報價

F 木作衣櫃的價差主要是櫃體造型。造型複雜者，如百葉門片或三層線板門片，工資會較貴。另一個要素為門片表材材質，實木皮板＞美耐板＞塑膠皮板，質感則是剛好相反，但近來塑膠皮板是越做越好，質感有很大的提升。

G 櫃體門片超過 3 尺（90 公分）者，內部結構就要用框架式的，有的師傅為省工會直接裁一片木板料，日後會容易變形。

H 若櫃體後方為浴室或外牆，建議加透明的塑膠防潮布，這個幾乎都是用送的，但有點抗潮功能。

這裡有地雷

Orz!! 屋主家全部也就只有 15 坪要鋪木地板，估 25 坪會不會太多？

Description	Unit	Qty	Unit Price	Amount	Remarks
地板工程					
2吋島型實木地板	坪	25.0	5,800	145,000	含損料*1.2
實木踢腳	尺	14.0	3,000	42,000	

木作項目比較常見的問題是數量。一般地板都會估損料，大約是實坪的 1 成以內（這已經算很寬裕了），也就是 20 坪的空間會估 22 坪來計價；這是正常的收費，請不要連這一兩坪都跟人討價還價。

但若設計公司把 15 坪開價成 25 坪，就真的是居心可議。不過姥姥幫設計師講句話，還沒接到案的估價單都是概估，概估就容易出錯，所以可附註「坪數以最後平面圖為準加減」，不必為此傷神。

Orz!! 吊隱式冷氣出風口已列了，為什麼又列冷氣線型出風口的收費？

17	全室窗簾盒	尺	70.0	180	12,600
18	樓梯扶手木作封板	尺	8.0	900	7,200
19	吊隱式冷氣出風口(含回風)	式	5.0	1,500	7,500
20		式			
21	冷氣線型出風/回風口	式	5.0	1,000	5,000
22	室內鋼腳板	尺	120.0	25	9,000
23	木作修補	式	1.0	3,000	3,000

這也是姥姥看不懂的地方，吊隱式冷氣出風口與線型出風口有什麼地方不同？而且各 5 個，1 個 1,500，1 個 1,000 元；看來是不一樣，但我所知道的吊隱式冷氣出風口就是線型出風口；後來問清楚後，才知道兩者是指同樣的工程，是設計助理忘了刪除其中一項。不過經此一事，我才知道出風口在同一家公司竟有兩種計價方式。

Orz!! 一般平鋪天花板 3,800 元，是用木夾板，不是矽酸鈣板等防火材？

二、	木作工程			
1、			客.餐廳	
玄關半高鞋櫃	cm²	175	120	$21,000
收納高櫃	cm²	63	198	$12,474
捏收補框處理	cm²	329	28	$9,212
主臥,男孩 門片變改	式	2	8000	$16,000
色系一				
客廳區 平釘天花板	坪	8	3800	$30,400
造型一				
客廳包覆 冷凝管線	式	1		$3,000
包管工程				
小計				$92,086

2.以上估價為標準施工法估價,如施作難易度及材料變更,則此估價 依變更項目增減
本件材料附註:廚櫃桶內部6分蔗麗心板,外部門片以6分心板面貼耐麗板。
天花板材質附註:寸2角料,2分夾板。
3.本工程以內實勞動計算。
4.本報價不含網路系統架設。
5.本報價不含未明列之工程項目。施工圖面及建材於工程施作過程中如有變更,則列為
6.本報價倘雙方認同簽署之金額為主,施作過程若有變更,則另計算。
7.此估價單不含5%發票加值營業稅。

　這是打出不收設計費的公司，看到這估價我也傻眼。沒想到現在還有平鋪天花板不給防火材的，1 坪 3,000 元就可以要求天花板用國產矽酸鈣板了，他們還收 1 坪 3,800 元。

　我建議大家天花板與隔間牆都要求用防火材。因為若真的發生什麼事時，矽酸鈣板能撐幾十分鐘，可爭取逃生的時間；但木夾板卻不行，且燃燒後會掉下來，底下的家具又多是易燃材，很容易讓火勢快速擴大。

　所以請大家一定要在估價單上寫明建材規格，包括品項、材質、尺寸等。像木心板是用柳桉木（心仔），或麻六甲（麻仔）。麻六甲是用合歡木做的，結構鬆軟，承重力也較低。不是不能用，但要用於不需承重的櫃體，或隔間牆、造型牆等。

Orz!! 木作櫃、拉門皆已有報價，五金配件為何又來一筆？

其他雜項工程				
1	沙發/藝術壁漆	式	1.0	
2	全家木作緩衝鉸鍊/軌道五金	式	30.0	450	13,500 暫估費用
3	書房拉門軌布軌五金	式	1.0	5,000	5,000
4	全家五金把手	式	1.0	10,000	10,000 樣本塗裝暫估
5	完工垃圾清運(含保護板拆除)	式	1.0	4,500	4,500
6	全室清潔(完工細清)	坪	45.0	600	27,000

　木作櫃的鉸鍊說含在櫃體費用中，為何後面又來一項五金收費？這種重覆收費的情形也算常見，水電五金、燈具五金，木作五金或木皮板等，就是前頭項目收費已含建材，但後方又列出該建材的收費。而且大多會是「隔好幾頁後」才又列出。針對後項的五金，設計公司解釋，一般木作櫃是用國產五金，若升級到進口品牌的鉸鏈、油壓緩衝門鏈、拉門軌道等，就必需加費用。嗯，說的有理，的確是該列費用。但此位屋主並沒有升級，為何還是有列？該公司回覆是筆誤，會再刪掉。

Orz!! 木作衣櫃用塗裝板 1 尺 6,500 元，會不會太貴？

　這位網友貼出估價單討論時，其他網友多回覆很便宜，因為大部分 KD 塗裝板的衣櫃都在 1 尺 8,000～9,000 元以上，但後來大家就發現後頭還有一條「塗裝板」的材料費，這再加進去，大概就在行情內了。所以還是老話一句，問清楚每項收費項目的內容，比較有保障。

8	二樓主臥窗封平	1	式	1,500	1,500	刷漆
9	床頭收納櫃	1	式	6,500	6,500	kd木皮板
10	二樓主臥窗台下收納櫃	22.5	尺	3,800	85,500	kd木皮板
11	主臥拉門衣櫃	9	尺	6,500	58,500	kd木皮板
12	主臥電視矮櫃3尺			7,000	7,000	kd木皮板
13	三樓前開放更衣室	12.7	尺	5,000	63,500	波麗板
14	三樓前隔間暗牆	1	式	19,000	19,000	kd木皮板
15	四樓前開放更衣室	12.7	尺	5,000	63,500	波麗板
16	四樓前隔間暗牆	1	式	19,000	19,000	kd木皮板
17	三樓前小孩床頭造型	1	式	10,000	10,000	kd木皮板
18	木皮板用kd塗裝板(平面)	1	式	56000	56,000	kd木皮板
19	廚房拉門裝鋁袋波花玻璃	1	式	7000	7,000	玻璃
20	廚房天花刷漆及整間修補漆	1	式	23000	23,000	油漆

■ 油漆工程估價單

工程編號	工程名稱	單位	單價	單價	總價	備註
天壁	天花板	坪				☐ 平整度是看批土，全批或局部批，全批幾次 Ⓐ ☐ 有沒有加打磨 ☐ 接縫處批土2次，用AB膠， ☐ 有沒有加玻璃網 Ⓒ ☐ 面漆幾道，不管道，看驗收標準較不易起糾紛 Ⓑ ☐ 面漆前是否有上底漆 ☐ 油漆品牌：虹牌，青葉，立邦，ICI ☐ 水泥漆或乳膠漆 Ⓓ ☐ 噴漆或塗漆

Ⓐ 不管天花板或牆面，油漆平整度要看批土，全批或局部批，全批次數越多越平整，價格也較高。但有的牆面原始狀況就很差，需要動用泥作才能平整。

Ⓑ 油漆面漆塗幾道會影響價格，但就算說2底3度或1底1度，常常仍有爭議，因為屋主與施工方對平整度會有不同標準。因此先請油漆試刷出樣品，或說好以哪面牆的平整度為驗收標準，是有必要的。

Ⓒ 其他影響價格的地方，包括板料間的接縫處，有沒有加抗裂網，以及有沒有上底漆，這個在木板料或是舊漆面都很重要，有上底漆，未來面漆的附著力會好很多。

Ⓓ 面漆可選乳膠漆較好刷洗，但較貴。有壁癌的牆面或外牆，建議用水泥漆，

表面雖沒乳膠漆細緻，但比較透氣，當然首要還是解決壁癌產生的原因。

這裡有地雷

Orz!! 已有天花板與壁面油漆，為何線板還要單獨列出計價？

在100多份估價單中，偶爾會看到很奇怪的項目：像這個案子，天花板與壁面都列了油漆費，不管天花板或壁面都應包含線板，為什麼線板還要單獨計費呢？還好，跟設計公司溝通後，這筆費用也可不算。

重點筆記：

1. 要留至少一個月的時間規劃，想好8成再動手裝潢。

2. 比價前要先統一格式，所以要列裝修項目清單。最好不要單項單項比，各廠商開價有高有低很正常，直接看總價較準。

3. 地板坪數、插座與燈具數量等，都較容易被灌水，可註明「以最後定案的設計圖樣」為準。

4. 工班報價都是報最便宜的基本建材，若想用好一點要提早講，不然會一路追加預算。

找到好班底
你需要的是設計師、監工或工頭？

姥姥點評　預算不足的人，直接找工班吧；這本書看了一半仍看不懂的，要再找監工；沒時間自己監工又不想花時間研讀工法的，還是花錢消災，找設計師比較保險。

　　若常看財經管理的書，財經大老賈伯斯、松下幸之助、王永慶等都曾開示：成功的祕訣不在技法，而在人。意思就是，找到好的設計團隊你家就成功了一半。

　　不過，看網友一封封投訴的信函，我發現很多與設計師之間的衝突是因為屋主對「設計師」的期望太高，設計師不只要設計你家，還得兼心理醫生、藝術家、人生生涯顧問師，更過分的還要當高檔台傭。但設計師跟我們一樣也是普通人，不是超人。

　　所以，要先搞清楚設計達人們能幫你什麼忙。

　　我們普通人能找到的設計達人有設計師、監工、工頭等三種。每一種都有不同的專業，沒有誰高誰低，只要擺對位置，每位達人都能發揮最大邊際效益，像徐志摩說的，就能許你一個未來。

　　不過，姥姥先打破一個最常見的迷思：**請設計師「不一定」比請工頭有品味，請工頭也「不一定」比設計師便宜。**這是姥姥看過上百份估價單與設計案後的結論，當然以機率論，設計師比較會設計空間，工班價格比較便宜，但都不是絕對值，不過也就因為如此，我們有機會找到便宜又會設計的達人。

當你預算不足

找工頭，但先練功

　　是的，設計公司的估價大半遠遠超過你的預算，沒關係，還有許多工班會負責任的把家弄到好。但要注意兩點：

　　第一，工班的優勢就是「工法好」，八成沒有太厲害的美學素養，不要期待他設計什麼北歐風、峇里島風。大部分會來盤大雜燴，把你說的全都放進你家，根本不管美不美或搭不搭。

　　第二，你要好好研讀工法，不然容易

被晃點。因為沒錢請監工了，你只好自己來，不管是上網找資料或買書回來K，其實好好用功3個月，應該就可以對工法有基本了解。

但若你練功3個月後，還是看不太懂防水是怎麼做的，聽姥姥的勸，在預算中撥個5、6萬，去請位監工吧。你不要以為這費用太高，若與日後可能招來的裝潢糾紛相比，實在是小數目。姥姥就曾看過一個案子從20萬追加到100萬，而且還沒弄好，屋主到最後已經精神崩潰了。所以就把這筆錢當保險，乖，不聽老人言，會吃虧在眼前的。

當你不懂工法

自組工班，再另請監工

監工就是負責幫你看師傅有沒有照著當初講好的在做，一般收費是工程費的5～10%。不過台灣市場上監工制（也有人稱工程管理制）尚未成熟，不是要找監工就找得到，但姥姥發現也有工頭或設計師可當監工，只要談好價格以及工作內容即可。

我倒是很推薦沒錢的人採用此法，能保障裝潢品質又能幫屋主省下大筆費用。這個做法目前在台灣較少見，所以我會多著墨些。

優點 1 ｜ 工班可自己找

監工基本上是獨立作業，**收費有的是按件計價，一個案子看工期長短，4～10萬元不等，有的按工程費計費，收5～10%。**

最特別的是找工班的部分。大部分監工都有自己的班底，但若不喜歡他推薦的師傅，或覺得師傅開價超過預算，也可以「屋主自己找」。這與一般找設計師包工程到底的做法，相當不一樣，給屋主相當大的選擇權。

台灣的裝潢最常見的仍是設計與工程都由同一家公司施作，對屋主而言，裝潢要注意的事項有如牛毛那麼多，都託給設計師處理最省力；另一方面，設計師自己的 idea 也最能原汁原味實現，不會因師傅「不會做或做不好」而把自己的設計毀於一旦。

不過，因設計公司的品質良莠不齊，這種設計與工程統包的結果，也常見自己人包庇自己人，有放水或工法亂做卻仍驗收過關的情形。但當監工與工班切割開來後，就比較沒有這問題（當然，前提是講好監工的工作範圍），但也只能說「比較沒問題」。因為監工的監督表現好不好，與他本身的實力有關。我看過明明不懂工法也湊熱鬧當監工的例子，也看過超厲害又認真的設計公司監工人員，所以，監工的品質與人的素質有關，倒不一定是請專門監工的功夫就比較高喔！

衛浴的估價要談好工法與建材。（集集設計提供）

優點 **2** | 工程費付的是工班價，可省下不少

監工制度不只是找工班可「切割開來」，連付費方式都可「切割開來」。工班的錢由屋主自己付給工班，所以屋主可直接看到工班價，而不是設計公司的轉手價。

請監工看來還不錯，但會不會有缺點？有的，根據幾位監工的經驗，最大的問題發生在「**當監工與師傅對工法的看法不同時**」，還有「**當監工認為要重做但師傅不肯時**」。因為監工不是付錢給師傅的老大，所以師傅不見得會聽監工的，再加上一些師傅都是二三十年的經驗，會覺得給一位米吃的比他吃的鹽還少的監工管時，心裡也不舒服。

這時屋主的態度就是關鍵了。你希望誰負責，就要給他較大的權力。千萬不要各給一半，那最後就是累死你自己，更不要在中間激化彼此，若他們之間變成有心結，你的案子就會很難順利。

依我所知道的案例中，通常是給監工較大權力。權力不是口頭說說就有的，現代人沒有白紙黑字誰理你啊，所以要給權力，就是屋主可以去跟工班立字據：

若沒有監工簽名，不付錢給工班。

這條寫下去，師傅們就有底了。不過，我們當然不是說監工說的一定對，師傅不對，不是這個意思。基本上工法的做法有很多種，大家可理性溝通，我想也沒有監工會故意刁難師傅，這種做法只是讓工程有重大衝突時有個依據。

找好監工，先問細節

設計師孫銘德也提醒，在發包工程時就要請監工提供工法的意見，不然錯誤發包，監工也只能按錯的方式去監造。還有，記得要把監工的工作內容、時間等文字化，講清楚驗收準則，不然監工若存心打混，你這外行也很難察覺。

但要怎麼找到真正懂工法的監工呢？不少網友會問我這個問題。姥姥自己也玩點股票，現下血流成河，所以非常能理解在茫茫大海想找浮木的心情。很簡單，問幾個工法問題看對方怎麼答就好，你可以拿著姥姥的書，隨便找幾個問題，例如：漏電斷路器要用在哪些迴路上？漏電斷路器與無熔絲開關有何不同？若對方還要問你，什麼是漏電斷路器，這人就不必找了。

再來也可以問「衛浴防水怎麼做？何時要試水啊？」「輕鋼架隔間牆要防裂的話，有什麼辦法？」這種問題也可順便看對方對細節的瞭解。相信你自己的能力，真的，你可以找到好的監工的！

姥姥的
裝潢進修所

自己玩設計，到國外找靈感

不管是找工班或監工，都要幫你注意工法有沒有照估價單上所寫的落實，但你付的費用並不包括設計費，所以請不要要求監工出 3D 圖、格局配置圖或水電圖等，這些是設計師的工作。監工也不會幫你挑家具，若你覺得有需要圖或配家具，就請再付設計費。

「不出圖，那插座或牆設計在哪啊？」這的確是容易有紛爭的地方。我看過有的監工也會出「簡易版」的圖樣，或者你自己簡單畫，或者就在你家現場，用粉筆在牆上畫出隔間牆、插座等位置，也就是俗稱的「放樣」。以上雖然都有點簡略，但是能與工班溝通就好，不是嗎？

設計的部分就請自己來，姥姥很推薦幾個國外網站。我們活在網路時代就有這個好處，有許多好棒的圖庫網站都可免錢看，重點是，那些案例的裝潢很少很省錢但格調都很高。

國外家居設計網站

Apartment therapy	姥姥最常去逛的美國家居網站，裡頭收集許多超棒的小坪數改造個案。這個網站也有許多有品味的家，都是素人自己布置出來的，從這裡大家可學到，當預算少少時，要如何設計出自己想要的樣子。
Pinterest	2010 年成立的 Pinterest，是美國最大的居家裝潢圖庫，不只居家空間，也包括食衣住行育樂。
freshome	號稱每天有 120 萬人次點閱，案子以現代風居多，編輯眼光很好。

知名的部落客，選的案子也都很棒

style-files.com	格主為荷蘭家居品牌 Le Souk 的老闆 Danielle，現代風與北歐風的設計案為主。
emmas.blogg.se	格主 emma 為專業博客人，專寫設計的文章，也出書，以介紹北歐風格的設計案為主。
www.sadecor.co.za	南非的一位女設計師 Marcia Margolius 的部落格，選案範圍較廣，現代風與鄉村風都有。
lamaisondannag.blogspot.fr	現居巴黎的 Anna G，也是在 Pinterest 上的超人氣版主，她喜歡北歐風格的案子。

註：限於版面，更多的參考網站請上小院網站查詢。

當你要格調

找設計師：為風格買個保險

什麼，沒錢還找設計師？是的，你沒看錯，姥姥也推薦沒錢的人去找「風格派」的設計師，為什麼？因為這派的設計師真的功力高強，可以幫我們的家打造出一種 Style，一種格調，那是我們普通人做不出來的。

不管是找工頭或找監工，我都不敢提「風格」兩個字，這風格不是指鄉村風現代風或古典風，而是指整體的格調，就是一眼看上去就讓人心曠神怡的空間設計。

如果你自己本身實在沒美學素養，這格調，還真的只能靠設計師才行。不過，在業界混久的人都知道，這不容易做到，因為已是藝術的層次。**不是每個讀美術的，都是畢卡索；也不是當設計師，或是學過室內設計的，就能打造出格調。**

屬於藝術層次的東西，都不是講年資或講技法就能達到，因此資深師傅或監工都不一定有這份能耐；不過老話重談，這並不是指有高低之分，設計師、工班與監工，大家都是在同一高度上，只是專業不同。

能做出格調的，我封為「風格派」設計師，但有一好沒兩好，通常設計費每坪都在 6,000 元以上，當然價格並不是決定因素，也有 1 坪收 3,000 元或更低的，

若你遇到這種設計師真是燒香拜佛八輩子修來的福氣。

要小心的是，也有 1 坪收上萬的台式風格設計師，把各式風格在地化，東拼西湊的那種。有人還很會論述理念，大談「在深夜加油站遇到蘇格拉底」，但設計出來只會讓姥姥覺得「半夜遇到鬼」！

如何判別呢？這沒有答案，因為格調認定太主觀，你覺得好看就好了。但 1 坪 6,000 元的數字常讓沒錢的人卻步，因為大家會這麼想：「這整個工程做下來，一定會超過 1 坪 8 萬，我哪有錢啊？」

錯了，這就是找風格派的設計師最常見的迷思，比較正確的想法是：**不一定貴。**

前頭大家看了那麼多「不做什麼」的省錢招，就多是 1 坪 6,000 元設計費等級的設計師想出來的。這就是厲害的設計師，格調不是用錢砸出來的，而是巧思。空間如何好看，並不是一定要用每坪 1 萬以上的大理石，決定點在設計師的眼光與知識，他會知道用怎樣的建材等級幫你打造出品味。

以 30 坪為例，找好的設計師，設計費 18 萬加工程費 150 萬，出來的效果一定會比請不用設計費但工程費收 168 萬的好。這是我看過那麼多案子的結論。不過，設計公司的報價的確大部分都比工班貴，有網友還會因此罵設計師黑心。姥姥倒覺得事情不能這樣看，且聽我說下去。

幫你過濾工班，有保固期

我以前也曾覺得設計師開價太高，但在對這行愈來愈了解後，就完全不這麼想了。原因一，**他們會提供較長期的保固**。大部分的工班師傅，超過一年保固後，就不會管你家了，搞不好連人都找不到了。但好的設計公司都會幫我們做維修，當然若過了保固會收費（但若是當初做就有問題的還可免費重做）。你大概也知道，有些小工程，像是換門鉸鍊，可能還找不到師傅願意接案呢！我們直接一通電話掛給設計師，就有人到府服務，這個就值得花多點錢。

原因二，**許多設計師配合的工班也是以多年經驗換回的班底**。台灣 9 成設計公司是沒有自己養工班的，都是外包，也就是設計師會去找別的工程公司或工班合作。通常一個設計師底下會有 2 ～ 5 個工班。但是不是每個工班手藝都一流？當然不是的。大部分設計師也是要試用個好幾年後，才會有固定的班底。有個設計師就跟我說，他這兩年來換了 5 個木工工班，感嘆現在好師傅難尋。

這裡插句話，有時我們會聽到某知名設計師工程出包，你去看時間點，通常都發生在農曆年前。為什麼？因為年前案量大，一旦工作量爆炸，設計師只好去找新的工班。新的工班就易出包，因不熟嘛，設計師也跑太多場而導致監工品質不佳，甚至根本沒好好監工，最後就問題一堆。

為什麼我說「好的」設計師可以收貴點，因為他已自己試了多年，通常他們手上的工班素質也較強，一天的工薪就比一般師傅高；木工師傅的錢從一天 2,000 到 3,500 的都有，放眼市場，好的工班也幾乎都被高檔設計師包了，所以我們多付的就當買保險吧！

找 A 咖設計師的省錢之道

不過以上說的設計師是指 A 咖設計師（在此指素質，不以收費分等級），室內設計師素質差很多，C 咖也是滿街跑。那請 A 咖設計師還有沒有比較省錢的方法呢？哈，有的，姥姥網站上臥虎藏龍之士真多，網友們也提供了幾種不同的省錢合作方式。

A 方案｜只設計公領域

這是網友 steve 提供的方法。他家 33 坪，但只付 15 坪的設計費。15 坪就是客餐廳廚房書房的空間，「公領域是家人與朋友來訪時主要待的空間，值得投資設計，但是臥室就只是睡覺而已，並不需要太多裝飾，簡單的設計我自己來就好。」因為設計費是以坪計價，所以也就省下一半的設計費。

B 方案｜先簽設計約就好

這是網友 Ben 的經驗談。他曾裝修多個親朋好友的設計案。他認為先和設計師簽設計約，可以再給自己一段時間，看看自己與對方是否契合。因為很多人在找設計師時，都已經十萬火急，很容

易識人不清。若設計與工程約都簽下去，非常容易賠了夫人又折兵。但若只簽設計約，發現彼此不合，這時投入的金額有限，退場的話不會傷到太多老本。

有的人會覺得，設計與工程一起做比較便宜，其實是不一定的。要看設計師的品性，有的嘴上說可折扣，實際上會在工程部分再賺回來；但是在簽設計約時，倒是可以問設計師，若到時工程給他包，可折價多少。付完設計費後，理論上會拿到各圖樣與估價單，這時可考慮要不要採用設計公司的工班。

C 方案｜設計與工程分開

這個方法在姥姥官網上引來熱烈的討論。就是設計師出圖，你自己再去找工班。網友的經驗是「可省下很多錢」。網友 Stephen 說：「我就是這樣子搞啊，因為自己可以很清楚地控制工程項目，還可以一家一家比價，找到自己想要的好工班。」

不過也會遇到些問題：

1. 時間會拖較長。**你必須要很有空**，這樣才能在尋找工班的過程自己好好的打點一切。

2. 設計圖與現場實際施作有很多地方有出入。最好屋主能懂點工法，設計師那要問清楚做法，工班那要有清楚的指示，不然很容易做了拆，拆了又做，做了又拆，沒完沒了。

3. 工班和設計師容易互推責任。工班會對屋主碎念：這設計師哪裡畫得不對；然後設計師（若是監工的話），則會對

屋主抱怨說：這工班做得不好。屋主要有判斷的能力，不然傷神又煩人。

4. 自己要有「千山我獨行」的心理準備。 若設計師不是監工，工程有問題時可能會不理你了，或手機不接，或正好出國玩。

所以，綜合網友的經驗，買設計圖的人應對工程稍有了解，因為可能會接到品質不良的圖樣。「有時候不是設計人員的問題，工班可能覺得很麻煩，會改成自己的做法蒙混過關，這都是真的在現場會發生的狀況。」

Stephen 說：「工班並不是看著圖就不會有問題。而且監工的人如果不是設計師，每天工班有各式問題的時候，你就要自己第一時間回覆。如果要請設計師來現場看狀況回答問題，他可能會酌收車馬費。」

另外，你家裝潢的項目最好也不要太複雜，像鄉村風那種有許多細節要手工處理的，或要動用到很多工種的，就不太適合。網友蘇游哲昀表示：「畢竟每個工項的牽連不是三言兩語就可以解決的，但簡單的木作油漆或是泥作，如果屋主已經非常有想法又看得懂工程圖說，那自己找工班是 OK。」

設計圖中，尺寸、建材規格、工法等都要寫清楚，不然日後施工會有很大的問題。最好是設計師講解圖樣時，要請工班以及監工一起跟你去聽講解，若有問題，現場可討論，設計師也可交待工頭，要注意哪些手法。

不過，以上是我們面對太亂的設計界

而提出的對策。理論上（對，又是理論上），設計與工程分開是最健康的方式，在台灣建築業一直都這樣做，但這樣的做法在居家裝潢就變成少數中的少數。主因是一般人對裝潢專業懂得太少，這種分開進行的方式會耗掉屋主許多時間，更麻煩的是，有時耗了時間還不一定會有好的結果，這是要採用此法該有的心理準備。

醜話
先說

讓工程順利進行的 5 大原則

最後不管你找誰，姥姥的建議就是**最好找不太熟的人**。因為若是朋友，或是誰的誰誰誰，很多話你可能不好意思講，或不好意思要求，最後只會鬧的不歡而散。許多網友會到姥姥網站上投訴設計師，但我發現很多鳥事都是溝通不良造成的。在此再不怕嘮叨地向大家建議 5 大原則：

1. 要求在動工前就要說清楚。要找任何懂工法的朋友幫你，要在動工前找，不要動工後才來放馬後炮。

2. 有不滿就說，不要「不敢講」或不好意思講，悶在心裡久了會變火山。

3. 溝通時態度要良善，語氣要堅定，不要一副花錢就是大爺樣，但也不要只會拿維士比交心或太客氣，工班素質也是差很多，公事公辦最好。

4. 發現一點錯，不代表設計師整體都有問題。沒有哪件裝潢案能百分百完美的，好的設計師不是指沒有錯，而是有錯就願意改到好。

5. 達到結果最重要，過程不重要。只要對方願意把地板敲掉重新換一塊，就不必仍執著在對方那一兩句不禮貌的話。若是對工法的見解不一，就多問多聽或者上姥姥網站來問，看專家如何解盤。

最後我再跟大家講個法寶，就是要簽約，若真的是設計團隊的問題，你盡可以翹著二郎腿、一邊修指甲、一邊用溫柔的聲音跟設計師：這樣我不能接受，麻煩你把那個那個弄到好喔！

重點筆記：

1. 預算真的很緊的，自己花時間練功，去找工班吧！
2. 對工法沒有慧根的人，建議還是請個監工當保險。
3. 想讓家裡有個格調，又懶得做功課的人，可以請設計師，但拜託，找個 A 咖設計師吧。
4. 不管你最後找誰，再去看一下「溝通 5 大原則」，可減少糾紛。

Part 8 要做**好格局**

讓你愛上小空間的好住提案

Partition

我們要住的家，是個要跟我們自己相處十幾二十年的地方，豈不是應該好好想一想該如何安排？這裡要談的不是指要找設計師或不找設計師，也不是跟師傅討論衣櫃要多大等；而是房子的格局哪裡要大哪裡要小、家具以沙發為主還是大桌為主？一切都是從自己的生活需求出發，而不是套用既有的模式。

真的，好的格局能改變的比你想像的多。

再來，好格局也可以省到錢，你想想，若家裡沒客廳，不就可以省下買沙發及大小茶几、電視牆的費用了嗎？家裡若通風好採光佳，又可再省下空調與開燈的電費，何樂而不為？

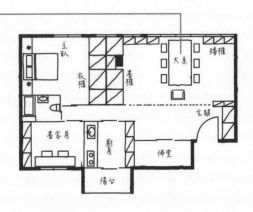

$ 🖩 **可省多少？**

1. 定好格局再動手裝潢，避免要把拆掉的牆再砌回來，可省下這種改來改去所花的冤枉錢。
2. 若格局沒有客廳，就不必買沙發茶几電視櫃等家具，約可省下2～20萬元不等。
3. 改善通風與隔熱後，可少開冷氣，省下一大筆電費。
4. 改善採光，可少開燈，再省一小筆電費。

本書所列價格僅供參考，實際售價請以小院網站公告價為準。

（紅屋住宅提供）

Part 8

1

定格局的首要原則
找出核心區

姥姥點評　一般人談到格局，總是圍於傳統的刻板印象，對家的想像很容易僵化。你是不是在規劃格局時想都不想，就開始在平面圖中標上客廳、餐廳、臥室、廚房、兒童房或書房？

有次幫朋友 Y 買家具，她原本預定要買客廳、餐廳與臥室的家具，於是姥姥就推薦幾家適合她的店家。但在溝通的過程中，我跟她講了我家沒有沙發的事，她最後竟也比照我家，不買沙發，把位置給了大餐桌。那筆沒買沙發省下的錢，改去買張很好的椅子（唉，那些名椅一張的價格就可抵一張沙發）。

後來，每回網友問我居家設計首要是什麼，我都會跟他們說：定格局。因為格局的思維會影響後續所有的安排，也就是會影響我們花錢的方向。

姥姥知道定格局不容易，連我家都是改了 4 次才調整到現在稍為滿意的樣子，但有完美嗎？沒有。餐櫃那區我還不知該如何處理呢！不過，有些觀念要先知道了，才有實踐的可能。

就像格局不是只有三房兩廳而已。

家，原本就應是符合屋主的需求功能而延伸出客廳、餐廳、臥室等。但現在，在制式格局的洗腦下，對家的想像也已僵化。除了套房產品，每個居家設計想都不想，就開始在平面圖中畫上客廳、餐廳、臥室、廚房。

在一間 30 坪大的空間分成這麼多子空間，每間房都小小的，不但不好用，有的甚至 1 年 365 天有 360 天都沒用到。

定格局＝花錢的大原則

那若不想照著傳統 3 房 2 廳的規劃，要如何定格局呢？我統整後，只有兩個原則：

1. 找出核心區。

2. 把採光通風最好的地方給核心區。

核心區就是家人花最長時間待的空間。最常見的就是有電視沙發的客廳，不過這世上人百百種，也有以餐廳當核心區的氣質美女（哈哈，不好意思，年高德劭的姥姥也是這一派的，歡迎大家加入），或者以浴室當核心區的名媛貴婦。

不過，也不要以為格局都是單一性質的，客廳就只能是客廳，廚房就只能是

廚房。其實，**所有格局都可以混搭**，姥姥自己的家是書房工作室兼餐廳；客廳兼書房的也很多；我想若是廚房裡的人類學家，也可以廚房兼書房。

請用力打開看格局的視野。唯有如此，你才能真的擁有貼近自己的家。

為了讓家人最常待的地方能非常舒適，通風好採光佳是必要條件。若能將屋裡寬敞的大空間劃給核心區自然最好，必要時也要有縮減次要空間的決心，例如如果你的核心區是客餐廳，就可能得將臥室面積縮到最小，反正那也只有睡覺的功能而已。

萬一天不從人願，不管怎麼壓縮其他空間，屋內就這麼小，那不妨考慮採用開放式的設計，也就是不隔間。這種開放式的設計除了可省下做牆的錢，還有個好處：方便我們移換家具位置。畢竟我們會變老，小孩會長大，10 年後的生活模式跟現在絕不會一樣。到時核心區可能就會從沙發變成餐桌，這時要改格局，搬一下家具就好，不必再動土木工程來打牆。

所以公領域少隔間，盡量做開放式格局，是現在很流行的做法。沒了牆，就用家具或櫃子去區分空間功能。IKEA 目錄上滿滿是這種格局，大家可參考看看。不過開放式格局也有缺點，就是無法隔音，沒有隱私，冷氣效益也較不好，還有廚房的油煙味會到客廳來，後兩者目前多數用拉門來解決，做法可看本書的「拉門工法篇」的介紹。

臨窗的好位置，不一定要做木作臥榻，放張貴妃型沙發也很好，可當個人居心地。

沙發不靠牆，用沙發與地毯劃出客廳的領域。

茶几一分為二，不同位置的坐椅都有最靠近的茶几，手不必再伸長長去放茶杯。

開放式格局可用家具來定出空間功能。IKEA 的設計有許多突破傳統的點可學習。（IKEA 提供）

Part 8 / 2 以客廳為核心區
讓小孩變聰明的格局設計

姥姥點評

目前 30 坪以下的小家庭，有 8 成都是以客廳當核心區。不過配套的方式有兩種，一是餐廳廚房純為配角，是獨立格局；另一就是餐廳或廚房或兩者，與客廳連在一起成開放格局的公領域註。

若你回到家，與家人吃飯半小時就結束，然後全家習慣窩在沙發看電視約兩～三個小時直到就寢，這種格局就很適合你。客廳當核心區，看電視往往就是家人的主要行為。

不過我們一直都說看電視的小孩會變笨，到底是真的假的？剛好姥姥看到幾篇研究報告，很可悲的，答案都是肯定的。

一是發表在《科學新知》雜誌，由中研院歷史語言研究人類學組（哇，這個頭銜看起來就超專業的）王道還先生所寫。內容是：從美國研究可知電視看越多，小孩學業表現就較差。另一篇是由德國幼教大師 Winterstein 與 Jungwirth 所做的研究，發現每天看電視超過 3 小時的孩子，畫畫線條都較簡單。

好吧，不管這些研究可信度多高，若我們想讓寶貝聰明一點，看來就得認真面對「電視」這個魔王，多用點心機。

但目前有 8 成的小家庭都是以有電視的客廳當作核心區，難不成家家戶戶就這樣讓小孩變笨嗎？當然不是！姥姥剛好也生到一個愛電視甚於父母的小孩，因此特別研究了解決之道。

不過先說明，姥姥並不反對看電視。雖然有些憤青會說把客廳（電視）當核心這種格局實為「白痴電視教出白痴公民」的始作俑者，但我覺得這不是格局的錯，也不是電視的錯，而是媒體與個人的問題。說實在的，看電視沒有比看書差，基本上，看書、看漫畫、看電視、看舞台劇，與看 A 片都是一樣的高度，沒有哪種行為比較高尚。

只要是 18 歲以上，都可各自選擇自己想看的東西。不過比較麻煩的是，家裡有 18 歲以下的小朋友時，因為大腦還沒發展出不被節目洗腦的抵抗力，小腦也還沒培養出「只看 30 分鐘」的自制力，電視，就不一定是個好東西了。

註：一個家當中，習慣把個人使用的臥房稱為私領域，家人共享的客廳、餐廳、廚房、書房和室與浴室等，稱為公領域。

如果一家老小一起看電視，那用客廳當核心區是很不錯的，既能增進親子互動，也可順便借節目情節來機會教育，例如遇到霸凌時該如何保護自己、哆啦A夢中的小夫講話太機車等等，電視上五花八門的議題，當然都可以是建立價值觀的實例。

不過，若大人沒時間陪小孩，或者自己也無自制力，以客廳當核心區的格局是有反作用力的——這樣的設計，的確誘使人就是會手癢、忍不住要去開電視。

姥姥家改格局前就是以客廳為核心區，餐廳要面壁吃飯無法讓人久坐，一吃完飯，家人只有兩條路可走，一是去客廳，另一個就是回房間。

去客廳，當然就坐在舒服得讓人不太想起身的沙發裡，然後很奇怪，右手就會無意識地拿起電視遙控器。不只大人如此，小孩會更誇張。我兒小蹄在幼稚園時，就會看電視超過 2 個小時，他一坐到沙發就自動打開電視，周六日更抱著電視不放，叫他出去走走都不肯。問題大了，我家小蹄變成電視的小孩了！

為了搶回爸媽的地位（不然，懷胎十月不就白辛苦的），再加上科學實驗證明看太多電視的小孩會變笨，我展開「消滅電視機」大作戰：改格局，把電視搬走（詳情請見下文），搬到非核心區的起居室，果然他看電視的時間立刻減少許多。

不過也有朋友問姥姥：「我們家沒辦法像妳那樣改格局，我們就喜歡坐在舒服的沙發上看個閒書，與小孩在沙發上玩耍，沙發可坐可臥可翻滾；但又不想與小孩雙雙陷入電視的魔障中，妳可有解決之道？」

讓電視神隱的 3 妙招

嗯嗯，有的，我幫大家整理幾招。

1. 客廳不放電視。

若你常看國外的居家空間，許多客廳是只有沙發沒有電視的。客廳純粹就是家人聊天遊戲的地方，因為「空」的空間比較大，大人小孩還可一起玩耍，對家人感情幫助很大。

但電視若不放客廳，要放在哪呢？我覺得比較好的地方是放起居室或書房，不建議放餐廳，因為一看電視，飯就無法好好吃，家人就不會談今天發生的事情，最多一起罵罵電視裡那位沒良心的媳婦，對一家人的互動並沒有幫助。

2. 放臥房起居間。

但也不是家家都有起居室，那就參考法國朋友 Karrie 的做法，電視放在主臥室。一般也常見有人在主臥室內放電視啊，但那多是「第二台電視」，Karrie 不是喔，她家唯一一台電視是放在主臥室內。不過也不是那種藏放在櫃子內的做法，而是用電視櫃當隔間，圍出一個類似起居室的空間，放沙發茶几，像縮小版的迷你客廳。

當兩個小孩要看電視時，就得擠到她房裡。Karrie ：「也沒什麼麻煩，反正

我們要睡覺時，小孩不能看電視；小孩要看電視時，我們都清醒著。」

把電視放書房或臥房的好處是，一看小孩入房，就知去看電視了，可開始計算時間，超過講好的時間，就可以請他們出來。

另外不把電視放在客廳還有個好處，朋友們來家裡時，是真的可以坐下來好好聊聊，而不是又打開電視，大家都不由自主地盯著屏幕，什麼都沒聊到。

3. 仍放客廳，但變小或不放沙發正前方。

這是《北歐公寓DIY》作者Jens與建築師郭英釗的做法。Jens在日本東京的家就刻意將電視搬到角落去，而不在電視牆的正中間。坐在沙發上時，視線不會在電視機上，自然也可減少看電視的欲望。

打造不少綠建築的郭英釗建築師，在他自己的家中則是將電視面積縮小。他家的電視牆是一整面書櫃，故意買小尺寸的電視剛好可塞進一格當中，也是不正對沙發。他說：「埋在書海裡，這樣小孩們就看不太到電視了。」

此法相對的，我們就要犧牲無法看60吋大電視的快感。但姥姥覺得，若看大電視失去的感官快樂可以換回小孩的智商，是值得的。

國外常見客廳沒放電視，另也可學學採用灰色調，沒做天花板沒做主燈，由活動式燈具為光源。（IKEA提供）

不受電視引誘的擺放方式

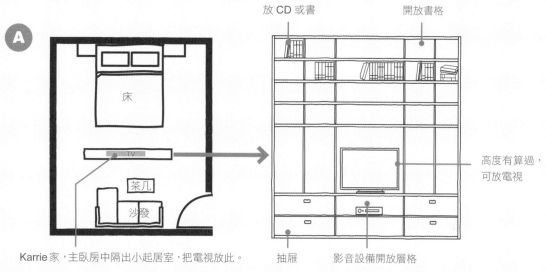

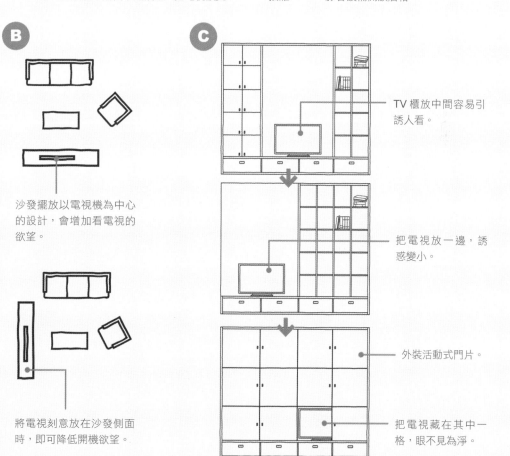

A

放 CD 或書

開放書格

床

TV

茶几

沙發

高度有算過，可放電視

Karrie 家，主臥房中隔出小起居室，把電視放此。

抽屜　　影音設備開放層格

B

沙發擺放以電視機為中心的設計，會增加看電視的欲望。

將電視刻意放在沙發側面時，即可降低開機欲望。

C

TV 櫃放中間容易引誘人看。

把電視放一邊，誘惑變小。

外裝活動式門片。

把電視藏在其中一格，眼不見為淨。

Part8/3 以餐廳為核心區
牽繫起全家的交流重心

姥姥點評／第二種核心區就是以餐廳或多功能室為主，比較正確的講法是以大桌子為主角，我家核心區就是如此。我們一家人在此吃飯、看書、上網，沒了電視與沙發，好像少了很多，但也獲得很多。

姥姥家之前也是以客廳當核心區，12年前第一次規劃家裡時，就照著傳統的想法，把家的空間分成客廳、餐廳、書房（兼客房）、臥室、儲藏室等。我家不大，小小20幾坪，分成這麼多區域，自然各區塊都小小的，客廳是狹長型的，面寬只有3米左右，長卻有6米。餐廳也小小的，只能放得下90×160的小餐桌。

有次去設計師朋友家拜訪，朋友採用「沒有客廳」的設計，姥姥大為激賞。是啊，為什麼一定要有客廳呢？一般人是「在家時」花最長時間看電視，所以格局才以客廳為主。

我回想自己和家人的日常作息。我和老公較少看電視，我們最常做的是已被封為古人才會從事的閱讀活動；我家阿蹄天天要寫功課；姥姥常常在家工作，需要一張大桌子來堆放九成都用不到的資料；我們都愛吃東西，跟倉鼠一樣一天約吃到4～5餐。

於是，我決定不再以客廳為核心區。

把客廳的沙發搬走，電視搬走。一進門、全家採光最好的地方，我給了餐廳（兼書房）。改完格局後，一開始覺得沒有沙發，在舒適度上好像少了很多（實際上也真的少了很多），但是獲得的，也多了很多。

多功能餐桌：共同工作區

我們一家人常在這做東做西，尤其是從原本天天「面壁」吃飯（因為之前餐桌得靠牆，總有人要面壁），變成在五星級包廂式的寬闊空間，大家用餐的心情都很好，姥姥煮的飯好像也變好吃了。

小蹄也跟著我們坐在大桌一起看書，一人一個坐位，誰也不打擾誰；他在這寫功課，我在對面寫稿，他在看《墨西哥尋寶記》，我在對面看《邊境近境》；他在抱怨老師，我在罵老闆；他在要求可不可以買同學都有的PSP時，我會趁機灌輸他貧賤不能移、威武不能屈的道理。

我們一家人也常在這吵架，打個兩圈「大老二」，或者各做各的事，但至少都在看得到彼此的地方。

我覺得有張大餐桌，真的很好。尤其適合有小孩的家庭。

所以定你們家的格局時，先想一下，家人花最長的時間在幹什麼，再依此來定家裡的格局。所有空間都是可以捨去的，沒有客廳，沒有餐廳，沒有廚房，沒有臥室，當你不再執著於傳統格局的配置，你家才真的符合了自己的需求。

我家一進門通風採光最好的地方，就是一張大桌子與書櫃。

格 局 改 造 大 風 吹

姥姥家的公領域空間剖析

改格局不一定要動工程，我家就是裝潢好後才變格局的。其實改格局比較像家具玩大風吹，家具位置不同了，空間的功能就會跟著不同。

Before

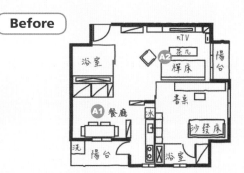

After

A 核心區從沙發變大桌子

我家裝潢好後，原格局的進門處是一般的客廳，餐廳在角落A1，餐桌靠牆壁，天天面壁吃飯。後來將客廳的禪床（原當沙發A2）與電視櫃搬進書房，買了張長達240cm大桌子放客廳，把原本只有半面牆的電視櫃變成整面牆的書櫃。之後，我們一家三口的日子就此不同。

B 看電視的時間減少

原格局每回吃完飯後就去客廳看電視，電視改放起居室後，大幅減少小孩看電視的欲望。

⋯⋯▶ 通風路徑

格 局 改 造 大 風 吹

案例解析與照片提供：尤噠唯建築事務所

以餐桌化解樑柱的魔法

　　這個案子只有 17 坪，就因為空間小，為了不讓空間看來侷促，建築師尤噠唯改用家具當主角，以「一張桌子」去解決隔間、動線、機能與使用等問題。這張桌子是區隔客廳、廚房的矮牆，也是用餐的餐桌、書房的書桌、主臥的梳妝台。

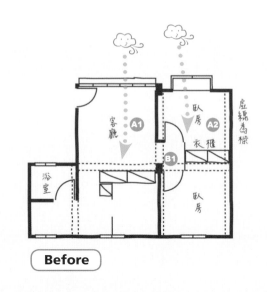

Before

B 一張桌子界定 4 大空間：原本的隔間牆敲除，捨去傳統用牆面隔間的方法，利用原空間正中間的一根柱子 **B1** 與長桌結合，再順著十字樑水平延伸，將空間界定成客廳、廚房、主臥與書房 4 個區域，是相當棒的設計。

C 活動拉門靈活空間：臥室與書房區的架高地板，讓空間有了公私的分界。當書房有人來住時，可運用活動拉門讓臥室與書房各自獨立，保有雙方的私密。

A 通風採光更好：原本格局通風與採光都會受阻 **A1** + **A2**，改造後風與光都可更自由流動。

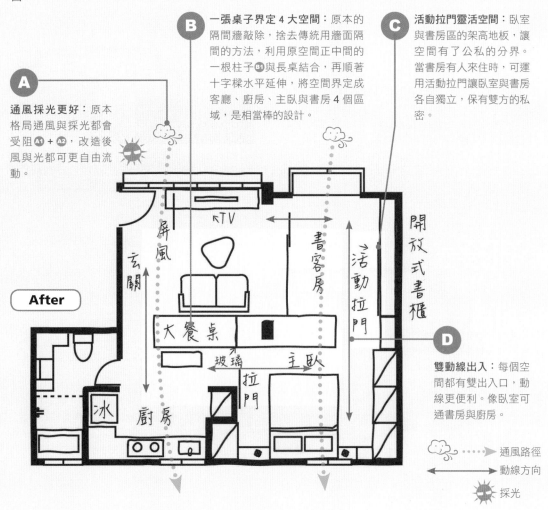

After

D 雙動線出入：每個空間都有雙出入口，動線更便利。像臥室可通書房與廚房。

⋯⋯▶ 通風路徑
◀──▶ 動線方向
☀ 採光

打掉書房與客廳的隔間牆，不只空間感可延伸，通風採光都變好了。

通透的玻璃隔間搭配窗簾，讓 4 個區域可相互借位，擴大空間感，也可獨立使用，保有隱私。

一張桌子成了架構整個房子格局與視線焦點的中心，也身兼餐桌、書桌、梳妝桌等功能。

書房❶平時作為主臥空間❷的延續，運用可轉彎的萬向拉門來隔間❸。

重點筆記：

1・以大桌子當核心區，較適合不愛看電視的人與有小孩的家庭。

2・桌子要夠大才好用，最好超過 180cm，才能兼當餐桌與工作桌。

Part 8 4 以和室為核心區
容納多功能的共融式空間

姥姥點評

將和室當核心區的作法很適合小坪數空間，可避免把空間切割得太零碎。新時代的公園都強調「共融式」，家裡如果能有個多功能空間將客廳、餐廳、書房、客房全融成一室，體貼家人的各種使用需求，大一點的空間用起來豈不是更舒適！

先來定義一下什麼叫和室。根據姥姥字典的解釋，就是「有架高地板」的空間。這裡說的和室當核心區，並不是放大和室空間，再搭配客餐廳；而是根本沒有客餐廳，用一間大和室即包括客餐廳、書房與客房的功能。

小坪數的空間放大術

以和室當核心區的好處是，即使是小空間也能擁有最寬闊的公領域。以 20 坪的家為例，客廳 5 坪、餐廳 3 坪、書房 2 坪，每個空間被分配到的都不大。但若採用全融合成一間大和室，哇，那就是個 10 坪的豪宅客廳了。那麼大的空間用起來當然更舒適。

從更廣的角度來看，房子還可從 30 坪改買 20 坪就好，光省下的買房錢就抵得過你整間屋子的裝潢費，搞不好還可再買一台賓士。

與以餐廳當核心區不同的是，和室也可兼當客房。棉被鋪一鋪，家裡來了 5 ～ 7 位客人一樣沒有問題。當然以隱密性而言，和室比客房稍差，但一年 365 天，借住只有 10 天不到，這個和室卻是平常就「頻繁」使用，坪效自然高多了。

家裡以和室當核心區的高先生，家人就在這一起吃飯、看書、上網、聽音樂、看電視，彼此的互動更好。

但要能發揮多功能的特色得有兩個條件：一，要有張大桌子。高先生家是採用實木做成的大桌，長度超過 180cm。他說：「不僅質感好，吃飯、工作都可在同一地方完成。」二是空間要夠大。因為大桌子無法再收起來，所以扣掉桌子的部分後還要有地方可睡覺，不然就無法兼客房。

以上是和室核心區的優點，那有沒有缺點呢？住了 6 年的高先生說：「沒有沙發，比較不好坐。」和室的木地板比較硬，若只放一個坐墊，背部無支撐，一般人是無法久坐的。但是只要改買「有靠背的和室椅」即可解決；另外核心區的和室並無法長時間當客房，會影響到主人家的日常生活。若是老人家來住的機會高，最好還是要另備孝親房。

整體而言，高先生相當推薦放大和室

當核心區的格局，反而不建議做一般小和室。姥姥和他討論了很多兩種和室優缺點，再加上許多朋友的經驗，我發現一般和室未必如一般人想像中的好用。我整理出幾個小和室（指3坪以內大小）設計會遇到的缺點或迷思，當然還有解決的方法。

小和室學問大

4大疑難雜症

網友抱怨│收納地板，10年沒用過。

【姥姥診斷】花大錢做九宮格架高收納地板，的確很容易東西放進去後再也不會拿出來。因為上掀式層板很重不好開啟，這點也是許多網友的心聲。不管是五金扣合式或吸盤式，女生要開都頗吃力，吸盤式的有時還要換好幾個位置才吸得起來，放下去時不小心還會「碰」一聲嚇到自己。

姥姥的朋友M家裡的和室更慘，沒地方收的小家電及畫架等都堆放在和室，好好一個空間變成雜物儲藏室，M跟我說，「和室地板上面堆滿東西，就更少開九宮格了，因為要移開很麻煩，東西放進去後更沒機會拿出來。」

那為什麼花個10萬元做和室來藏不會用的東西？又把空間切得小小的，害別的空間也不好用，若只用來收納，CP值似乎太低，還不如花個3萬元打造一間儲藏室。

但也有受訪者覺得和室地板的九宮格很好用，家裡真的擠不出儲藏室時，架高地板的確是解決收納的一種方法。我們總有些東西丟不出手，像沒嫁他的初戀情人的情書、小孩的親筆媽媽畫像等等，雖然達人都在教要斷捨離，但實在離不了時，一進去就老死不相往來的九宮格倒是不錯的歸屬。

【解決之道】
1. 如果已經做好九宮格地板，你只能當遺忘書之墓，專放捨不得丟又相見不如懷念之物。

2. 一開始就捨棄九宮格的做法，直接在架高地板內留空位，找現成收納箱放進去，是CP值更高的做法。直接買大賣場的透明收納抽屜，再按照收納箱的高度來訂做架高地板的高度，講究美感的人，可在地板側邊做門片，即可遮住地板內的收納箱，這個做法更省錢，外觀也好看。

3. 側邊做抽屜。抽屜好開，東西也好拿取，不過深度最好不要超過1米，一來放滿東西後會太重，若五金滑軌等級不佳，會不好開。二來和室前方也得留開抽屜的空間，不然無法完全打開。

網友抱怨│電風扇、燙衣板、旅行箱無法收進架高地板內。

【姥姥診斷】架高地板的高度最常見的是40cm高，方型九宮格尺寸多是75cm見方以下，因為門片尺寸太大會很難開

啟。所以拿來收衣物、抱枕、棉被、書籍、小孩的美術作品獎狀等還不錯用，但許多長型的電風扇、電暖器、除濕機或大型的旅行箱、燙衣板等是無法放進去的。不只是家電，等家裡小孩再大點，他會有一堆運動用的滑板、羽毛球拍、滑輪鞋、高爾夫球桿、棒球棒、劍道護具與長長的竹劍等，通通都收不進去。

【解決之道】

1. 電風扇等長型家電一定要另尋空間收納，如在衣櫃或餐櫃規劃一區專放家電或旅行箱。

2. 還是擠出一間儲藏室，放那些運動器材與家電。

網友抱怨 | 和室地板內部容易發霉！

【姥姥診斷】寫稿的此刻，台北已經連下了一個多禮拜的雨。台灣潮濕起來時，真的令人非常無力，除濕機已開了一整天，但我家的柚木收納箱仍然發霉了，對，各位沒看錯，號稱最防水防潮的柚木喔，還是被黴菌攻陷了。當然和室地板下多年沒打開透氣的收納格，發霉更不會讓人意外。

【解決之道】

1. 常開除濕機。

2. 施工前記得在底部加防潮布，可隔一下地板的水氣。不過這些都仍無法保證九宮格就不會發霉。若你住在很潮濕的地方，又只是為了收納而建和室，我仍建議不如改做一間儲藏室。

網友抱怨 | 常要盤腿坐，根本懶得待在和室裡。

【姥姥診斷】在和室要坐得久，除了買有靠背的和室椅以外，腳的部分一定要有地方可自由平放。許多和室沒有設計放腳的地方，只能像日本人一樣跪坐或盤坐。我能了解設計師的苦心，大概是想讓屋主在家修行練耐力，但姥姥修練了這麼多年，最多也只能盤腿坐 1 個多小時，我想一般人應該撐不到 15 分鐘吧！若無法久坐，這空間很快你就不會想再來了，那花錢弄這個幹嘛呢？

【解決之道】

1. 和室桌要設計放腳的地方。和室桌現在多是從架高地板「中間」取一塊來當桌板，這樣桌下就有放腳的地方；早幾年有人做和室桌是直接加在架高地板上，人就得跪坐，這種就坐不久。

2. 靠牆邊桌底下留空。有的和室桌是設計在靠牆處，與牆同寬做層板當桌子，這種桌下的架高地板就可留空，好放腳。

網友抱怨 | 和室桌不夠大，不好用。

【姥姥診斷】高先生說，他舊家的和室未能發揮書房的功能，正是因為桌面太小。一般常見的和室桌的大小為 75 〜 90cm 見方。姥姥的朋友 M 也覺得 75cm 以下都不好用，小孩要寫功課時東西不夠放，打麻將也難以大展身手，還要預防隔壁偷看牌，總覺得太阿雜。

另外也有網友詢問，和室桌是做電動的還是手動的好？因為電動升降式的和

室桌要上萬元，一年也升降不到幾次，壞了之後還要維修費，CP值實在太低，我覺得小資一族還是選手動式的吧！

【解決之道】

還是建議在以不妨礙活動空間的原則下，桌子盡量選擇大一點的尺寸。雖然桌子的長、寬只要超過90cm，一個女生就很可能搬不動，但這問題不算太大，除非你家天天有客人來住、小孩每天在此打滾，否則需要清空的頻率不高，夫妻屆時再聯手翻桌，喔不是，是搬桌即可。

還是可做小和室的 5 大理由

所以和室設計到底好不好用？以上討論供大家參考，答案也沒誰好誰不好，因為每個人的生活習性都不同。關鍵點在於和室的機能有沒有取代性？若是沒有取代性的，和室的使用機能就頗高，不然就會淪為儲藏室或蚊子室。

舉個例子。朋友W小姐家是我見過和室使用率最高的家庭：

一、她在這喝下午茶看閒書；二、小孩在這寫功課；三、老公在這打個四圈麻將；四、公婆來訪時住這；五、地板下還可收納雜物。

以上5種行為都是在她家客廳較不方便做的。沒錯，以上5個功能，也正是你考慮家裡需不需要做間和室的關鍵理由！

回頭看一下W小姐她家，客廳是看電視的地方，沒有書櫃，小孩要趴在茶几上寫功課也不方便，所以和室有書房的功能；另外，打麻將則是不少男性同胞的嗜好，我想她家就算沒要陪小孩讀書，光這點和室就有存在的必要，不然老公的人生就會變成黑白的了。

另一位朋友M家裡正好相反，就是和室變成蚊子窟的典型代表。

她平日花最長時間的活動是看電視，也在客廳陪小孩玩樂；小孩要看書寫功課是在小孩房中；老公平常不太看報紙只愛上網，多在客廳上網；偶爾想打牌但M會變臉，所以老公也不敢邀人來家裡。所以她家和室是裝飾意義較高，但偶爾父母來時也會充當睡房，這是和室最大的用途。

從以上例子可知，和室好不好用，要看我們的生活習慣。尤其是有客廳的家庭，若許多活動已包括在此，那和室的必要性就少很多，實在不必另外花這筆錢了！

重點筆記：

1. 和室為核心區，即可不必再規劃客餐廳，以一個和室融合客餐廳、書房客房的功能，即使是小空間也能擁有最寬闊的公領域。
2. 缺點是坐感仍無沙發般舒適，另外也無法長時間當客房，會影響主人家的生活作息。
3. 非核心區的和室，也有當書客房、麻將間與收納的優點，但缺點是收納方式並不好用，大型家電仍要另找地方收納、機能若與客廳重複太多很容易淪為儲藏室。

格局改造大風吹

案例解析與照片提供：紅屋住宅

可獨享也可眾樂的大和室

屋主高先生從 29 坪的房子換到 23 坪，想保有原本房子的各項功能，卻又不想每個空間都小小的，就採用和室為主的格局。他說，改格局後真的還不錯，一個大和室包辦了一家人主要的生活活動，住在寬潤的空間也更舒適。

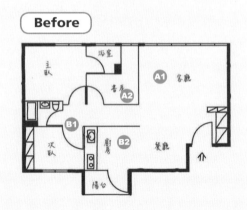

Before

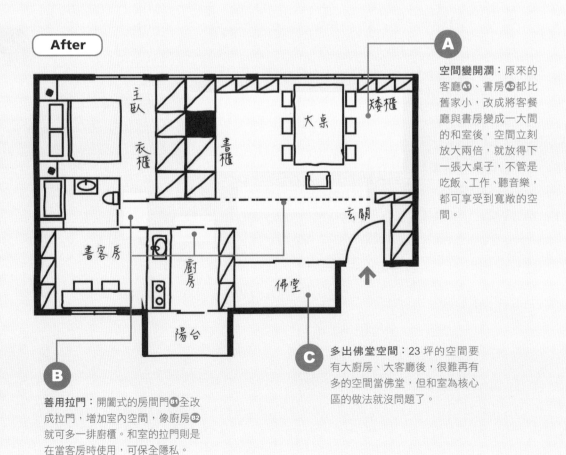

After

A

空間變開潤：原來的客廳Ⓐ1、書房Ⓐ2都比舊家小，改成將客餐廳與書房變成一大間的和室後，空間立刻放大兩倍，就放得下一張大桌子，不管是吃飯、工作、聽音樂，都可享受到寬敞的空間。

B

善用拉門：開闔式的房間門Ⓑ1全改成拉門，增加室內空間，像廚房Ⓑ2就可多一排廚櫃。和室的拉門則是在當客房時使用，可保全隱私。

C

多出佛堂空間：23 坪的空間要有大廚房、大客廳後，很難再有多的空間當佛堂，但和室為核心區的做法就沒問題了。

這間大和室附有拉門，若當客房使用時可拉起。

After

Before

原本開窗就會看到對
面鄰居，於是做了雙
層窗。外層是氣密性
佳的鋁窗，內層再加
格子窗遮蔽視線。

Before

After

房門皆用宣紙拉門，透光好，
也省開門的空間。

以和室當核心區後，就多出佛堂的空間。

誰說廚房不能當書房？若有一扇採光良好的窗，那就在廚櫃中搭個平台，放兩張椅子，這裡也可以是喝下午茶看點小書的地方。記住，所有格局都是可以混搭的。（IKEA 提供）

為格局做定位
通風／採光，好屋子的第一要件

姥姥〈點評〉 通風簡單而言就是空氣的流動。真好，老天爺就是疼我們這種沒錢的人，只要懂得利用大自然的力量，順著風本身的特性，我們就能引風，而不必花個幾十萬元來裝什麼高科技設備。

決定好你的核心區後，就要開始規劃核心區要放在哪一個區域了。還記得那第 101 條原則嗎？把通風採光最好的地方留給核心區！

先來談通風。

引風的 6 大要訣

有風自來，夏天也很愜意！

風的特性就是「生性愛自由」，在廣闊的大地遇到大樓時，一定會進屋玩玩。也就是風會找你家的進風口與出風口，以通過大樓。因此，風進風出的路線，就叫做「通風路徑」。所以首要之務是找出你家的進風口與出風口。

Point 1 | 找出通風路徑

怎麼測通風路徑？很簡單，好幾位建築師都有教：在窗口拿張小紙片，看紙片往內飄或往外飄，就可知這面窗是出風口還是進風口。

大家應上過國中的地理課，台灣夏天吹西南季風，冬天吹東北季風，不過，那是用 360 萬平方公里的大面積去看出來的結果，你家不一定是這個風向。

建築師尤噠唯表示，每棟建物的風向受小環境的影響更大。像姥姥家客廳是面東南，廚房是面西北。理論上客廳在夏天時為進風口，廚房是出風口，冬天則兩者顛倒，但實際上卻不是這樣。

因為我住的大樓高達 19 層，隔壁也是19 層大樓，兩者之間只有 4 公尺多的棟距，這種大樓間的狹道會引風，這種風速還不小，建築學上給這種風很多名字，如大樓風、峽谷風、建築風等。但不管它叫什麼風，這種風就造成我家風向自成一格。

我家是東南面開窗的牆，不管夏天冬天都是進風口，出風口則在西北面的牆。不過，有時西北面的牆也會變成進風口。OK，去找出你家的通風路徑吧！

Point 2 | 進風口與出風口，在對角線更好

左邊的橫拉窗開口大，1/2 牆面可通風，右邊的只有 1/3 面積可通風。

通風最常見的迷思，就是以為有開窗就會通風。錯了，**若只開一個窗，風只能進來不能出去，它就不會動，就不會有風。有風，一定要讓風有進有出。**

所以每個空間不管是客廳、餐廳、臥室、廚房、浴室等，都要有個進風口與出風口，門和窗或有開洞的牆都可以當風口，這樣才能通風。**進風口與出風口要在不同面向的牆，可以是窗或門。**許多房子是只有單面有窗，這時也可用大門當另一側的風口。但大門又得兼顧防盜與隔音，這時可做雙層門，外層用紗門，即可通風；需要隱私時，再關內層門。

風口的位置要高低錯落，能成對角線更好，如此風在你家走的距離愈遠，通風效果愈好。紅屋住宅設計總監謝東興表示，因夏季最需通風，因此進風口開在夏風的風向為佳，雖然風向不定，但只要看大多時候吹什麼風即可。

Point 3 │開窗面積要大，外推窗尤佳

進風口的門或窗的開口愈大愈好。因為通風是看進風的「量」，但現在許多建案的配窗大是很大，但真正可以讓風

外推式的窗戶可引風。但窗板要開到 90 度，引風效果才好。

**姥姥的
裝潢進修所**

寧用外推窗，不要封窗

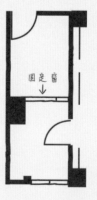

固定窗
↓

網友 Chen Yu 提供的格局圖：2 間廁所相連，只有 1 間有開窗，中間隔間牆上是固定窗採光，像這樣的格局如何改善通風呢？設計師王鎮表示，可將固定窗改成百葉窗或霧玻璃推射窗，這樣就能顧全採光通風，但視線也不會貫穿，可保有隱私。

很多網友也提到外牆有開窗，但與鄰棟距離太近，若是橫拉窗會沒隱私。設計師們都建議，可改用下開的推射窗或百葉，玻璃可用霧玻或貼窗貼，但千萬不要封窗，因為一封起來就沒通風了。

進來的部分卻少得可憐。

這種不好的窗卻有個好聽的名字，叫觀景窗。一面長 3 米的大面窗，只有兩側加起來不到 1 米寬的窗戶可打開，這種面寬，就算風神從前面通過都不會發現這裡有開窗，因此進風量根本不夠。

在配鋁門窗時，**要找開口大的**。像橫式推拉窗至少要有 1/2 面積可開，**整個可外推的窗子更好，因為外推型的窗還有引風進屋的功能**。

Point 4 ｜設計氣窗

建築師劉嘉驊也建議，最好再設計氣窗，當外頭下雨時或者室內開冷氣時，即使主窗緊閉，氣窗仍有調節空氣的功能（不過前提是窗外是新鮮好空氣）。氣窗可設在窗或門上，根據冷空氣下降熱空氣上升的自然原理，**多半外牆的氣窗會設計在下方（或上下都做），室內牆或室內門的氣窗會設計在上方**。

氣窗一般會加裝百葉及紗窗，百葉可調整角度來控制進風量。如像愛人親吻的春風，百葉就可開大點；不過在冬天，

牆上與室內門上方都可加裝氣窗。因熱空氣會上升，氣窗裝在上方可引導熱風出去。（紅屋住宅提供）

這風就變成致命的吸引力，會刺骨的，或像夏天的熱風，這些風都可從愛人變仇人，百葉就可關小點。

Point 5 ｜核心區放進風口，廚房放出風口

核心區要放在進風口處，廚房與浴室易有臭味或油煙，要安排在出風口處，那些味道才不會回流到你最常待的地方。但若廚房與浴室就剛好在進風口處怎麼辦呢？建築師尤噠唯表示，**只要在窗口加裝排風扇即可改變風向**。

但要注意，此面牆其他的窗口或門都要關好或封好，這樣排風扇才能改變成出風口，不然風會從其他開口進入，仍無法創造出風口的功能。另外，有的空間可能會都是進風口或出風口，這時也可以加裝風扇來改變其中一面牆的風向。核心區的定位也必須顧到周遭小環境。如有時進風口的對面就是排放廢氣的工廠，若核心區在此，只會愈待愈難過而

觀景窗最好上下都加氣窗，要記得附防蚊紗窗。（紅屋住宅提供）

已；或者進風口是後陽台，對面的 view 不好，天天看鄰居曬衣服，也是愈瞄愈火大。

同樣的，即使是出風口，但景觀與外頭空氣較好，也可以用出風口當核心區，只是就得靠後天的設備去改變風向了（姥姥 OS：當然最根本的解決之道，是不要買這種房子。）

Point 6 ｜隔間牆最好與風徑平行

不過，風進來房子後，若迎面就撞上隔間牆，它當場就會昏倒，更別談在你家跑來跑去形成舒爽的微風了。所以隔間牆最好與風徑平行，就不會擋到風。但一個 30 坪的居家難免會有幾面牆與風向垂直，這時就可在牆上開窗或開門，讓風通過。

當通風路徑從東南西北不同方向跑來跑去時，格局要怎樣「順風而建」？怎麼設計才能讓風順暢無阻？這真的就是學問啦，也是為什麼要付設計費的原因。姥姥覺得**請設計師的價值就在這裡，幫我們調整屋子的體質，而不是幫屋子化妝而已。**但有多少屋主會跟設計師談通風採光，或多少設計師會去談這個問題？我真心希望讀者看完這本書後，能改變一下，先把風格與外表放下吧，當設計師在看現場時，要多問對通風格局的建議（當然前提是這位設計師也懂通風）。

諮詢達人：建築師尤噠唯、建築師劉嘉驊、建築師郭英釗、紅屋住宅負責人謝東興

格 局 改 造 大 風 吹

案例解析與照片提供：尤噠唯建築師事務所

3 種格局的通風規劃

當不同風向時，要如何改格局呢？姥姥調了幾間建商的平面圖，請尤噠唯建築師來改造。但先聲明，此改造只考慮風向，不考慮周遭小環境的變數。

格局 1

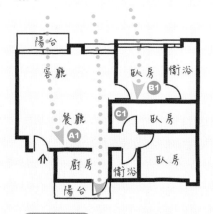

Before

A 原格局客廳到廚房有對流，但風口只是廚房門 **A1**，開口不大。改造後，在廚房及陽台的牆上開窗，或敲除廚房隔間牆，增加風口面積。

B 原臥室的風會被牆阻擋 **B1**。可將臥室門轉向，改與風行路徑同一方向，加速風流動的速度。

C 中間臥室向後退縮 **C1**，讓出空間給風通過。此房為暗房，可當儲藏室，或改開放式和室。

格局 2

Before

 ·····▷ 通風路徑

A 原格局通風算可以，有3條通風路徑。可惜的是書房的房門出風口較小**A1**，可將隔間牆拆除，增加風口也放大空間。

After

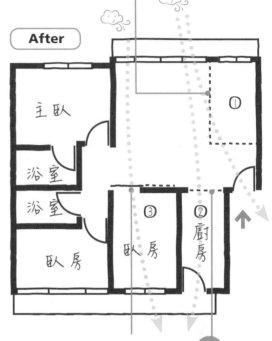

C 若房間數足夠，此房可改和室，將門改開口較大的拉門。

B 廚房隔間牆可敲除改中島、不封牆，擴大風口。

After

若隔間牆與風向垂直時，可以在牆上開窗，就不會擋到風的路徑了。

格局 3

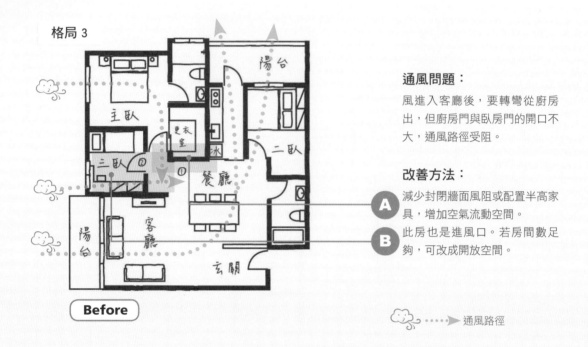

Before

通風問題：

風進入客廳後，要轉彎從廚房出，但廚房門與臥房門的開口不大，通風路徑受阻。

改善方法：

A 減少封閉牆面風阻或配置半高家具，增加空氣流動空間。

B 此房也是進風口。若房間數足夠，可改成開放空間。

🌬️ ┄┄➤ 通風路徑

改造提案 1：當核心區在進風口處

建議擴大核心區成開放空間，增加風流動的風口。

B 打掉「三臥」一房，以一張大桌給書房、餐桌。再創一條新的通風路徑。

A 廚房與更衣室牆退縮。空間給公領域。

改造提案 2：當核心區在出風口處

若通風路徑為廚房進客廳出，則整個格局也得跟著改變。

B 更衣室仍要退縮一點，增加空氣流動區域。

A 原廚房改成客廳核心區。

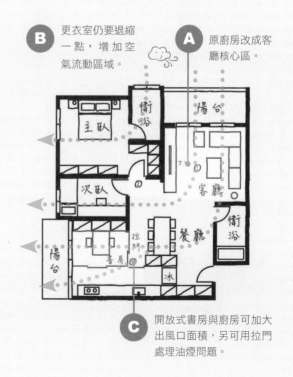

C 開放式書房與廚房可加大出風口面積，另可用拉門處理油煙問題。

格 局 改 造 大 風 吹

案例解析與照片提供：紅屋住宅負責人謝東興

風之屋：格柵設計，讓屋裡流溢柔和氣流

　　謝東興表示，台灣氣候溼熱，房子又多是易蓄熱的鋼筋水泥建成，夏季熱到受不了，只好開冷氣，但開冷氣又製造熱氣，是惡性循環。為了證明好的通風可以減少溼熱的問題，他共設計了 3 棟透天厝，其中之一他自己入住。這幾年住下來，他家不但很少開冷氣，還能吹到自然風，真的是健康又舒適。

> **解析：3 大通風設計**

1 **外牆**：大面開窗，或輔以百葉氣窗，好引風入室。

①大門採格柵設計，增加進風量。外牆上再增設百葉窗。**②**內門是實木大門，關起來時會擋風；因此玄關牆也用木格柵設計，讓風能從格柵透過，直達客廳後方的大窗。這樣風就能在家對流。**③**百葉窗附紗窗，可擋蚊蟲。葉片可調整角度，就可視屋外氣候調節進風量。**④**橫拉窗可開 1/2 的面積，進風量較大。書桌下的小櫃櫃門與背板皆有鑽透氣孔，可減少阻風的面積。

2室內：每間房都有設計進風口與出風口，並減少隔間，增加空間通透性。若有隔間需求，改用「透空實木格柵」，讓風通行無阻，也能遮蔽視線。除了當隔間牆，也可當鞋櫃門、衣櫃門等。

單層格柵還是會看到對面空間，若想完全遮掩，可做雙層格柵。2層格柵中間仍有空隙，風可穿透，但視線就可被擋住了。

木格柵能讓風自由穿透，除了當隔間牆❶，也可當展示櫃的背板❷，好延伸風的路徑。

這是拉門與櫃體結合的做法❶。格柵當衣櫃櫃門好處是可通風，也不易看到裡頭的衣物。缺點就是會招塵，不好清理。另外，櫃體兼當隔間牆❷，可省下做牆的費用；缺點就是隔音不好，上方也會積塵。

3樓梯：樓梯間變成通風塔，引空氣上升。

樓梯是很好的引風設備。因為熱空氣會上升，只要有出口，風就會自然往上。
上層形成負壓後，底層戶外的風又會流進室內，可帶動室內的風動。

引光的 4 大對策

自然光灑入，屋內氣場回春

採光與通風常常是一體兩面，通風好的，開窗面積大，相對陽光進屋量也大，不過也有通風好採光不好的，例如陽光被對面大樓擋住，或者是只有前後採光的狹長型街屋。

姥姥平常看書最討厭的事，就是翻到最後一頁才發現整本書都沒有我想看的。關於採光，因為會涉及到外牆變更，姥姥不想浪費大家時間，不必看下去的我先說：

第一，你家有非常盡心盡力的管委會，而且規定不能變更大樓外觀者。

第二，你家對面有大樓會擋到陽光，而你無力叫公家單位去拆那棟大樓者。

以上兩大族群麻煩跳過這章，那還沒有買房子的人則可參考，千萬別買這種無力回天的房子。

除此之外，其他人都好商量，什麼爛採光的房子都可經由裝潢妙手回春。

Point 1 ｜加大開窗面積，但要做隔熱

第一步，當然就是讓光進屋。所以外牆的開窗面積要夠大，採光才會好。窗體面積不大的，可以切外牆將窗擴大（前提是不影響結構安全）。

但你別看「陽光」長得高富帥，就忍不住邀他同居。光也有分「好光」跟「壞光」；西曬的陽光就要小心，他屬於壞光，大量西曬光進屋就像引狼入室，會熱死人；若採光足夠的話，盡量西面不要開窗，或開小窗即可（浴室除外）。

但有時人在江湖，身不由己。姥姥能體諒要嫁給壞男人的無奈，若真的要在西曬面要開大窗者，請務必再看一下隔熱篇。

Point 2 ｜用透光建材，延伸光照距離

陽光進屋後，要讓它照得遠一點。一個屋子當中若有完全照不到光的暗房，或者是像老社區常見的長形街屋，全屋只有前後兩面採光，房子又長達 6 米，這時都只好向隔壁房借光。

借光大多是用玻璃等透光建材當隔間牆。不過光透入的同時，往往得犧牲隱私。可以加裝掛簾，若有需要獨處或做見不得人的事時，可以放下簾子擋擋光。

和室沒有對外窗，採光很不好。改用玻璃拉門當隔間，讓光線可延伸入室。（尤噠唯設計提供）

透光不透景的日製宣紙，也很適合用在需要遮擋視線的地方。（紅屋住宅提供）

Point 3 ｜暗房可當儲藏室或廁所

沒錢的我們非常有機會買到採光不是很好的房子，有時一切都改善了，家裡就是有地方曬不到太陽，這時可把暗房（在此指沒有窗、採光不良的房間）規劃成儲藏室或廁所等格局。這些空間不用到光，也不常去，暗暗的亦無妨。

除了做儲藏室或廁所以外，臥室也能當暗房嗎？嗯，要看你在臥房會從事什麼活動。

臥室是比較要求通風的地方，可以減少寢具衣物等發霉，也對小孩的呼吸道系統較好。通風好，開窗大，通常採光就好。不過，若臥房只有睡覺的功能，的確，採光不必太好也無所謂。太明亮反而成為困擾，還得用窗簾遮光以免早上被曬醒。所以若你家有面牆的採光被對街大樓擋住了，那面牆的地方是可以規劃成臥房。

但如果習慣白天在臥房看書、白天在臥房上網打電動者、或在臥房喝下午茶者，這時白天的採光就重要許多，就不適合當暗房了。

Point 4 ｜把採光最佳處劃給核心區

採光最好的地方，當然就是給核心區。因為人在自然光的環境中，心情就會好好，想賴著不走。身為家庭主婦的我們就不必天天對小孩喊：「你在房間裡幹什麼啦？為什麼不出來？功課寫了沒？出來吃飯啦！」罵小孩的次數少了，我想小孩就會認為我們是全世界最像天使的媽媽了，這，不是白白賺到了嗎？

房子中的暗房可設計成浴室或儲藏室，再用玻璃窗引進光線。需要隱私之處可加窗簾。（尤噠唯設計提供）

重點筆記：

1. 拿張紙片，測出你家的進風口與出風口。
2. 通風路徑設計原則：讓風從進風口進來後，可以一直跑到距離最遠的出風口。
3. 若隔間牆擋到路徑，可加大房門、牆上開窗或裝氣窗，讓風通過。
4. 加大開窗引光時，要同步注意隔熱。室內則可多用玻璃等透光建材，讓光線照得更遠。
5. 暗房處可設計成儲藏室、廁所或臥房。

格 局 改 造 大 風 吹

案例解析與照片提供：PMK 設計 Kevin

日光宅：打通廚、客房，提升光感與空間機能

　　此案原本的客餐廳屬長型空間，餐廳處較暗採光不足，客廳旁的小房間，門後也有塊不好用的空間。設計師 Kevin 將兩面牆打掉，不僅採光變好，空間也開闊了。

Before

A 這房子核心區為客廳，原格局只有一面採光，通風也不是很好，會被牆擋到。將廚房與客房的一面牆打掉，擴大開口，不僅空間變寬闊，通風與採光也同步改善。

打掉一面牆後，客廳核心區採光更好。

廚房改成開放式，讓採光向餐廳延伸。

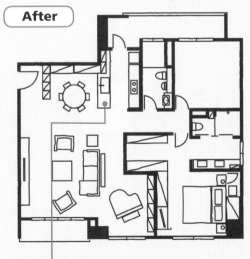

After

B 原為一字型的廚房變成中島型，用中島兼當隔間，一來可打開空間，二來可擴大料理枱的面積。

Part 9 要做**輕隔間**

玩出空間趣味，保有隱私堡壘

Wall

格局談完了,來談隔間牆吧!

首先,傳統的紅磚牆除非是為了整體風格的搭配需要,不然我不建議採用。原因很簡單,磚牆不耐震,建物的負荷承重也大。再來,若真的無法忘懷磚牆的好,輕隔間牆中的陶粒牆也已接近磚牆的性質。所以,我個人在牆體部分仍推薦輕隔間牆。

但哪種輕隔間牆好呢?輕隔間牆的門派也不少,我先介紹最常見的門派:木作牆、輕鋼架、白磚與陶粒板牆、石膏磚牆。接下來大家會看到一大堆數據與討論,若看倌您只是一般屋主,不是知識控,請到旁邊休息一下,喝杯茶,然後翻到最後的結論(重點筆記)就好了,不然姥姥怕你看了會頭暈呢!但如果你有興趣稍稍了解一下,認識這些隔間牆,可會讓你對於裝修知識的專業值上升許多唷!

 不同隔間牆可省多少錢?

---

1. 30 坪大小的房子,內牆全拆除重建,約需 50m² 面積的牆體。

磚牆: 1m² 為 2,000 元,約 10 萬元

木作牆(採單層矽酸鈣板):1m² 為 1,600 元,約 8 萬元,可省 2 萬

輕隔間(採單層石膏板):1m² 為 700 元,約 3.5 萬元,可省 6.5 萬

白磚: 1m² 為 1,000 元,約 5 萬元,可省 5 萬

石膏磚牆: 1m² 為 2,000 元,約 10 萬元,沒省到錢,但隔音與防火時效都比磚牆好。

2. 若以大型櫃子當作隔間牆,以上費用都可以省下來,但櫃體的費用當然就得另外計算了。

本書所列價格僅供參考,實際售價請以小院的網站公告價為準。

Part 9 / 1 牆體 3 大門派
7 種隔間牆各顯神通

姥姥點評 輕隔間牆有木作牆、輕鋼架、白磚、石膏磚、陶粒板牆與輕質灌漿牆，各有優缺點。想隔音好的，可選木作或輕鋼架工法搭配雙層石膏板板材或石膏磚牆；想任意釘釘子的，可選石膏磚或多孔紅磚牆。

接下來本章的討論，特別適合從小就愛追根究底、從裝潢螺絲釘工法到宇宙黑洞都興致勃勃的學生閱讀！

除非是為了營造工業風之類的風格需要，否則我個人不建議做傳統紅磚牆。原因很簡單，對建物負荷大，泥作工法品質也難以掌控，工資不低，但日後得壁癌的機會大。所以若真的無法忘懷磚牆的好，建議改選多孔紅磚，缺點只有一個，就是價格較高，其他規格跟紅磚差不多但性能較好。

牆體部分我推薦用輕隔間，但哪種輕隔間牆好呢？輕隔間牆的門派也不少，簡單可粗分成三大派，請參考下方表格：

以下分別從隔音、強度、耐重、防火、防潮等面向來看這 7 種隔間牆。

隔音：雙層板材勝出

姥姥為了研究隔音，除了挑燈夜讀幾篇碩士論文與書籍之外，還跑了好幾個地方去實地測試。為什麼那麼累？因為

■輕隔間牆派系一覽表

骨架結構派	木作牆	由木角料為結構，一般多外覆矽酸鈣板
	輕鋼架	由輕鋼架為結構，外覆板材大多用石膏板
	輕質灌漿牆	輕鋼架為結構，外覆水泥板等板料，內灌輕質保麗龍水泥砂漿（在居家場很少做，多在新建案場）
磚材派	白磚 ALC	一種氣泡水泥混凝土磚
	石膏磚	石膏為主成分，加防潮材質混拌預鑄成磚體
	多孔紅磚	傳統紅磚尺寸規格，中間加中空孔洞
板材派	陶粒板牆	水泥磚內混入陶粒的版材

隔音的理論數據與實際狀況委實有極大落差。隔音只看完美的實驗室數據是沒用的，就是說，即使實驗室能測出減少50分貝（db）好了，這面牆搬到你家後，可能就掉到30分貝，也就是一點用都沒有。

隔音看的是「組件」整體表現，而不是單一元件。送到實驗室的一定是業者「年度代表作」，拿出最好的板材加上最仔細的工法所創造出的完美樣本。但你放心，這組件的工法絕不會在你家重現。

因此，為了更接近一般人「真實」的生活狀態，我分別去找了四種輕隔間牆的空間來做測試，用一台早期電影中會叫男主角起床的 GE 鬧鐘式收音機來測試，到底多大的音量會聽得到？

測試方法有兩種，一是站在房門外，把門關起來，測門外聽到的聲音。二是在隔壁房內，把兩間房門都關起來，測試在房內聽到的聲音。

結論是，**只要房門不是氣密門，就算再好的隔音牆都沒用**。因為聲音傳播的介質實在太多了，以牆面來講，房門就是最大的「漏風」處。房門有門縫，還

不小，站在門外，這幾種牆（包括隔音最好的磚牆）都是在收音機開到第二格音量時就破功了；也就是大聲點講話，就會被門外的人聽到。不過，若是在隔壁房，因為又多了一道門以及未有開孔的隔間牆，隔音效果會好一點。

簡易版的單層木作牆、輕鋼架牆與白磚都是有隔與沒隔差不多，大聲點講話隔壁房都聽得到。但工法的確會影響隔音效果，同樣是白磚，冠軍欣業施作的白磚牆比一般白磚牆隔音好許多。

隔音效果最好的，是我在洛碁建北商旅測到的，這裡是雙層雙面石膏板加玻璃棉的輕鋼架牆。到隔壁房後，把收音機開到最大聲都聽不到，效果比磚牆還好。更難得的是，報價跟磚牆差不多，但也請大家注意，旅館房門比一般室內門好，對隔音有很大幫助。若你家是普通房門，隔音效果要再打折。

另一個隔音效果也不錯的，是石膏磚牆。最好選 11 公分有中空層的，實驗室數據空氣音可隔掉 48db，與磚牆差不多。

還有牆做多高，也有關係。有的輕隔間牆並沒有做到頂天立地，上方只做到天花板的板材高度，並沒有到屋頂 RC

木作牆由角料為結構體，再外覆板材。（尤噠唯設計提供）

輕鋼架牆最常見，單價也低。之前有許多缺點，但多已有改進的工法。

白磚牆施工快、不易發霉，單價也只有磚牆的一半。後來也有類似規格的石膏磚，但價格較高。

陶粒板牆單價在輕隔間中相對高，但強度最強，可敲釘吊掛物品，但板縫一裂就難救。

牆，聲音就會經由天花板傳到隔壁房，當然隔音就差了。

不過，隔音到底有沒有很重要？今天要探討的並不是隔掉「家外頭」的音量，而是家裡頭的。我家的隔間牆就是木作輕隔間牆，外覆 6mm 厚矽酸鈣板內加 60K 岩棉，真的沒什麼隔音功能。

但我與家人的生活，也沒有很大的困擾。我和老公在房間裡吵架時，小蹄在客廳裡一定聽得到。但也有好處啊，當小蹄在房裡講電話時，我可以聽得一清二楚，就知道他等會兒跟我說要出去玩是去哪裡了。不過，若是小聲地交談，隔壁房就聽不太到了。

家人嘛，我們對彼此噪音的容忍度較

洛碁建北商旅的雙層石膏板輕鋼架牆，隔音效果最佳。

只要有做房門，又不是做氣密門，上下左右都有門縫，牆的隔音效果會因此破功。（尤噠唯設計提供）

高。與其花了錢做大牆，隔音卻沒變好，我仍會選這種較便宜的牆。

裂不裂？接縫處是重點

不管哪一種輕隔間牆，業者都會將板材送強度測試。強度有分抗壓強度與抗彎強度兩種測試。因為每種板材的 CNS 要求的檢測項目不同，有的是測抗壓，有的是只測抗彎，兩個數據不能直接比。但綜觀而論，石膏磚與陶粒板的抗壓與抗彎強度較好，比較不易因地震而造成「自體開裂」。

不過在居家場，隔間牆不是結構牆，姥姥認為強度不太重要，不會倒下來就好，但因台灣地處地震帶，要注意面漆容不容易開裂，或裂了後是否容易修補。

從網友回報的情形來看，白磚 ALC 發生裂痕的較多，陶粒板與輕質灌漿牆，雖然板料型接縫少，但一裂就是大裂痕，更麻煩的是，以上都不是重刷油漆就救得回來，裂縫很難修補，不然就是修補後又裂。

相比之下，木作牆與石膏磚牆被投訴的案例較少，大多是在牆與天花板之間，不過「異材質交接處會裂」是每種牆都會發生的，磚牆也會裂，大家都會裂，只是機率高低而已。

另外多孔紅磚是最接近傳統磚牆的輕隔間牆，不是不會裂，但表層是水泥粉光，只要粉光層穩定後，裂了也可靠重新批土油漆修復。

各牆體在以下情況仍會開裂：

白磚牆若做在樑柱下方，易造成本體開裂。（網友孫先生提供）

只要是異材質相接處，如輕鋼架牆與天花板之間，就易產生裂縫。

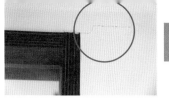

牆體的開口處，如門窗框或插座開關易在四角的地方開裂。

1. 樑下的牆。因為樑柱在地震時會產生較大的下壓力，就易造成輕隔間牆開裂。
2. 開口處。門與窗等大開口四角會產生應力，易有裂痕。

掛物：石膏磚、陶粒板較耐釘

不好意思，鄉民們最愛的敲敲打打釘釘子，在磚牆上可以任意破壞的行為，在輕鋼架、白磚牆的身上都「請住手！不可以這麼做！」這兩大類牆面都需要去買專用的五金或在板材後方加木夾板才能掛物。若想回味古早樂趣的人，可選石膏磚或陶粒板牆，即可繼續承受大家的踩躪，當然，你付的代價（就是＄＄啦）也比較高。

不過，之前有師傅說輕鋼架或白磚牆不能掛電視或洗臉枱等，這都是落伍了。這兩派早已發展出可掛以上重物的方式，不過這先賣個關子，容後再提。

防火：看時數

木作牆與輕鋼架的防火效果要看外覆板材。9mm 厚矽酸鈣板是 1 小時時效（選擇石膏板要厚 15mm，才有 1 小時防火），白磚、石膏磚與陶粒板牆都有通過 CNS 防火 2 小時以上測試。

防潮力：吸水低就不易生壁癌

先定義一下防潮力，指不容易發霉，也不易產生壁癌。根據師傅的經驗，除了輕鋼架的石膏板較容易發霉，其他輕隔間牆的防霉力都 OK。若是環境較潮濕，石膏板可改用防潮型產品，也能提高牆體的防潮力。

至於壁癌，還是要先解決造成壁癌的原因才能治本。不過白磚、防潮石膏磚或陶粒板牆，因成分中沒有水泥或含量很低，加上吸水率低，較不易有壁癌。

重點筆記：

1. 只求最便宜的話，可選單層板材輕鋼架牆。別擔心這會太爛，反正房間都會有門，有門就隔音不好，大家不會差太大。
2. 真的很在乎隔音的，可以試試看雙層石膏板輕鋼架牆。它的實測隔音效果最好，防火又可達 2 小時。
3. 希望施工最快，也懶得打掉地磚的，可選白磚或石膏磚。白磚另個好處是不易有壁癌，但易裂。
4. 重視耐震、不易開裂、可以隨意敲敲打打的人，可選石膏磚或多孔紅磚。石膏磚的強度高，隔音防潮與施作速度上的整體表現也佳，不過，價格相對較高。

本文諮詢達人：成大建築系教授賴榮平、環球石膏板建材部協理張錦澤、營造業者施肇正、昇陽建設工務經理李識君、元利建設工務主任藍世進、東煒建設工務主任歐秋海、采會建設「一集建案」工務主任詹津藝、冠軍欣業專員魏毓彥、聯大室內裝修負責人陳敏豪、安陽防火建材負責人賴俊吉、鴻亨企業專員劉年康

■各式隔間牆大車拚

隔間牆種類		成份	常用強體厚度	價格（元/m2）（不含批土上漆）	STC 隔音值／檢測單位	抗壓強度 kgf/cm2	抗彎強度 kgf/cm2	熱傳導系數 Kcal/mh°C	施工屬性
木作牆		角料為結構，外覆板材 9mm 矽酸鈣板	6mm	1,600~1,800	30db 稱不上有隔音	---	130（矽酸鈣板）CNS13777	0.21	乾式
輕質灌漿牆		輕鋼架＋外覆板材水泥板，內灌輕質保麗龍水泥砂漿	9cm	裝修場較少見，多用在新建案	30~40db 隔音會因上方灌漿不易而破功	---	---	----	濕式
白磚 ALC 磚牆		氣泡混凝土	10cm	1,000~1,200 便宜	38~40db 製造商自測	30~52 CNS13481	---	0.13	乾式
輕鋼架	單層	鋼架為結構外覆板材 9mm 矽酸鈣板	10cm（9mm 矽酸鈣板）	矽酸鈣板：1,300 元 石膏板：12mm1,000 元 15mm1,200 元 便宜	30db 稱不上有隔音	--	130（矽酸鈣板）CNS13777	0.21	乾式
	雙層	鋼架為結構外覆石膏板 15+9mm 加 24K 玻璃棉	12cm（15+9mm 雙層雙面板材）	1,500~1,800	56db 成大 勝	--	79.3（石膏板）CNS4458	0.18	乾式
石膏磚牆		石膏＋防潮材質混拌澆鑄成型	9cm ／ 11cm	1,800~2,200	Rw:43db 台大	優 101 CNS1010	281 黏著抗彎折測試	0.27	乾式
CFC 陶粒板牆		陶粒混合發泡水泥，內含鋼絲網	8cm	2,000~2,400	44db 成大	79 CNS1010	830 SGS 測試	0.33	乾式
紅磚		黏土	12cm，1/2B	1,300~2,500 價差大	48db 成大	150 勝	--	1.383	濕式

註：1. 吊掛重物包括液晶型電視、洗臉枱與馬桶水箱等。

2. 開裂程度，若是異材質相接處，皆可能開裂；此處指表面漆面或板料交接處開裂機率。

3. 石膏磚的隔音測試是測空氣音隔音 CNS15316 Rw 值。

施工時間	表面吊掛輕重物	油漆表面處理	防火／CNS 項目	防潮	漆面開裂程度	與水電配合	重量 kg/m2
20M²/ 天，封板完成即可批土上漆	不能直接釘鐵釘，要補夾板加強	不用泥作粉光，直接批土上漆	1 小時／CNS12514	不易發霉	板材交接處可能開裂，但填縫做好，機率就較低	要	45
8~10M²/ 天，做好後等乾才能批土	鐵釘要釘在鋼架骨料上，重物要專用五金或補強	不用泥作粉光，直接批土上漆	2 小時／CNS12514	不易發霉	板材交接處易裂，且為大裂痕，不易修補	要	110 ~150
15~20M²/ 天，做好後放 1 天等乾才能批土	不能直接釘鐵釘，要用專用五金，五爪式壁掛可	不用泥作粉光，直接批土上漆	2~3 小時／CNS12514	不易發霉	板材接縫處易裂，不易修補	不用	50~60
20M²/ 天，封板完成即可批土上漆	不能直接釘鐵釘，要用專用五金或後方補板料結構	不用泥作粉光，直接批土上漆	1 小時／CNS12514（12mm 石膏板不到 1 小時）	不易發霉	板材交接處可能開裂，但填縫做好，機率就較低	要	50
15~20M²/ 天，同左	不能直接釘鐵釘，要用專用五金或後方補板料結構	不用泥作粉光，直接批土上漆	1 小時／CNS12514	潮溼又不夠通風處，石膏板易發霉	板材交接處可能開裂，但填縫做好，機率就較低	要	50 多
15~20M²/ 天，放 1 天等填縫乾	可用木螺絲釘，吊掛 60 公斤左右，鋼釘 77 公斤　**可釘**	不用泥作粉光，直接批土上漆　**時效好**	3 小時／CNS12514	有加防潮劑，不易有壁癌　**好**	板材交接處可能開裂，但填縫做好，機率就較低	不用	76
25M²/ 天放 1 天等乾	可用膨脹螺絲即可吊掛重物，不必補鐵件　**可釘**	要用水泥漿打底比較好，再批土上漆　**好**	2 小時／CNS12514	不易發霉，不易有壁癌	板材交接處易裂，且為大裂痕，不易修補	不用	68
5~8 M²/ 天，放 2 周以上等乾　**最慢**	可任意打釘　**可釘**	要用水泥漿打底粉光，等乾後才能批土上漆	1 小時／成大	潮溼又不夠通風處，易生壁癌	水泥粉光面易裂，但等水泥穩定後易修補	不用	220

Part 9/2 木作牆與輕鋼架牆
雙層板料，隔音較佳

姥姥點評 輕隔間的量體輕，對建築結構較不會造成負擔，價格也比傳統磚牆便宜許多，其中木作牆是居家場很常見的做法，這篇來看看常會碰到的問題。

　　輕隔間牆的工法較簡單，有兩種，一是由木作師傅施作，以木作角料為結構，最後前後都加6mm矽酸鈣板面材；另一是輕鋼架系統，在天花板與地板會打上槽鋼再放輕鋼架支架系統，面材前後大多是用12mm石膏板，但也有用矽酸鈣板的。但輕鋼架系統多在商業空間施作，居家場較少見，先來看看木作牆常會碰到的問題。

外覆板料多為矽酸鈣板，無法任意打釘吊掛物品。（木作廖師傅提供）

木作牆 Q&A

問題 1 不能任意打釘掛物品？

✓ **正確答案：** 是的，輕隔間牆外覆板材不管是矽酸鈣板或石膏板，都不能直接釘鐵釘等。板材的抓力不夠，但只要在板材後方加4分夾板即可掛物。

問題 2 角料間距要幾公分？

✓ **正確答案：** 木作牆的工法與天花板類似，但角料通常會選1寸8的規格，面材為3×6尺矽酸鈣板時，角料為1尺2（36公分）左右放1支。這要跟師傅先講好，因為有些師傅是1尺5或2尺放1支角料，這也不是偷工，而是師傅習慣如此，之前就曾有爭議，因此角料間距多少，要在報價前就跟師傅確認。

木作牆角料約 1.2 尺 1 支，需要吊掛的地方要加夾板加強。（木作廖師傅提供）

木作牆要與水電配合，配完管線後才封板。（廖師傅提供）

問題 3　隔音較差？

正確答案：沒錯，隔音是較差，但有幾種方案能再升級。不過最後有沒有效很難保證，因每人的聽覺靈敏度不同，屋況也不同。

第一，改變面板厚度或換成雙層面板。一般矽酸鈣板是用 6mm，可改用 9mm，不只隔音會較好，防火時效也可增加到 1 小時。石膏板也一樣，從 12mm 的改成 15mm，即有 1 小時防火時效，或許每平方米會多個 200 元，但多 1 小時逃生，這錢是值得投資的。

希望隔音再好一點的人，可採用雙層面材，這是指單側面材的層數。雙層的內層一般為石膏板厚 9mm 或 15mm，外層為厚 6mm 矽酸鈣板或 9mm 石膏板。

外層用石膏板隔音效果最好，但石膏板易受朝，板材最好離地 1 公分左右，然後再用矽利康填縫。石膏板還有個缺

■雙層板材比一比

	（內）15mm 強化石膏板 （外）9mm 防潮石膏板	（內）15mm 石膏板 （外）6mm 矽酸鈣板
吸音棉	密度 24kg/m³ 厚度 50mm	R11 密度 10kg/m³ 厚度 89mm
價格／m²	1,300 ～ 1,500 元	1,500 ～ 1,800 元
隔音	較佳	較差
外層強度	較差	較佳
防霉力	OK	OK

註：價格為含吸音棉的市價。

點是易撞破，因此也蠻多人會改用矽酸鈣板當外層面材，防潮力也較好。

第二是填塞吸音棉。最常見的吸音棉有兩種：岩棉與玻璃棉。吸音棉是看密度，越高者隔音越好。一般岩棉密度是60K，玻璃棉有分 R8、R11 系列，選密度為 24K 更好。

至於兩者隔音有沒有效？姥姥我也給不出答案。施工業者多半說 60K 岩棉較好，但也有很多認為：兩者都沒什麼用。我自己在跑工地與居家空間做測試時，則發現若只做單層板材，真的沒什麼差別。但後來有位專做隔音室的廠商解釋，是厚度不夠的關係，若厚度達 5 公分以上，就有差了。

第三，牆體要頂天立地。好，這個就是能有效增強隔音了，牆體要從地板做

若以石膏板為面材，隔音較好，但易受潮，可離地 1 公分用矽利康收邊，減少水氣侵入板料。（環球石膏板提供）

■ **吸音棉比一比**

	玻璃棉		岩棉
等級	R8	24K	60K
密度 kg/m³	12	24	60
厚度	64mm	50mm	50mm
隔音／防火表現		1.24K 的隔音效果較佳 2.以一般居家的單層板材牆面而言，吸音棉的隔音差異不大！	1.防火效果較好 2.細纖維需做好包覆封閉
價格 /m²	50 ～ 80 元	100 元	150 ～ 200 元

註：價格為輕鋼架工法中每平方米要再加多少元。

到屋頂水泥樓板。牆體若只做到天花板板料的高度，聲音就會由天花板內傳出去，當然隔音不好。

問題 4　不能當浴室牆？

✓ **正確答案**：是的，一般不當浴室牆。不是不能做，但配套的工法較繁複，防水要注意的細節太多，因此建議浴室牆還是選別的牆體吧！

輕鋼架系統

輕鋼架牆是由輕型的鋼架做結構，前後再加面板，面板可選矽酸鈣板或石膏板。跟木作牆相比，輕鋼架施工單價較低，不過願意做居家場的廠商較少。

輕鋼架系統在工法上最常見的問題，就是與 RC 牆交接處開裂。環球石膏板建材部協理張錦澤指出，要預防這種開裂，跟封板的技術有關。

一、板材與 RC 牆或地板之間要離縫 1 公分，不能直接與牆壁相接，之後再以填縫劑填縫。二、板材不能鎖在與牆相連的 C 型立柱與上下槽鐵上，而是要離牆 20 公分內，再做一個立柱，把板材鎖在這個立柱上。資深建築人施擎正也提醒，立柱與上槽鐵不能鎖死固定，要預留 1 公分的間距。

一般輕鋼架牆最常出現與 RC 交接牆處開裂，為什麼？因為地震時牆壁會搖，當然跟牆壁連在一起的 C 型立柱與上下槽鐵也會跟著搖，這時若板材與這根立柱鎖在一起，就會被劇裂拉扯，於是最脆弱的接縫處在一聲哀嚎下，就裂啦。

但若板材鎖在第 2 根立柱，此立柱沒有跟牆連在一起，搖得較沒那麼厲害，再加上板材與牆有離縫 1 公分，借用登陸月球的阿姆斯壯名言，這小小的 1 公分距離就是不會裂的一大步。可大大降低地震的拉扯力，減少開裂。

不過，許多工班已「慣性」施工，即使工務主任要求他們不能鎖在第一道立柱、不能將板材直接靠牆，但我跑了 2 個工地，一棟從地下 1 樓爬到 8 樓，另一棟從 1 樓爬到 12 樓，跟各位看倌報告一下，很不幸地，每層輕鋼架封板「幾乎」都沒有照工務主任說的，有位工班還當著我的面就鎖在第一根立柱上。

「這不是不能鎖在這上頭嗎？」

「啊，對喔，我袸記啦！」工班一邊說忘記一邊仍把板材鎖在第一道立柱上。

嗯，這景象讓我想到變法失敗的王安石，就第一線實施的人有問題，不管再好的政策都會變成一坨屎。所以，一定要施工者把鎖在第二道立柱的照片拍給你！

重點筆記：

1. 木作牆角材為 1.8 寸規格，間距多少公分也要先確認。
2. 輕鋼架的防裂工法：不能將板材鎖死在第一根支柱上，板材與牆壁也要留縫 1 公分左右。
3. 雙層 15mm ＋ 9mm 厚的石膏板＋密度 24 厚度 50mm 的玻璃棉，測試出來的隔音效果最好。

這樣施工才 OK

輕鋼架預防開裂的封板工法

1. 放上下槽鐵時，最好用雷射儀來量測，確認放樣線在同一平面上，牆面才會直。槽鐵以鑿釘固定於天花板與地板上。在槽鐵後方打矽利康，可加強隔音效果。

2. C 型立柱間距橫向 30 ～ 45 公分立一根，施擎正提醒，最大間距不要超過 60 公分。高度上則是每 120 公分要再裝支橫撐較佳。 骨架安裝時，不可連接出風口，以免振動產生噪音。

3. 立柱與上槽鐵要預留 1 公分的間距，不能鎖死固定。

4. 板材要鎖在離牆第二根支柱上，一般師傅很容易犯鎖在第一根的錯誤🅐！請特別注意。第二根支柱不能緊靠第一根支柱🅑，要留空間，距離 20 公分以內皆可。

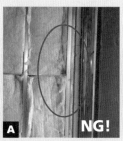

A NG!   B OK!

5. 板材不能緊貼牆壁或天花板，要記得留縫，才能減少異材質相接的開裂。板材的橫向接縫不能在同一直線上，要交錯🅒，才能降低開裂的機率。螺絲的間距在 40 ～ 60 公分。

C

6. 第一側封板完成後，於第二側封板前，要進行水電安裝，包括插座開關燈具 TV 網路線等出線口。 有的工班為方便走管線，讓牆體兩側的開口在同一高度（出線盒會背對背），這會減低隔音及防火的性能。牆體兩側插座等開口要交錯才好。

7. 板材之間的縫隙要先用 AB 膠填縫🅓。注意短邊處要先導角。等 AB 膠乾了後，先在填縫處批土，乾透，再全部批土。油漆填膠時未乾透，就進行下一道工序，容易造成板材間的裂縫。

■接縫處理示意圖

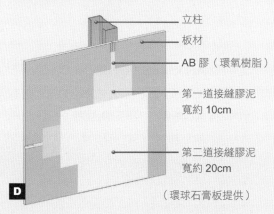

立柱
板材
AB 膠（環氧樹脂）
第一道接縫膠泥寬約 10cm
第二道接縫膠泥寬約 20cm

D

（環球石膏板提供）

8. 牆中若需做門或窗，在門框的上方要使用 U 型槽鐵🅔，兩側要用全高立柱，加強結構才不易在四角處開裂。

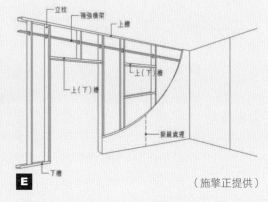

立柱 補強橫架 上槽
上(下)槽
上(下)槽
接縫處理
下槽

E

（施擎正提供）

白磚 ALC 牆
施工快速，防火效果佳

姥姥點評　白磚牆的施工快，也不必與水電配合時間，防火又可達 2 小時。但缺點是無法任意敲釘掛物，強度較弱，較常發生開裂案例。

　　白磚是什麼？別以為是紅磚做成白色哦。冠軍欣業專員魏毓彥表示，白磚簡單講是一種氣泡水泥混凝土磚。製作過程中加入氣泡，讓以矽砂當原料的混凝土磚可以減輕重量。這種製造過程的英文名為 Autoclaved Lightseight Concrete，簡稱 ALC，運用這種方式製出來的磚就可稱為 ALC 磚。又因最常見的 ALC 磚是以矽砂為原料的混凝土磚，表面色調為灰白色，又稱為白磚。

白磚常用的規格是 40X60 公分的磚體，材質是發泡混凝土，因色調偏白，被稱為白磚。

優點：便宜、防火

　　我們若拿它與最便宜的輕鋼架牆相比，它的施工更快，進場施作不必與水電配合時間，不像輕鋼架牆，要等水電配好管後才能封板，不過，白磚砌好後不能立刻配水電，至少要隔一天，讓它乾透。

　　白磚防火也比輕鋼架牆優，一般石膏板或矽酸鈣板是防火 1 小時（有的不到），白磚則可達 2~3 小時。網路上有產品聲稱防火可達 4 小時，但姥姥跑了一輪都要不到報告。能提供報告的大多是 2 小時。冠軍欣業的白磚則通過防火 3 小時測試（台灣防火科技有限公司的測試），至於號稱 4 小時的業者，測試結果是出自自家工廠。

　　在價格方面，臻碁實業公司經理劉仁隆表示，白磚牆連工帶料 1 平方米 1000 元左右，這是相當可口的選擇。而且只要工法對，再加結構體配合的話，隔音也比最便宜的單層面板輕鋼架好。

缺點：無法任意敲釘掛物

　　與磚牆相比，白磚牆是不能讓你敲鐵釘掛物的。但姥姥到一位住戶家做隔音測試時，發現她家的白磚牆不但釘了釘，還掛了畫。屋主鄭小姐說：「白磚牆是不能釘鐵釘，但這種五爪式的掛勾可以，不過只能釘一次，若釘錯了或沒釘好，同個地方就不能再釘了。」

五爪式的掛勾還是可以釘上白磚牆，掛畫或咕咕鐘都沒問題。

　　那若要掛更重一點的物品怎麼辦？別擔心，白磚有專用的掛勾，但一般五金行買不到，得到專賣五金行購買，如新生五金。冠軍欣業則提醒，廚具的上吊櫃不建議鎖在白磚上，要鎖在 RC 牆上較佳。

　　另外，白磚還有個「不知會不會發生」的問題，就是會裂，而且案例較多。

飛魚牌的螺釘即是白磚牆專用的五金，要在專賣五金行才買得到。左邊兩個是掛 50 公斤以下物品，右邊兩個則可承重到 150 公斤，掛櫃子、電視皆可。

　　若白磚體裂了怎麼修補？臻碁實業公司經理劉仁隆表示，可以順著裂縫挖寬 1cm、深 1cm 的溝槽，填入白磚專用的黏著劑，外表再批土上漆即可。不過，補過後，可能還會再裂。

　　白磚重量輕，價格也只有紅磚牆的一半，在建築界中最看好白磚的，就是興富發建設，不少建案都是用白磚當室內隔間牆，一般裝修場就較少用了。

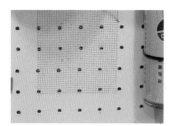

因為水電的開孔刨溝處易造成裂痕，冠軍欣業會在管溝外再鋪上玻纖網，加強防裂力。

接縫處先以彈性材填縫，之後再批土寬約 10cm 批平。磚縫與管溝的部分要批土兩次。等批土乾再上漆，即完工。表面與一般磚牆無異。

若是掛洗臉枱或壁掛馬桶，以及 150 公斤以上的物品，則要用這種專用螺釘，磚內還要加鐵片，將設備鎖在鐵片上。

重點筆記：

1. 白磚施工快，不易發霉，防火可達 2 小時，價格也只有磚牆的一半，不過無法任意掛物。
2. 工法影響品質甚鉅，白磚與 RC 牆交界處要留 1.5 公分伸縮縫，再用發泡劑填縫灌到滿溢出來，隔音才較好。

這樣施工才 OK

讓白磚牆更強壯的施工法

1 放磚前底層以 1:3 的比例調配水泥砂漿，鋪於底層厚度約 1～3 公分，可調整地面水平。

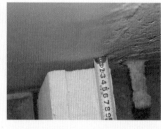

2 磚體與 RC 牆要離縫 1.5 公分，之後會用白磚專用發泡劑填入。

其他要注意的地方！

砌門

3 第一層磚放上去後，要用水平儀測是否黏貼平。

4 白磚與 RC 牆交接處則以 L 型鐵件相接。L 型鐵件分別裝在第 1、3、5 的單數層即可。

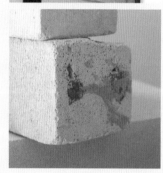

門框上方要設置楣樑，楣樑是特製的白磚，尺寸為訂製，要超過門框寬度，左右多約 10～15 公分，內含鋼筋。如此才能在地震時，分散下壓的力量，不致讓門框被壓變形。（臻碁提供）

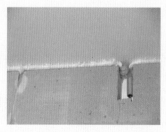

5 伸縮縫要以 PU 發泡劑填到溢出來，再將溢出的發泡劑切齊，如此才能確保填滿空隙。可加強隔音效果。

6 牆體等乾一天後，可進行水電刨溝配管，要注意，開口不要貫穿牆體。滏峰老闆余先生表示，管線要儘量避開水平線，可走垂直線或 45 度斜線等，以免破壞牆體的結構力。再用 1:3 的水泥砂漿回補洞口，臻碁劉經理表示，水泥最好低於原磚面 1~2mm，之後批土時會讓磚面與開孔處更平整。

Part 9 / 4 CFC 預鑄式陶粒板牆
防火抗壓強，不易生壁癌

姥姥點評　乾式施工法中，單價較高的就是預鑄式陶粒板牆，簡稱為CFC（Ceramic Ferro Concrete Panel），是在發泡水泥中混入高溫燒製的陶粒，因此有輕量又防火的優點，但缺點是接縫處裂了就難救回來。

可頂天立地，可掛洗臉枱

陶粒板牆因內含鋼絲網，在各牆體中抗壓強度較強，在掛物上也相當強，釘釘子、掛架或釘層板全都沒問題，不像白磚與輕鋼架牆需要專用五金。

專做陶粒板牆的天臣實業公司負責人陳銘鴻表示，使用 3/8 吋的膨脹螺栓，即可承受 600 公斤的拉力，因此掛洗臉枱、馬桶、壁掛電視等通通沒問題。防火測試的部分，只要 8cm 厚，就能達到 2 小時防火。

陶粒板牆也不易發霉，我問過幾家施作過的師傅與公司，都表示沒有遇過壁癌問題，陳銘鴻解釋，因為陶粒是經過千度高溫燒製而成，吸水率比紅磚低，內含水泥砂漿的比例也少，因此不易生壁癌。

亞卡默設計汪倍申表示，與其他輕隔間牆相比，陶粒板牆的開裂比例低，因為板材可做到「頂天立地」的高度，陶粒板 8cm 厚的長度最長可達 400 公尺，接縫少，自然裂的機會就少。不過也要看你家電梯是否塞得進去。遇到小電梯還是要先切短，到你家後再組合起來。

陶粒板牆算是輕隔間牆較接近紅磚牆的牆體，姥姥特別到采會建設「一集」的實品屋參觀，牆面的確可直接打釘掛畫，當浴室隔間牆掛浴櫃也沒問題。

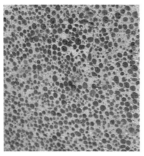

防火實驗：直接拿瓦斯槍近距離燒陶粒板，5 分鐘後表面只有一點黑黑的，板材背後也是冷的。8cm 厚的陶粒板有防火 2 小時認證。

陶粒板的板料之間會用水泥砂漿填縫。

不過小院基地的使用經驗不太一樣。陶粒板板料之間是用水泥砂漿填縫，接縫處是較少，但一開裂就裂得超大，會使表層的漆面同步裂開，且無法靠批土補土來修補，因為重新油漆也還是會裂，只能改用壁紙遮蓋。

即使泥作師傅曾用泥膏打底，接縫處也加貼抗裂網，都沒用，還是裂。

再加上陶粒板表面不平整，一般牆面批土全批 3 次就很平了，這面牆已全批 6、7 次，還是不太平，因此建議得加木板料過板後再上漆，不過這就要多花筆費用了！

所以要提醒，若採用陶粒板牆，代價會比較高，除了本身就不便宜，8 公分厚設計公司連工帶料報價為 1 平方米 2,200 元，是白磚與輕鋼架的 2 倍，門洞或窗口的部分也不一定會扣除，有的還要加清運費、搬運費，以及後續泥作打底或木作過板，費用會一直墊高。

陶粒板牆可頂天立地，但表面較不平整。

陶粒板牆板料接縫處一旦開裂，就很難補救。

Part 9 5 石膏磚牆
好用耐操又不貴的優等生

姥姥點評　石膏磚優點頗多，隔音好，強度好，還有防火 2~3 小時，再加上做成 60X40 公分的磚體，可用電梯搬運，最大的好處是，可以任意鎖螺絲吊掛物品。

採訪石膏磚時發現一件趣事，「您好，請問是石膏磚牆 XX 師傅嗎？咦，您不就是之前做白磚的 XX 師傅？」對的，石膏磚牆的施作廠商，多是之前做白磚的，防潮石膏磚引進台灣後，兩者工法差不多，但石膏磚的優點更多，不少廠商已轉做石膏磚。

可掛物、可當粉光底

這種磚優點實在有點多，果然江山代有才人出。之前提的一些輕隔間最大的不便，就是無法任意吊掛物品，但石膏磚牆可以。不過不能用一般光滑小鐵釘，究竟石膏是是較軟的材料，小鐵釘咬不住，但一般常見的木螺絲釘就可以了，

石膏磚 1 天就可做 15～20 平方米，施作天數短，也方便搬運。（耀得工程提供）

另外像洗手枱、壁掛電視等重物，也可用 5 公分長的螺絲釘或加套塑膠壁虎。

根據廠商提供的 CNS 測試報告，木螺絲釘吊掛力可以到 60 公斤左右，鋼釘 77 公斤，小院基地使用的石膏磚牆吊掛長 100 公分的人造石洗手枱，目前也都沒問題。

但要提醒師傅，因為質地比較軟，鎖螺絲時要「適可而止」，不然電動起子會一直深入鎖下去；也不能鎖過頭後退出來再鎖同一處，有時會被挖鬆了鎖不緊。

第二個優勢是表面可當粉光完成面來用，這也是與紅磚牆相比的好處。一道紅磚牆砌好到上漆，要經過泥作打底粉光，假設磚牆的工資 1 平方米 2,200 元的話，就不如改用石膏磚牆，不僅施工時間縮短一半以上，還可少掉打底的泥作費用。

石膏磚還有其他優點，如隔音好、強度好，防火 2～3 小時（比其他隔間牆久），再加上基材做成 60×40 公分的磚體，可用電梯搬運，不像陶粒板有進不

了電梯的風險。另外石膏磚中加了防水劑，大幅減低了吸水率，再加上沒有含水泥成分，也不易有壁癌。

工序上要注意的重點

大部分優點很多的建材，唯一的缺點就是貴，還好，石膏磚雖然比一般輕隔間牆貴，但仍比紅磚與陶粒板牆便宜一些。還有因石膏較軟，邊角處撞到會凹，要小心。

另外也因為石膏磚牆可當粉光面，所以用於浴室時，防水工序會與一般紅磚牆不同，可直接上底漆貼網後，就做防水；但若是與舊磚牆相接，在新舊牆之間的磚縫得先用1：3水泥砂漿灌滿、等乾，再開始上述工序。

若表面要上油漆，石膏磚代理商耀得工程陳明勇表示，不用粉光，但打底要先全批兩道，並一定得塗水性壓克力底漆，不然日後可能會浮現磚影。

空心、實心怎麼挑？

石膏磚有分 11 公分空心與 9 公分實心的，11 公分空心磚因多了空氣層，隔音、保溫隔熱性都較好，隔音效果可跟磚牆差不多；但若是要用在浴室，建議用 9 公分實心磚，可避免鎖螺絲時鎖到空心部分，但若螺絲夠長，11 公分空心磚也是沒問題的。

在社團討論時，有位許設計師的經驗是，石膏磚上漆後半年整片剝落，壁紙也黏不牢。後來姥姥去追，石膏磚廠商表示，因不同品牌吸水率不同，若用到吸水率太低的石膏磚，易造成塗料批土附著力不佳，這點是選購時要注意的。

這樣施工才 OK
石膏磚牆的施工步驟

1 雷射放樣牆體位置，最好牆體廠商與統包商一起放樣。

2 彈墨線，標示牆體位置。（耀得工程提供）

3 砌磚跟著放樣線走。

4 窗洞與門洞上方要加眉樑，左右比原門洞多 10～15 公分左右。

7 牆體與天花板之間留 1 公分左右的縫隙，要打 PU 發泡劑填縫。

5 原地坪很不平整時，要先用水泥砂漿打底抓水平。

8 發泡劑要打到滿溢出來，再刮平。

6 隨時用水平尺量測，確認牆體水平。

9 完成後的磚面，可不必再水泥粉光，直接批土油漆。

其他要注意的地方

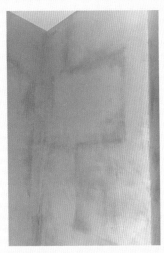

石膏磚牆缺點之一，是油漆面易出現磚影，要先用底漆打底。

石膏磚較軟，邊角易被撞破或撞凹。

Part 9 / 6 變形隔間牆
活動拉門與開放式牆體

姥姥點評

若你住的是小坪數的屋子，姥姥非常推薦你看看這篇。想一想，既然做固定式牆面的隔音效果並不那麼好，那何不做活動式的「變形輕隔間」？不但省錢又能提高空間的使用機能，還有助通風與採光！

前篇介紹的都是頂天立地型的隔間牆，屬封閉式的空間設計。但近幾年，格局配置也常見「流動式空間」，也就是牆不再是牆。它可以不與天花板相連，也可以不與側牆相接，兩個空間看似獨立，但多了通道可交流，風、光線與居住者都可以更自由地在空間中移動。

這種流動式空間的牆體大致分下列幾種：一，布幔；二，活動拉門；三，開放式牆體：包括隔間櫃、格子窗牆等。

布幔與拉門

輕盈靈活，可略阻冷氣流失

布幔隔間或拉門都屬活動式牆體，雖然拉門貴了一點（布幔倒是可以非常便宜），但既可以隔出孝敬爸媽的房間，又可以幫你省冷氣費，或是當你想消失在世人的面前時，它還可以變身哈利波特的隱形斗篷。一拉上，家人與全世界都在一線之外；一打開，你就回到美好的人世，多好的發明。

布幔隔間的用料很簡單，就只要布簾及軌道就好。普通窗簾軌道 1 呎 50~60元，L 型會轉彎的軌道是 70～80 元（IKEA 與隆美窗簾的報價）；嫌軌道醜，那就換成各式美麗的窗簾桿吧！

不過布隔間的缺點你大概也知道：一完全無隔音效果，一丁點都沒有，重一點的喘息聲，隔壁都會聽到；二會招塵或招一種眼睛看不到的小動物，叫塵蟎，家裡有氣喘或過敏兒的都不適用；三，定期要清洗，有人會嫌麻煩；四，上下仍有縫，冷氣多少會流失一些。

木作拉門就比布隔間多些優點：可以有一些些隔音功能，也可當浴室隱藏門或是室內房門。大部分都是一個ㄇ型的空間，搭配一字型的拉門，即可變成獨立空間；但也有多個空間共用一片拉門的設計。

常見的拉門材質是木作空心門或玻璃，木作拉門的價格，一片門片約 1.2 ～

2萬元，漆與玻璃另計。所以，以價格論，木作拉門勝出，但若要兼顧採光，玻璃拉門還是值得投資的。

結構式門片不易變形

要注意的是，木作拉門不能用木心板做喔，因為拉門的高度多在 2 米以上，木心板只要超過 1 米高，就很容易變形。所以要用跟房間門一樣的空心結構，由角料當結構，再前後貼木皮板。20 幾年經驗的木作廖師傅表示，最好門片的寬度也不要超過 1 米，因為會有點重，不太好推拉。

空心木作門片搭配台製滑軌，一樘門約 9,000 ～ 1 萬 3,500 元；但若用實木門片來做，又加玻璃，又來個表面手工仿舊處理的話，一整面可能要 6 ～ 7 萬元。

木作拉門除了工法細節外，五金也很重要。軌道五金有兩種，一種是只有上軌道加下門止，下門止就是在拉門下方定位的五金，也有人暱稱為「土地公」，或稱門下止。通常買軌道時會附在裡頭，但附的都是塑料的，較不耐用，最好另外去買不鏽鋼材質的。

另一種是有上下軌道，這種多用於和室，拉門的穩定度比較好。不過，一般師傅與設計師們多是建議做前者。設計師馮慧心表示，因為下軌道容易踢到；而且下軌道只是讓拉門較不會偏滑，好的下門止也有同樣功能。

IKEA 應該算是全世界最會利用布幔隔間的公司了。每年的型錄上都有許多非常棒的點子，例如在床後方用布幔隔出一間更衣室。（IKEA 提供）

這樣施工才 OK
讓木拉門更好用的施工細節

1 施工前的原樣。

角材　木心板
夾板

2 放置鋁製上軌道。軌道上要加一層夾板，7mm 或 9mm 甚至 18mm 的皆可，有這一層夾板才能鎖緊螺絲。

A

B

4 門片後檔不建議使用廠商內附的塑料上檔（圖**A**的白色配件），可改用水槽的橡皮塞，一個不到 20 元，後檔板上可以上下各裝一個（圖**B**），橡皮塞耐用度更好，不像塑料上門擋易壞，如此外隔間牆就不必設維修孔，既維持整體美觀又能延長使用年限。另外，後檔板施作時建議頂住鋁製軌道，如此可將門片重量導引至地板上。

6 下門止的「軌道」凹槽，建議以外加角料或夾板銑槽處理，內面可淋上瞬間膠增加硬度。

7 下門止安裝需預留地板的厚度，口袋拉門要用圓形的下門止，要注意高度要夠，不然容易脫軌，業內行話叫「摔下馬」。

3 軌道建議多鑽幾個螺絲孔，增加承重能力。藍色膠帶為原本螺絲孔，黑色膠帶是新鑽的螺絲孔，間距約 20cm。

門檔　軌道

門下止

5 門片不能用整片木心板來做，會變形。要用空心門式的結構做法。寬度在 1 米內為佳，太寬會太重，不好拉。

8 門片裝上測試無誤後，施作外隔間骨架，再貼上表面裝飾面板，即完工。

（照片與圖說皆由廖師傅提供）

玄關櫃不必從地板做到天花板，留白會讓你的家有更多呼吸空間。櫃體也可跳空，看起來有變化，視線也可延伸。（PMK 設計 Kevin 提供）

廚櫃與電視櫃都不做滿，能兼隔間，又能減少壓迫感。（尤噠唯設計提供）

不做牆壁

開放式隔間好輕盈

接下來介紹不會移動的開放式牆體，常見的做法有幾種：

1. 用櫃子當隔間牆。可以省下牆壁厚度（約 12cm），室內空間更開闊，櫃子還可以兩邊使用。隔間櫃最常見的是展示櫃用於客廳與書房隔間。不過，要注意隔間櫃要與側牆或天花板鎖合，不然地震來時倒下來就危險了。

2. 開放式牆體。國外居家設計常見沒有頂天立地，上空或兩邊都側空的牆。如此空氣流通更好，從南方進來的風很容易就從另一側的窗流出去；採光也能分享。不過，老話又來啦，凡事有一好就沒兩好。人與風都可以更自由的移動，代表「聲音」也可以，正確說法是跟沒隔音一樣。

3. 開窗的牆。可在牆上開窗，近年來也很流行做格子窗牆，雖然會多花點錢，但是可換來通風與好看的家，也值得投資。

重點筆記：

1. 布幔隔間最便宜，也好看，不過會覺得不夠穩固，而且也會招塵，要定期清理。
2. 活動拉門，單價高一點，但能提供牆體般的安心感，與靈活使用空間。
3. 用櫃子當隔間，可省下做牆的錢，但要注意固定在 RC 牆上較穩固。
4. 開放式牆體對通風採光都有益，空間感也比較不會太壓迫。
5. 但以上都無隔音效果，有要此心理準備。

Part 10

要做**隔熱**

花小錢有大效果的節能創意

Insulation

若說木作櫃的設計是裝潢顯學的話，那隔熱設計大概就是被打入冷宮、夜夜垂淚到天明的嬪妃了。裝潢設計時能考慮到通風採光就已非凡人，還能進階想到隔熱？那根本是納美人的層次了！

這也難怪，連姥姥我一開始聽到隔熱設計就搖頭，「我哪來的美國錢啊，什麼高科技隔熱系統不是要好幾十萬元嗎？」但還好，我後來當了家居線記者。因我老人家不習慣吹冷氣，但台灣夏天又好熱好熱，於是我每回遇到建築師或「綠師傅」，都跟這些人討教幾招隔熱設計。當然了，我會直接告訴他們，姥姥住大樓，所以像外遮陽等要改變建築外觀的，行不通；第二，我很懶又沒錢，要動太大工程的，也行不通。

嘿嘿！台灣果然臥虎藏龍，這些達人不但告訴我超省錢的隔熱做法，有的還不必額外花錢喔！不敢相信是吧？來看一下有哪些方法！

（紅屋住宅提供）

 做好隔熱可省多少錢？

> 夏天少開冷氣，一個月可省幾百到幾千元，這錢看似不多，但你對地球環保盡的心意，無價。

本書所列價格僅供參考，實際售價請以小院網站公告價為準。

Part10

1

這些隔熱法，很便宜
建築師的高效益隔熱絕招

姥姥 點評

做隔熱要先理解熱能的來源，本章談的都是建築師長年經驗累積下的小絕招，花不了多少錢，效果卻會讓你在收到電費單時有大大的驚喜！

要對付熱源這種外太空生物，一定要先了解「家裡會熱」的原因，再根據這原因來改善。姥姥因為實在不能吹冷氣，因此讀了幾本理論型的熱輻射、建材與溫度等大頭書。放心，姥姥不會用一堆看不懂的名詞來嚇大家，那是專家做的事，姥姥不是專家。

家裡為什麼會熱？或把範圍再縮小點，我們住的公寓或大樓為什麼會熱？主要就是陽光中的熱跑進家裡了。那陽光的熱是怎麼跑進去的呢？

1. **透過玻璃窗**：陽光的熱可以直接進屋。（也叫輻射熱）

2. **透過我家的外牆**：牆壁吸收了熱能，晚上會放出來（又叫傳導熱）。

3. **熱從屋頂上傳下來**（也是傳導熱的兄弟姐妹）。

當你了解這 3 大熱源，就能擬訂隔熱大作戰的方案。

方案 1 ｜ 把窗簾掛在「窗外」

這是建造北投圖書館、並得綠建築獎的郭英釗建築師幫姥姥想的點子。

我家非頂樓，所以上述熱源的前兩點就是主要兇手逃逸路線；關於第二點，我說過了，我們大樓不准改變外觀，所以我也無法做外遮陽[註]；於是我只好針對第一點來設計：要讓陽光「不要照到窗戶」。

所以郭建築師才會建議，把窗簾掛窗外，這比掛窗內好。因為窗簾掛在窗內，陽光還是先照到了窗戶玻璃，熱輻射就會散逸到家裡；但若把窗簾掛在窗外，陽光是先照到簾子，就能先擋掉部分的熱能，透過玻璃的熱能減少，自然屋裡就可涼許多。

婆婆媽媽看到這裡可能會覺得不太懂，「把兩幅布掛在窗戶外」不是很怪又招塵嗎？不是的，掛在窗外的窗簾材質

註：外遮陽就是以木頭等熱傳導率較低的材質在外牆再做一層牆或格柵，把陽光擋住，不會直射到外牆，可大幅減低熱傳導，是非常有效的隔熱方式。

就不能用布了，最好是用竹簾。竹簾比較不怕日曬雨淋，也不易發霉（姥姥之前也用過實木柳枝條，但還是會發霉）。這幅掛到窗外的竹簾多有用呢？我家客廳自從掛上這片簾子，就沒開過冷氣了，電費因此省了 38%。當然我家客廳很通風也對不必開冷氣很有幫助。

我家用了竹簾後，那個月的電費，比前一年省電38%，少了 163 度。

竹簾整個掛在窗外，可讓陽光不會直接照到玻璃窗，有點類似外遮陽的概念。這竹簾約 2,000 多元。

落地窗外有陽台，將竹簾往外撐起，可擴大遮陽面積，簾與窗之間多了空間，隔熱效果更好。

方案 2 ｜掛遮光布

姥姥家每扇窗的先天條件都不同，掛竹簾的方法只能用在有陽台的客廳落地窗，其他窗都不能用，所以再來介紹內掛的窗簾設計。

內掛窗簾遮蔽窗戶的緊密度愈高愈好，面積要比本來的窗大一點，可減少陽光的熱輻射散逸到室內。但要選擇布料材質，窗紗沒有什麼遮陽效果，最好是 70% 以上的遮光布。

姥姥在做隔熱實驗時，發現「兩片3,000 元的百分百遮光布」阻熱效果就很好，只要陽光沒照進家裡，室溫低許多。但是 100% 遮光布有個缺點，就是讓你「不見天日」。平日全家上班的上班，上學的上學，採光的確不重要，每個房間都可拉起遮光簾，晚上回到家時再打開。尤其是臥室，晚上就會比較涼。

但若是假日全家待在家裡，臥房暗些沒關係，但客廳採光就不能被犧牲了。所以，像核心區可裝雙層窗簾，其中一層用遮光率較低的布料。還有個隔熱小技巧：每晚睡前先把遮光布拉上。因為夏天的太陽 5 點多就起床了，距離把你曬醒可能還有兩個多小時，這時遮光布可以先擋掉一些輻射熱，等起床後再改拉採光較佳的窗簾。

訂做窗簾也有較省錢的方式，在〈Part 4〉已有提過，穿管式會比傳統式省布，另外，捲簾有時也會比較便宜，因為捲簾的工與布料比一般拉簾少很多，所以同塊布的話，捲簾不一定貴，視每家工錢而定，有時反而較便宜。

方案 **3** | 保持通風，事半功倍

若房間通風好，對室內降溫的效果大有助益。我在做隔熱實驗時，因隔熱產品是貼在窗戶上，或是窗戶採隔熱玻璃，必須關窗才能有效隔絕陽光熱能。但窗戶一旦關死，室內就不通風，會很悶，待在裡頭的感受並不好。

有幾次，有風的日子我把窗子打開，竟然房間的溫度與關上窗子差不多，而且還比較涼快，這代表什麼？對，**風可以把熱帶走，而且效果比隔熱產品好。**

如果你家的通風真的不太理想，也可利用出風口的排風扇引風。只要打開排風扇，室內就會變成負壓，即可引風入室。

方案 **4** | 把櫃子放在西曬牆

即使我家通風 OK，若是超過 35℃的高溫，到晚上臥室還是會熱，這應該是外牆傳進來的熱能。前面提過了，隔熱的兩大方向，其中一個就是外牆。現在大樓幾乎都是混凝土建造，鋼筋水泥雖然耐震，但超吸熱。

水泥牆若夠厚也就罷了，像希臘都水泥屋，但外牆多厚達 30cm 以上，這樣即使吸了熱，也要長時間才能釋放到室內；但台灣的大樓外牆薄，像姥姥家雖是知

也可在西曬面設計木作封板，用木心板或木絲水泥板等熱傳導率較低的材質，可減緩熱傳導進屋。（集集設計提供）

名建商蓋的，外牆厚度也才 15cm。這樣的牆吸了熱後（東曬牆），不用等下午，中午 12 點多，外牆內側面已開始散熱了。等到太陽下山，這房間就已被烘了 5、6 個小時。

因此，像我家是白天較涼，晚上反而較熱，臥室仍偶爾要開冷氣，不然會熱到睡不著。

要減少外牆吸熱是必要之務。首先在買房子時，就要選南北向的房子，朝南最佳，冬暖夏涼。我在買房時，特別注重方位，雖然沒辦法挑到正南向，但我們選了朝東南向、西方沒開窗的屋子，先天條件上房子就比較不會吸熱。

當然，買房子哪有都這麼稱心如意的，如果座向不佳，可以在外牆上塗防曬漆，或選擇白色的磁磚，亦能減少外牆吸熱。只是如果你和姥姥一樣住在大樓裡，改外牆勢不可行，還是得從室內著手。對付西曬牆有個簡單方法：衣櫃書櫃餐櫃皆可，把櫃子放在西曬牆這一面（但請避開窗戶）。這樣可以形成類似空氣隔熱層，

減少外牆傳進來的熱。而且熱能還有天然烘衣機的功能，可以防霉，一舉兩得。

方案 5 ｜在牆內加釘一層木作牆

一樣是對付外牆傳導熱的方法，若不能做櫃子，也可以把熱傳導係數較低的材質，如木心板、木絲水泥板等釘在內牆，當外牆的熱傳進來後，木板材再加上空氣就變成隔熱層，可以發揮緩衝功能，減少熱能進屋。

用木心板封牆，1 呎約 600 ～ 800 元左右，若不介意，也可以不必貼面材，直接批土上漆。

方案 6 ｜在天花板加裝吊扇

這方法再簡單不過，是好幾位建築師與設計師的經驗談。只要加個吊扇，熱就消散不少；就算開了冷氣，風扇帶動空氣流通，也可使冷氣效力更好。

加吊扇時要注意，第一，若要兼顧照明功能，**則選燈泡裝在扇片正下方的產品**。且「在吊扇葉片的範圍中」，也不能裝有天花板嵌燈。因為開燈後會造成影子，影子跟著風扇一直轉啊轉的，坐在底下的人容易頭暈，在這空間看書的人會覺得很礙眼。

第二，建議直接把吊扇鎖在 RC 層的樓板上，支撐力最好。若是掛在木作天

吊扇可讓空間沒那麼熱。若要加燈，記得挑燈在扇片正下方的產品較佳。

花板上，四周要加強支撐，**例如加一塊 6 分木心板以及吊筋**，此部分工法可參考姥姥的前作：《這樣裝潢不後悔》或上我的網站查詢。

方案 7 ｜床墊上加涼蓆

姥姥 4、5 年前就在臥室窗上貼了隔熱膜，但是晚上還是熱到要開冷氣。我又加了遮光布等方法，但都無法解決那股熱氣。結果有天聽朋友說，她用了涼蓆後晚上好好睡。

我忽然想到：會不會我家臥墊材質有問題啊？沒錯，我後來把乳膠床墊翻面，從乳膠面變成緹花布面，當晚，開電風扇就可以睡死到天明。床墊材質也會傳熱。乳膠材質真的很會吸熱，超怕熱者要多考慮。

重點筆記：

1. 窗簾掛窗外比室內好，但材質要用防潮材質，如竹簾。
2. 臥室可選用百分百遮光布，睡前就拉起來，可擋明早的陽光；上班前也拉起來，可擋白天可怕的陽光。
3. 把衣櫃書櫃都設計在西曬牆。
4. 通風很重要，窗戶最好留點縫，另外加吊扇，你不會後悔的。

Part 10 / 2 這些隔熱法，加減有效
隔熱膜與隔熱玻璃

姥姥〈點評〉

花萬把塊裝隔熱玻璃的 CP 值到底是高是低？主要是看窗戶的比例大小，愈大 CP 值愈高。但也不必去想省下的冷氣電費何時回本，節能減碳做環保，就是我們對地球的無價心意。

貼隔熱膜或採用隔熱玻璃窗是我家窗戶隔熱的終極手段，因為臥室窗沒辦法外掛竹簾，而內掛窗簾再大還是效果不彰，每到夏天，房間會熱到睡不著覺，一定得開冷氣。但我個人體質不良實在不愛吹冷氣，最後只好試貼傳說中的隔熱膜。

貼完後，時間飛逝數年。說實在的，效果沒有我想像中的好，但似乎又有點改善，那到底有沒有幫助？只看我一家不準，於是我就想做隔熱產品的實驗，包括隔熱膜（又稱隔熱紙）與隔熱玻璃。姥姥打了幾通電話給業界，很高興有 3 家業者[註]願意參加實驗，包括 3M、V-KOOL 台灣維固與育璽。而且有共識，廠商不會干涉我要寫什麼。我就又找了位家裡熱得半死、每天被太陽曬醒的朋友 Y 一起來做實驗。

裝完後，時間又飛逝 12 個月，是該來簡報一下結果了。我家有裝隔熱膜，也有裝隔熱玻璃，Y 家裡則是裝不同品牌的隔熱膜。我們兩家都是東曬牆。

Y 的結論是：有用、值得裝。 她家臥室有裝窗簾，但布料不遮光，以前都會被曬醒，但現在不會了；客廳之前雖有用遮光簾，也通風，但白天仍會很熱，現在則感覺較涼較舒適。

我家的經驗就比較不一樣。我在測試隔熱膜與隔熱玻璃之前，都親眼目睹這些高科技產品的現場實效：業者做了紅外線照射，不用看機器指標，我在旁邊都能感到一股大火般的熱氣；但當熱源經過隔熱膜或隔熱玻璃，另一邊的世界的確清涼如水，我的手確實可感受到熱量減低許多。

但奇妙的是，**產品直接用到我家後，雖然隔熱效果是比窗簾好上許多（至少室內沒那麼熱了），但偏偏就是沒有好用到我想得那麼美好**，因為要關窗測試，我覺得室內都還是會悶，並不是太舒適，而且還是有點熱。

註：各隔熱產品的實驗過程與最新結果，可上姥姥網站查詢。

影響隔熱的 3 大變數

我與幾位建築師討論了這種情形，有些結論：

1. 跟整面牆相比，當窗戶比例較小時，貼隔熱產品的效益較小。

前面說過了，外牆也會傳熱，這是傳導熱，從窗戶進來的是輻射熱，這兩種熱都會導致家裡熱得要命。好的隔熱產品雖是隔掉了窗戶的輻射熱，但是若窗戶本身不大，像我家起居室的窗戶約為外牆面積的 1/4，外牆吸收進來的熱仍會不留情地傳導進屋，所以室內依然熱氣逼人。朋友 Y 家則是窗戶佔了整面牆的一半，甚至在客廳是整面落地窗，因此她測試的隔熱效果就比我家的好。

為了證實外牆的傳熱影響，我在不同的時段去觸摸我家外牆的內側，以手去體驗熱度。

我真的好狗運，家中同一面牆有兩種不同厚度的牆與窗，於是我測了早上 8 點、中午 12 點、下午 5 點這 3 個時段，臥室牆與窗內側面的熱感。我把結果列於下：

早上 8 點：鋁框（微熱）＞有貼隔熱膜的玻璃（微熱）＞牆（涼）≒樑（涼）

中午 12 點：鋁框（熱）＞有貼隔熱膜的玻璃（微熱）＞牆（微熱）＞樑（涼）

傍晚 5 點：牆（微熱）＞有貼隔熱膜的玻璃（微微熱）＞鋁框（涼）≒樑（涼）

以傳播熱來講，鋁窗熱得最快，第二是玻璃，但有貼隔熱的玻璃會比沒貼的慢一些，只是仍比牆壁快熱。一般玻璃被太陽曬到中午時表面是很燙的，有貼隔熱的玻璃的熱度就與牆面差不多，是微熱。最冷感的，則是深度達 40cm 的樑，表面怎麼摸都是涼的（姥姥 OS：有錢的話，還是買外牆超過 15cm 的建案吧！）

好玩的是，傍晚時，早上熱得最快的鋁窗已經變涼了，有貼隔熱膜的玻璃只剩一點熱，但水泥牆還是微熱，也就是它還在散熱、傳導熱能進屋。可見外牆的散熱的確對屋內的熱度有極大的影響，從中午到傍晚也有 5、6 個小時，因此若被曬到的牆面其窗戶面積較小，玻璃貼隔熱產品的效用就會打點折扣。

2. 室內的家具、寢具或地板，只要曬到可見光也會吸熱，到晚上就散熱。

隔熱膜多半已隔絕 9 成以上的紫外線與紅外線，但依可見光被隔絕的程度又再分高透光或一般低透光型。低透光型雖可擋掉較多可見光的熱能，但是會讓室內比較暗，減弱白天採光，到了晚上也會產生鏡面，讓室內人看不到夜景。所以目前「遮光不遮景」的高透光產品是市場主流。

這次實驗選貼的都是透光率在 70％左右的高透光產品。但高透光的代價是可見光也會進屋。太陽光的熱能是紅外線佔約 53％，可見光 44％，紫外線 3％，基本上隔熱產品的總隔熱率數據愈高，隔熱效果愈好，但是高透光產品的可見光會造成室內還是有輻射熱進入，室內物品只要照到光，就會吸熱，像我家臥室的乳膠床就很會吸「可見光的熱」，到晚上就散熱，所以我每晚就還是會睡不好覺。

解決的方法就是搭配遮光布。「奇怪了，用高透光產品就是希望採光好啊，若用遮光布不就直接用低透光隔熱膜就好了嗎？」咳咳，其實還是有點不同的。遮光布不會有鏡面效果，晚上仍可看到夜景，這點就比低透光隔熱膜好。

不過我與朋友 Y 後來共同的結論是，**隔熱產品仍要搭配窗簾與通風，才有最佳的效果。**前者擋掉輻射熱，後者擋掉傳導熱，多管齊下就能達到最完美的隔熱。

3. 跟個人體質有關，每個人的熱感受不同。

我覺得用了隔熱產品沒有涼多少，但我家老爺就覺得涼很多。但若只講感受，的確太虛幻，我再用數字來看隔熱效果。有用隔熱產品的房間，外頭熱到 37℃以上時，室內可少個 2～3 度；但室外 35℃左右，室外就只少 1～2 度，可見愈熱時，室內外才會有較明顯的降溫效果。

姥姥試驗貼隔熱膜的房間，以前夏季在 6～9 月中要開三十幾天的冷氣，貼

高透光性的隔熱膜，貼上去後仍可看到窗外的景，晚上也不會有鏡面效果。這是朋友 Y 家的客廳。

之後的第一年約開二十幾天，且較快就可到舒適的溫度；裝上隔熱玻璃的房間，以前約開二十幾天，裝之後約開十幾天（不過，姥姥真的是耐熱體質，一般沒練過的千萬別跟我比）。

以上兩種產品看來還是對於隔熱略有幫助，只是姥姥原本期待房間的冷氣錢可以通通省下來，沒想到還是無法如我意。

那到底值不值得花錢裝呢？

來算一下。隔熱產品的確價格不菲，都是以「才」計價。隔熱膜 1 才要 300～400 元，1 扇 150×150cm 的窗，以 1 才 350 來算，**要 8,750 元**；落地窗 10×8 呎，約 2.8 萬元。若是裝隔熱玻璃 1 才是 600 元（不含框），**同大小的窗要 1 萬 5,000 元**，若含框的窗，1 才 1,200 元，那窗就

要 3 萬元。

若花 1 萬元，讓我們一年少開冷氣，或者說假設讓整個夏天可省 2,000 元電費，這就要 5 年才能回本，若一年只省個 200 元的話（像我家），則需 50 年才能回本！

好，從花錢的數字效益層面來看，我家似乎就不適合裝太貴的隔熱產品，但你問我推不推薦裝？嗯，我還是推薦的。理由就是：**我們還是少開了冷氣，或開了冷氣後效益變好，這些都可省點電。而省電，就是我們回饋地球的一種方式。**

不過，前提是你已試過前一篇提過免錢的或很便宜的隔熱方法（真的，100％遮光簾配合通風就可改善很多），若房間還是熱到你不開冷氣會發瘋，那就花點錢選個有用的隔熱產品來裝。

選裝時，也有一些技巧可再省點錢。一是通常只要裝一面窗即可，就是被曬得最厲害的那面。另外，隔熱膜會依透光率有不同價格，高透光產品最貴，但窗戶並不一定都要拿來看 view，在沒有觀景需求的天花板窗體或兩側窗體，即可貼價格較低的低透光產品。

姥姥的裝潢進修所

3 種屋頂隔熱法

在熱傳導方式中，屋頂也是主要熱源之一。「屋頂隔熱」的方法很多。

1. **蒔花弄草種好菜。**園藝專家說，可以先鋪層塑膠排水墊，就是浴室常見那種格狀排水墊，上面再鋪黑網，再依序加碎石、土壤等即可。排水墊與屋頂之間的空氣層、碎石與土壤等，都有阻熱的功能。

2. **鋪隔熱材。**包括隔熱磚、隔熱漆、保麗龍隔熱磚等。平屋頂隔熱磚建議採乾式工法，不用水泥沙來黏貼，以利日後清理方便，若要加做防水層，也只要移開隔熱磚即可施工。

3. **雙層屋頂。**上層屋頂可遮蔽直接的日曬，先擋掉熱能直接被屋頂吸收；再加上中間為開放式設計，利用風力散熱。上層屋頂表面最好用白色，可反射太陽輻射熱。不過，為避免成違建，雙層屋頂的高度不能超過 1.5 米，且周圍不能有側牆。

雙層屋頂，再加上水池，隔熱性更好。（紅屋住宅設計提供）

重點筆記：

1. 隔熱產品價格不菲，但影響效果的變數不少。如果你家窗戶面積大，貼隔熱膜的效益才會較大。

2. 高透光產品無法避免可見光的輻射熱進入，室內的物品難免會吸取熱能，仍要搭配窗簾與通風，才有最佳的效果。

3. 在屋頂做手腳可以有不錯的隔熱效果，種植花草最環保，鋪隔熱磚、刷隔熱漆等亦可，若有預算則可做雙層屋頂。

Painting

網友常問，家裡廚房或鋁門窗的功能都還堪用，拆掉重換太浪費，但陳舊外觀就是無法跟新家搭配。或者，很多女生嚮往一個美美的白色鄉村風格子窗，有沒有省錢的改造法？

當然有，用油漆。

油漆上色，真的是最經濟實惠的方式。不管客廳餐廳臥室，只要選面牆塗上色彩，空間的姿態就不同。不只是應用在主牆配色，甚至舊廚房、舊門片、舊鋁門窗、舊家具，甚至舊電器，都可以靠油漆來整型。

而且就算整型失敗，變成大花臉，只要再花個 500 元買桶油漆，加一個陽光燦爛的好天，所有物品的面貌又可完全不一樣。

 可省多少？

1. 廚房與浴室的乾區若改用油漆，可省下貼磚連工帶料的費用，5坪壁面約可省 8,000 元。
2. 鋁門窗換色不換窗，以姥姥家為例，1 大落地窗加 6 腰窗全換新約 15 萬元，自己 DIY 塗漆，材料只花不到 1,000 元，再加兩天，省下 14 萬多。

本書所列價格僅供參考，實際售價請以小院網站公告價為準。

Part 11-1 怦然心動的油漆改造提案
鋁門窗、老廚房、舊家具

姥姥點評

油漆改色的方式大同小異，加底漆的好處是日後不易掉色，鋁門窗或光滑面櫃子門片還是用油性底漆為佳，若擔心油性漆的揮發性化合物，也可改用水性底漆，但日後掉漆的機率較高。

　　油漆改造可以運用的範圍極廣，除了磁磚大家看法不一以外，其他木質底材物品，包括門框、室內木門、浴室門、木製大門、櫃子木門片、櫃子桶身、踢腳板、實木家具等都可以，金屬材質的鋁門窗、金屬大門、燈具也沒問題，甚至塑料外殼的電風扇、收納盒、陶製花盆等都適用。

　　姥姥向多位油漆師傅與設計師請教改造的方法，沒想到「方法都差不多」，我先條列於下：

1. 底材要先清潔、打磨。 先擦乾淨，可免去髒東西造成表面不平整，再用砂紙將表面打磨，這樣可增加附著力。這個步驟很重要，不管是自己 DIY 或請師傅噴漆，底材乾淨，最後擦出來的才漂亮，也不易掉漆。

2. 要先上底漆。 底漆有很多種，油漆顏師傅與設計師孫銘德都建議上「合金底漆」或噴漆，合金底漆擦一道即可，噴漆會較薄，要上兩道底漆較佳。合金底漆可到傳統油漆行購買，1 加侖約 2,000 元。若底材是木料，也可選擦木料專用

底漆。對了，記得擦之前要黏遮蔽膠帶啊。

　　底漆分油性與水性的，師傅們都推薦用油性漆，才不易掉漆。但油性漆含甲苯等揮發性有機化合物，雖然會揮發掉，若是很在乎健康的人，還是選水性為佳。只是水性底漆的掉漆機率就高了點，尤其是常開關的鋁門窗。

3. 再上面漆，用乳膠漆即可。 因為合金底漆可以增加面漆的附著力，這時上什麼面漆都行，水泥漆、乳膠漆、竹炭漆都可以。但以價格和耐刷洗的特性來看，我覺得乳膠漆就很好了。色彩選擇更是

黃橘色系是讓人心情開朗的色調，漆上它，空間看起來會更明亮。

有如後宮三千，您這皇帝就自己翻牌子唄！

不過關於要不要上底漆一事，也來談談我家的經驗。我家鋁門窗是略清潔打磨後，直接塗上油性的金屬漆，換掉那慘白冷血無情的金屬鋁色；木作櫃子門片則是塗乳膠漆。**我都沒有上底漆。**5年後，這兩者的命運還真的大不同。鋁門窗經過泰利等無數颱風以及311大地震，都沒掉漆，實在好家在。但櫃子門片就「落漆」落得亂七八糟。油漆師傅跟我說，「其實塗料不去刮它就不太會掉。」我家鋁門窗因為沒有常常開關，所以沒掉漆，此點也供不想用油性底漆的朋友參考。

鋁門窗：油性金屬漆較耐久

鋁門窗只要還堪用、沒漏水，就可以用油漆改色就好。例如白色鄉村風門窗，好像有那兩面窗，就能讓你有錯覺以為自己住在巴黎的公寓裡！這是許多人的夢想，但光訂那扇窗就要2～3萬，我了解你實在花不下手，這時油漆又是好幫手啦！只是要注意得用油性的金屬漆，另外門窗都要先打磨，漆的附著力才好。

有多省錢？以姥姥家為例，1大扇落地窗加上6腰窗全換新原本約15萬元，我自己DIY塗漆，材料只花不到1,000元，再加兩個好天的周六日下午時間，把冷冰冰的鋁門窗改造成深棕色，現省14萬多喔！

什麼？你問姥姥漆出來的效果好不好？嗯，質感不可能和訂做的鄉村風窗框一模一樣，但視覺上卻已大大達到讓室內氛圍煥然一新、把金屬幻化成暖色系木質風的感覺了！

廚房：乳膠漆可刷洗

廚房可分廚櫃改造與壁面上漆。櫃子門片與桶身請師傅噴漆處理，噴4～6道，1才約60～120元。若是自己來，則是塗漆，買油漆的錢與其他的工具，也是不到1,000元。

若擔心油性底漆對健康有點疑慮，ICI得利塗料建議也可採用水性的防水底漆，用在廚房也可防潮。

壁面的部分，廚房與浴室多數人會選磁磚，但撇除梳理台正前方的長方型壁面，其他牆壁沾染油污的情形並不嚴重。相同的，浴室的乾區也比較沒水氣，這時兩者都可以改用油漆。

以廚房＋浴室牆面約5坪來計算，貼基本款國產冠軍30×60磁磚，1坪連打底貼工帶料約4,500元，**5坪為2萬2,500元**；改成油漆漆耐刷洗的ICI乳膠漆，兩底兩度，1坪約1,600元，再加水泥粗胚打底1坪約1,200元，**5坪為1萬4,000**，比貼磚省下8,000元，也不無小補。

比較有爭議的是磁磚上可否上漆？姥姥遇過2名受訪者，是「直接」把油性漆漆在廚房的磁磚上（浴室的不行喔，有水氣日後易膨起），他們的經驗都是還不錯，沒有掉漆的大問題。但師傅的看法多數是：「那是還沒有刮到，若刮

到一定落漆。」所以部分師傅仍不建議直接在磁磚上漆。

舊家具：白色清雅北歐風

其他衣櫃、五斗櫃等櫃子改造方式，則可參考之前〈Part 4 少做木作櫃〉提過的改造方式。特別是舊的實木家具千萬別急著丟，椅子、桌子都常見達人巧手改造後，來個天翻地變，當場把歐巴桑

Before

After

廚櫃門片也可上漆改色，原木紋門片即可改成白色門片，但一定要先擦合金底漆，不然會掉漆。

舊大門不一定要拆，改漆成藍色，質感就不同，又可省下上萬元的新大門費用。（集集設計提供）

回春變成奧黛莉赫本。雖然有些改造技法的確超出了我們普通人的能力範圍，但有些方法卻真的簡單到你不敢置信。例如，只要用白漆，不沾水，讓刷子沾上濃稠的白漆，直接塗上舊家具（記得家具要先用砂紙打磨喔），等乾燥，你的家具錢就可再省下一筆。舊門片也都可比照辦理。原本暮氣沉沉的土味，當場點亮成北歐鄉村風的清爽好物。

重點筆記：

1. 想換個鄉村風白色落地窗，用油漆改色，是最省錢的方法。但前提是鋁門窗不會漏水，還堪用。
2. 廚房、椅子桌子、門片等看不順眼時，都可用油漆改色。但記得要擦合金底漆，才不易掉漆。

Part11
2
油漆這樣刷最美
5 種技巧，素人變創意才子

姥姥點評　最常見的塗刷方式就是單一色彩、平面式的塗法，不是不好，只是較沒個性。其實只要改成兩種顏色一起漆，或者批土採不規則式批法，都可讓你家牆壁有高人一等的質感。

自己 DIY 刷油漆，就不要太在乎刷痕與平整度。我們畢竟沒有要在油漆界比賽爭當漆神，更不是與生俱來的閃靈刷手，所以最好採用「自然斑駁」刷法，**白話講就是隨意漆、亂亂刷**，塗得高低不平也無所謂，讓表面有點斑駁感，反而會有種自然的樸直趣味。

油漆顏師傅建議，可以多花一點點錢改用「羊毛刷」（4 吋約 100 ～ 200 元），會比一般邊漆邊掉毛的 50 元刷子好很多，刷痕也較不明顯。以下是幾種可以再增添空間層次感的漆法：

技巧 1 ｜單一主牆跳色法

在房間四面牆中，只挑選一面當作主牆做視覺焦點，其他留白，這種方式最不容易失敗，也容易突顯你想強調的主題，適合床頭牆、沙發牆、電視牆。顏色以較濃重的深色或較飽和色系效果較好（常見的有黃色、桃紅色等），可與其他牆面形成氣氛對比。

只塗一面牆，就能帶出空間的個性。（集集設計提供）

技巧 2 ｜全空間單一色調

當全室都漆上同一色調時，會突顯色彩的調性。例如電影《刺蝟的優雅》中，藍灰色調予人寧靜感，為了與寧靜同調，電影中的家具也選用相近色調，如客廳的灰、黑色系家具，臥室則用了深木色床架與邊櫃。

不過也可以在單一顏色的空間裡，加入小比例的反差色家具或家飾品（如抱枕或掛畫），帶出空間的活潑感與層次感。但要注意，反差色系（如深色 vs. 白

可以從家具的色調延伸出空間的主色。如寢具
與牆面同色系，整個空間更具整體感。（集集
設計提供）

姥姥的
裝潢進修所

選色注意事項

　　若用電腦調色時，一定要拿著自
己喜歡的照片去現場對色，因為印刷
品與實品會有色差。但要注意，彩度
較高或色調較深的顏色，因為牆壁面
積大，深色調的視覺能量會較高，有
的會有壓迫感，最好調的色調比色卡
再淺一級。

　　調色完後，要記得試擦，你要知
道，10cm^2 的色塊與 3m^2 的一面牆
塗出的色調能量會有很大的不同，
10cm^2 的紅色看起來像朵紅玫瑰，但
3m^2 的紅色可能就像暴龍的大嘴了。
所以至少要試塗 1 平方米以上「大
面積」，好確認色調的感受是能接受
的。

油漆時可採雙色搭配，如底層先刷白漆，再刷上高彩度色彩，
壁面質感就不一樣。（集集設計提供）

色）的比例不宜多，最好不超過 2 成，不然，整個空間的氛圍就容易「跑調」。

技巧 3 | 雙色混擦法

將兩種色調一起擦。例如一支刷子沾綠色另一支沾黃色，然後同步擦在牆上。看起來也比只擦單一色調來得有層次變化。不過，姥姥自己試擦的經驗，兩把刷子要一起擦，對女生來說會有點吃力。有位顏師傅教姥姥，也可以先擦淡色的色調，趁油漆未乾時，把另一較深的顏色再「隨意」塗，這隨意很重要，才可以顯得很自然。顏師傅也提醒，兩種色彩色差要大，才好看。例如白色與亮橘色、黃色與綠色、灰色與紫紅色等，就能營造出較活潑的壁面。

批土時不必太平整，留下鏝刀紋，再用砂紙磨過刷好的牆，就能創造南法式的斑駁感。

技巧 4 | 以砂紙磨新漆，創造斑駁感

這是集集設計總監阮春華家的做法。批土不走傳統平整的路線，而是高高低低不規則式的批法，再上漆，塗好後等乾，再用 150 ～ 180 號的砂紙去磨，油漆師傅提醒，想製造出像南法鄉村風式的斑駁感，以砂紙磨壁時，切忌太工整太呆板，隨意亂磨效果反而自然美麗又有氣質！

一般新漆好的牆面通常不出幾個月就會遭遇各種災難，例如搬家時家具碰到，或不肖子指揮遙控汽車、抓著鋼彈、巴斯光年去撞牆，身為爸媽的我們就算想當愛的教育實踐者，但看到那每坪值千元、以兩底三度抹出來的美麗新牆被搞得「灰頭土臉」時，一把火莫名上來，難免會變成怒臉阿修羅。

而「隨意塗法」的最大好處就是，不管小孩用什麼去撞牆，這牆仍會看起來很有味道，因為它本身就是舊舊的，所以不管承受多少傷痕，看起來還是新新的，很神奇吧，能減少親子摩擦算是此法的功勞一件，因而姥姥大力推薦。

重點筆記：

1. 找面主牆，如電視牆、沙發牆或臥室床頭牆面，塗上自己喜歡的色彩，即可讓空間更有個性。
2. 油漆塗刷可採雙色塗法或加砂磨，創造層次變化。

Chapter

3

網友熱議
常見裝修問題

這本書大家也看超過 300 頁了，不容易啊，多謝大家撐到這裡。不過，紙上談兵比較容易，從下一頁起，我們來看真實世界的會遇到什麼狀況。要省錢又不失品味，的確不是易事，甚至比破解達文西密碼拿到聖杯還難。姥姥收集眾多會員或網友最常問的問題，也請好心達人解答，希望對大家有點幫助。

你會發現，在預算內打造一個接近自己原型的家，好像也沒那麼遙遠。

裝修之前

? 我怎麼知道裝修大概要準備多少預算？

　　大家都知道有很多網站會討論裝修問題，先上網爬文或問問親朋好友的經驗當然是第一步，但因裝修項目實在太多，最後可能還是跟預估值差很多。先提供個大概行情：不含冷氣設備與家具，新屋 1 坪 1 萬～ 3 萬元；老屋全室更新 1 坪要 4 ～ 8 萬左右，若櫃子、天花板的造型複雜者，每坪的預算就會再往上加。

　　當然也可以先列出你心目中的裝修項目清單，同時找 2、3 家業者報價，大概就會有個底了。但要提醒，未完成設計之前，預算都很難精準，因建材規格與施工驗收標準都沒談好，最後執行費用仍可能會追加。

　　因此建議規劃預算時，要先留個 5~10% 當作緊急基金。尤其是老屋，拆除後可能會發生許多您會哇哇叫的事，例如：木作牆後方都是壁癌、木地板下有個蟻窩、或安裝配電箱時打破隔戶牆等，這些都需要額外一筆費用，先準備好賠償金，到時才不會手忙腳亂。

? 家具是裝修前就要買？還是裝修完再買？

　　家具尺寸與配色的確會影響裝修配置，開工前能確認好，是最好的方案，舉個最簡單也最實際的問題：你將來要睡的床是 5×6 尺或 6×7 尺？這可能就會影響到床頭插座的位置。

　　但也不用急著買，裝修工程至少要 1 ～ 3 個月，中間會發生很多變數，變心的機率頗高，可先看好型號，小記各種心儀家具的尺寸，心中有個底就好，工期快完成再下單。

水電工程

? 浴室牆壁想鑽孔安裝置物架，會不會鑽到水管？

　　水電工程的給水管「理論上」會走地板再「垂直」上來到出水水龍頭處。所以只要是水龍頭以下垂直線附近不要打釘，應都不會打到水管。近來也有新建案改採給水管走天花板，但仍是「垂直」下來到出水處。

　　不過前提仍是水電師傅有照理論走，若斜走水管，就較難判斷，最好在水電退場前，跟師傅要「新增管線位置圖或照片」，日後要釘架子就不用擔心釘到水管或電管。

？ 冷氣機是選 1 對 2 或 2 台 1 對 1 ？

根據冷氣廠商邱為偉師傅回覆：第一先考量你家能裝的室外機數量是多少。不過先提個概念，1 對多的機型有個風險，因為雞蛋是放在同一個籃子裡，室外機若壞了，數台室內機都會無法用，當 3 個房間裝 1 對 3，1 台室外機有狀況時，3 台冷氣可能都會同時無法使用，要查修或換機往往也得一起處理，工程比較大。

若只能裝 1 台室外機（比如陽台空間有限），就裝 1 對 2；但若能裝 2 台外機，就選 2 組 1 對 1，且安裝費用不會比較貴喔！

？ 換風扇與暖風機怎麼挑？哪種乾燥能力強，不必刮水？選 220V 的是不是較省電？

這個問題在小院網站上的討論大概有 5 千多字，這裡只能寫 500 字，簡單講，想要暖房功能，要在浴室曬衣服，希望浴室很乾燥的，選暖風機；若希望便宜，能 24 小時換氣，就選換氣扇，但換氣扇沒有什麼乾燥功能。

不管選哪個，根據眾多網友經驗，還是要先刮水，再開乾燥功能，不然隔天早上仍會看到殘留水痕。

至於選 110V 或 220V ？是不是 220V 比較省電？其實電費是以度來計價。度數只跟「使用功率瓦數」有關，跟電壓是無關的，並不是 220V 的就比 110V 的省電喔！

？ 想買水龍捲馬桶，要注意哪些重點，像水位高低有差嗎？真的比傳統沖水馬桶好清嗎？

姥姥收集眾多熱心小院會員的討論，水龍捲馬桶有個特點：底部水位較傳統馬桶高，有的人覺得容易濺到屁屁，有的男士覺得噓噓時容易噴濺出來，不過大部分是認為習慣後就好。

與傳統相比，水龍捲是漩渦狀沖洗，水痕殘留較不明顯，但也要看你家的水質如何，小院基地的馬桶就仍有水痕。

若是老屋要裝這種馬桶得特別注意：建物有沒有配置排氣管。因為水龍捲馬桶沖水時需要較大的氣流量，易造成鄰近的馬桶「一起互動」，因此要加裝排氣管。但設計師孫銘德提醒，老舊公寓的排氣管出口多在頂樓，有時會被鄰居封起來，造成排氣無效，就得再新接排氣管。

泥作工程

? 我想再省點錢，客廳的簡易防水有需要做嗎？

 簡易防水主要是擔心泥作工程中有用到水，若地板已拆除見底，這時水是可能會滲到樓下。那樓下鄰居的損失可大可小，若滲水處剛好有套百萬沙發或音響設備，您可能會想逃到火星去。

所以若是地板要鋪磁磚，或要泥作整平地板（以利後續木地板或／塑膠地板施作），設計師邱文傑表示，工程會用到水，就最好還是做簡易防水，買個保險。若地板未拆除，原地況平整，沒有動到泥作要直鋪木地板，就可不必施作簡易防水。

? 管道間有異味飄出來怎麼處理？可以靠有逆止閥的換氣扇來擋嗎？

台達電專員表示，換氣扇本身有機械式逆止閥，開機時就會關起來，可防臭氣倒灌，若有這困擾可整天開低速換氣。但有時管道間或外牆風壓更大，仍無法擋住臭氣時，可考慮安裝蝶式逆止閥。

設計師孫銘德則補充，有時臭味是因管道間未完全封閉，或管線穿孔旁有縫隙未填實，可請泥作師傅把管道間孔洞封起來，面積較大時，還得先砌磚，再做防水砂漿打底。風管銜接處要留設PVC套管，不過不是每位泥作師傅都願意做就是了。若縫隙不太，也有網友建議用發泡劑密封。

門窗工程

? 玻璃淋浴拉門會不會容易爆？

強化玻璃是有千分之3的自爆率，若四周邊角有小裂傷，在溫差變化極劇之下，就易爆裂。不過淋浴拉門並不是在爐火旁，也不是天天在超過攝氏100度與10度的交替中，浴室熱水溫度不超過攝氏50度（應沒人要把自己當豬燙吧），溫差變化沒那麼大，我是覺得不必太擔心。

但當然若能多點保護是更加保險，淋浴拉門業者建議，可在側邊加裝透明防水條，減少撞擊。不過會有裂傷，多是搬運過程造成的，搬運時多小心才是重點。那真的還是很擔心的人，網友jones建議就改用浴簾，這倒是便宜又安全的選擇。

鋁窗乾式施工與濕式相比，有什麼優缺點嗎？

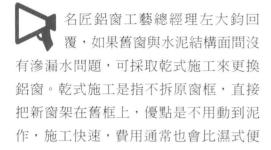

名匠鋁窗工藝總經理左大鈞回覆，如果舊窗與水泥結構面間沒有滲漏水問題，可採取乾式施工來更換鋁窗。乾式施工是指不拆原窗框，直接把新窗架在舊框上，優點是不用動到泥作，施工快速，費用通常也會比濕式便宜些。

但乾式包框會讓窗扇開口縮小。包框料通常會使單邊鋁料退縮約 3 ～ 5 公分，要注意的是，如果窗扇面積較小，鋁框就會感覺很粗重。落地窗臨地的下橫料，也會變得較高，容易發生老人家或小孩絆倒的風險。

另個問題是隔音也較不好，但若框料內的發泡劑打滿打好，玻璃升級到膠合玻璃，也能改善此問題。

燈具工程

若到 220V 的國家買燈回來後，可以直接接 110v 的電線嗎？

先跟大家解釋一下，燈分兩部分，一是燈泡，就是會發光的那顆，一是燈具，要看這部分有沒有帶電。絕大多數燈具都是不帶電，或適用 110 ～ 220V 全電壓，這種只要換成 110V 的燈泡就好，但前提是使用 E27 與 E14 頭的燈泡。燈飾業者 THC 負責人 James 提醒，若是 g12 規格的 LED 燈，就不一定能換，要再跟賣家確認。

若燈具有帶 220V 變壓器，就很麻煩，可以換變壓器或改接 220V 迴路，若沒有預留 220V 迴路，設計師吳透表示，只要沒有其他特殊的電子開關，可以直接接 110V 電源，但亮度會不足。還要注意燈具上的瓦數標示，如果寫 MAX 200W，最多就只能裝 100W 以下的燈泡。

其他工程

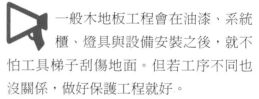

何時安排木地板進場呢？細清是在木地板之前或之後？

一般木地板工程會在油漆、系統櫃、燈具與設備安裝之後，就不怕工具梯子刮傷地面。但若工序不同也沒關係，做好保護工程就好。

安裝地板前可初步清潔，讓地面淨空。若是新成屋沒有太多工程粉塵，也可自己清一下。木地板安裝好後，再進行細清。

? 系統櫃鞋櫃內層板需留 2 公分排氣孔，讓臭氣排出嗎？

系統櫃廠商都會族回覆，其實每片層板前方，都會與門片有 1～2 公分的縫隙；但可讓底板與門片不要密合，這樣門片關起來時，層板和門片之間的空氣就能流通，不太需要在層板後方留 2 公分。若想加大流通的空氣量，可在外桶身加裝散氣型五金配件即可。

? 系統櫃先做，還是地板先做呢？

一般是系統櫃先做，地板後做，因為如果櫃體「站」在地板上，日後要維修地板會較麻煩。但也可以地板先做，只是要先留出櫃體的位置，以及系統櫃進場時要做好地板保護工程。

還有第三種，系統櫃先做，但不做踢腳板，木地板再進場完工後，系統櫃廠商再來安裝踢腳板。不過此法要注意矽利康收邊的工序，另因系統廠商要多來一次，通常會再收筆費用（其中還有些細節，礙於篇幅有限，可上小院官網查詢）。

? 我家地不平，是鋪傳統塗膠型塑膠地板，還是卡扣型較好？卡扣型從 1 坪 2,000 多到 6,000 多都有，差在哪裡？

先定義一下名詞，塑膠地板在意的地平指的是「表面平整度」，所以若沒有坑洞或牆溝等，兩種地板都可順鋪。但若地板有坑洞，高低差超過 3mm，得先整平地板。若未超過 3mm，塗膠型與卡扣型皆可，這兩者只差在塗膠型不能用在潮濕場所。

至於價格，影響高低的因素有：一、看產品的年紀。LVT 已出產多年，價格較便宜，SPC 貴一些。二、尺寸，越大越長越厚的就貴。三、品牌價值，同等級產品會因代理商設定成「頂級地板」，就會貴點。

? 我要做系統衣櫃，若想要推拉門，可有要注意的事項？

系統家具開合門片衣櫃的深度一般為 60 公分，但做左右推拉門的深度要增加到 70 公分左右。所以第一要考慮空間深度是否足夠，還有衣櫃變深後，與床之間的走道寬度是否能接受。

另外要考慮是否有側牆可以安裝軌道外框，以及變成深度 70 公分後，是否會影響到其他物件的開啟。例如有沒有擋到室內門？或撞到窗簾桿等等。

小院 **04**

新 · 這樣裝潢省大錢

——超過 1000 張圖解！
修訂版：新建材實測、新工法趨勢，教你裝潢費省一半

作者　　　　　姥姥
封面設計　　　IF OFFICE
內頁設計　　　夏果工作室 nana
插畫　　　　　王村丞
主編　　　　　莊樹穎

行銷企劃　　　洪于茹
出版者　　　　寫樂文化有限公司
創辦人　　　　韓嵩齡、詹仁雄
發行人兼總編輯　韓嵩齡
發行業務　　　蕭星貞
發行地址　　　106 台北市大安區光復南路 202 號 10 樓之 5
電話　　　　　(02) 6617-5759
傳真　　　　　(02) 2772-2651
讀者服務信箱　soulerbook@gmail.com
總經銷　　　　時報文化出版企業股份有限公司
公司地址　　　台北市和平西路三段 240 號 5 樓
電話　　　　　(02) 2306-6600

第一版第一刷　　2019 年 5 月 17 日
第一版第十六刷　2023 年 4 月 13 日
ISBN　　　　　978-986-97326-1-1

國家圖書館出版品預行編目 (CIP) 資料

新.這樣裝潢省大錢：姥姥的裝修聖經 /
姥姥著 . -- 第一版 . -- 臺北市：寫樂文化，
2019.05

　　面；　公分 . -- (小院；4)
ISBN 978-986-97326-1-1(平裝)

1. 房屋 2. 建築物維修 3. 家庭佈置

422.9　　　　　　　　　108004951